U0281711

固体化学与光谱

薄茂林　李函泽　著

重庆大学出版社

内容提要

本书以光电子能谱解析材料表面键电子性能为主要目标，通过改变原子配位、受力、受热和掺杂等对哈密顿量中的晶体势进行微扰，以实现内层电子的能级偏移，解析这些偏移并获得（键长、键能、单原子能级、成键电子局域钉扎、非键电子极化、原子结合能、结合能密度和德拜温度等）基本因变信息，以确定相应的物理参量，并揭示物质行为规律以实现有效控制。

本书可作为高等理工院校材料物理、化学方向的教师和学生科研及教学使用，也可供固体化学和量子光学领域科研人员参考。

图书在版编目（CIP）数据

固体化学与光谱/薄茂林，李函泽著. --重庆：重庆大学出版社，2024.4

ISBN 978-7-5689-4431-1

Ⅰ.①固… Ⅱ.①薄… ②李… Ⅲ.①固态化学—光谱—研究 Ⅳ.①O6

中国国家版本馆 CIP 数据核字（2024）第 065542 号

固体化学与光谱

GUTI HUAXUE YU GUANGPU

薄茂林 李函泽 著

策划编辑：杨粮菊

责任编辑：杨育彪 版式设计：杨粮菊

责任校对：王 倩 责任印制：张 策

*

重庆大学出版社出版发行

出版人：陈晓阳

社址：重庆市沙坪坝区大学城西路 21 号

邮编：401331

电话：（023）88617190 88617185（中小学）

传真：（023）88617186 88617166

网址：http://www.cqup.com.cn

邮箱：fxk@cqup.com.cn（营销中心）

全国新华书店经销

重庆升光电力印务有限公司印刷

*

开本：720mm×1020mm 1/16 印张：12.75 字数：260 千

2024 年 4 月第 1 版 2024 年 4 月第 1 次印刷

印数：1—1 000

ISBN 978-7-5689-4431-1 定价：78.00 元

前言

近年来,密度泛函理论计算已经成功地应用到化学、生物学、材料科学、信息科学等领域。实验上,随着光电能谱仪器的发展和普及,实现对观测结果的精细、可靠、规范化解谱尤为迫切。本书以光电子能谱解析为研究目标,结合密度泛函理论计算、键弛豫理论和 BBC 模型等方法,将 XPS 实验测量得到的能级偏移量转化成键、非键和反键的数值,为原子尺度计算成键、非键和反键提供了新途径。

本书共分 10 章内容,第 1 章主要内容为能带论;第 2 章主要内容为密度泛函理论;第 3 章主要内容为量子光学基础;第 4 章主要内容为光电子能谱理论和键弛豫理论;第 5 章主要内容为 BBC 模型;第 6 章主要内容为固体表面芯能级偏移;第 7 章主要内容为纳米团簇尺寸效应及键性能计算方法;第 8 章主要内容为异质界面与原子掺杂的光电子能谱解析;第 9 章主要内容为原子吸附的光电子能谱解析;第 10 章主要内容为分子轨道理论和价键电子学原理。前 3 章内容由湘潭大学李函泽编写,后 7 章内容由长江师范学院薄茂林编写。

非常荣幸可以和广大读者分享我们在固体化学与光谱研究中的一些思考。由于著者水平有限,书中难免有错误与不妥之处,恳请读者批评指正。

薄茂林　李函泽

2024 年 1 月

目录

第1章 能带论

1.1 紧束缚近似

能带论[1-7]是研究固体电子性质最基础的理论。能带论的出现是量子力学和统计力学在固体中应用的结果。能带论不仅解决了索墨菲自由电子论局限,更是为整个固体理论的发展奠定了基础。

为引入“能带”概念,首先考虑电子在一维格点中的运动,而后使用紧束缚近似和近自由电子气微扰模型引入“晶体能带”的概念。

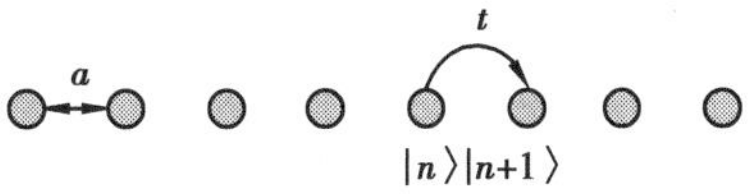

图 1.1　一维原子链的紧束缚模型

考虑一维原子链模型,如图 1.1 所示,定义在位能 $E_0=\langle n|H_0|n\rangle$,最近邻跃迁 $-t=\langle n|H_0|n+1\rangle$。紧束缚近似电子在一维原子链的哈密顿量为

$$H_0=E_0\sum_n|n\rangle\langle n|-t\sum_n\left[|n\rangle\langle n+1|+|n+1\rangle\langle n|\right] \tag{1.1}$$

假定算符本征态是每个格点的线性叠加态,即 $\psi=\sum_m\psi_m|m\rangle$,将它代入式(1.1)的薛定谔方程 $H_0|\psi\rangle=E|\psi\rangle$,得到

$$E_0\sum_m\psi_m|m\rangle-t\sum_m\left[\psi_{m+1}|m\rangle+\psi_m|m+1\rangle\right]=E\sum_m\psi_m|m\rangle \tag{1.2}$$

对式(1.2)作用一个左矢 $\langle n|$,得到

$$E_0\psi_n-t(\psi_{n+1}+\psi_{n-1})=E\psi_n. \tag{1.3}$$

对于式(1.3)的 ψ_n,ψ_{n+1} 和 ψ_{n-1} 是耦合在一起的,于是假定 ψ 的解为

$$\psi_n=\frac{1}{\sqrt{N}}e^{ik\cdot na}. \tag{1.4}$$

不难证明,当 $k \to k+\frac{2\pi}{a}$ 时,ψ_n 是不变的。于是将 k 限定在一个周期内,即 $k \in [-\pi/a, \pi/a]$,根据德布罗意关系 $p=\hbar k$ 可知 k 具有动量的意义。将式(1.4)中假定的 ψ_n 代入式(1.3)可得

$$E = E_0 - 2t \cos ka. \tag{1.5}$$

这里需要用到恒等变换$[e^{-ika}+e^{ika}]=2 \cos ka$。考虑 k 远离边界区域即 $|k| \ll \pi/a$ 的情况,可以对 k 做泰勒展开到二阶,得到色散关系为

$$E(k) \simeq (E_0 - 2t) + ta^2k^2. \tag{1.6}$$

根据有效质量定义 $E_k=\hbar^2 k^2/2m^*$ 和式(1.6)求出有效质量为

$$m^* = \frac{\hbar^2}{2ta^2}. \tag{1.7}$$

值得注意的是有效质量与式(1.6)中第一项没有联系。

上面推导了一维原子链电子的紧束缚模型。对于二维甚至三维紧束缚模型,需要知道的是原子交叠轨道有哪些,例如在位能和最近邻跃迁能等有时首先需要考虑次近邻的跃迁能,然后再考虑是否存在相互作用,如不考虑相互作用的情况就是一个数学问题,即是做假定傅里叶变换代入求解的数学问题。那这是不是紧束缚模型的全部内容呢?显然不是。对于这样的“玩具模型”,还可以考虑在里面加入无序(将每个格点上的在位势能变成一个随机的量),如果每个格点上的在位能变成随机的,那么假定的傅里叶变换就不能变换,因为体系的周期性将不存在。因此,在位能 E_0 变成由无序强度控制的随机量,只能使用计算机程序一个一个对角化这个矩阵,这样的数值方法需要不断地提升计算机算力,以目前的台式计算机的算力去计算 10^4 个原子链的体系是能够得到结果的,再大的体系就需要求助于超级计算机,例如天河二号等。如果体系需要考虑相互作用,同样情况也会变得十分复杂,无法再假设本征态是所有原子的线性叠加,也就是 $\psi_n=\frac{1}{\sqrt{N}}e^{ik \cdot na}$ 的假设不再合理。但是,可以用最简单的情况去定义许多有意义的东西,比如说在能带理论理解下的金属和绝缘体。

能带论观点指出,金属的能带可以部分填充,让电子在其内部运动,能带图像如图 1.2 所示。

绝缘体则是能带满填充的,就像占座一样,费米子满足泡利不相容原理,一个座位上只能做一个费米子,当全部座位被坐满时,新来的电子就没座可坐,而没座可坐就意味着体系电子无法运动,整个体系表现出绝缘性质,如图 1.3 所示。

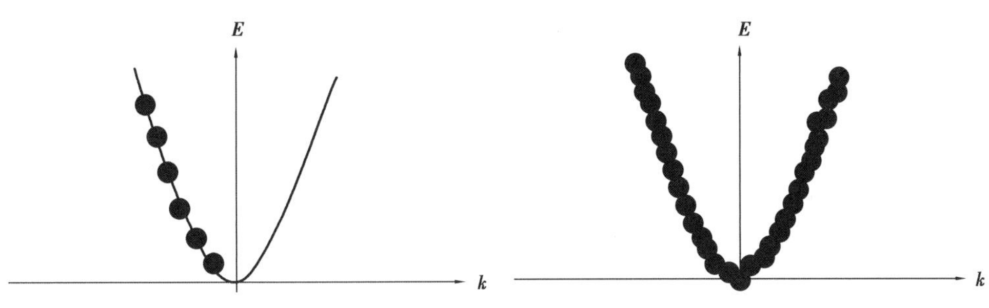

图1.2　能带部分填充(金属)　　图1.3　能带满填充(绝缘体)

以上是用能带的观点解释什么是绝缘体,什么是金属。但真实的情况比这复杂得多,就绝缘体其能带填满表现出绝缘的性质,只是绝缘体的一种。因为电子-电子相互作用,会造成电子无法输运莫特绝缘体,这种绝缘体的能带是部分填充的,但由于强库仑相互作用导致电子动能远小于库仑排斥能,使电子被束缚而无法运动。还有一类是安德森绝缘体,这类绝缘体由于缺陷和杂质导致波函数无法扩展而局限在空间中的某个区域内,使电子局限在缺陷和杂质周围无法输运,整体表现出绝缘的性质。

从能带论的角度理解金属和绝缘体,这与用导体电阻来判断什么是金属和什么是绝缘体的理解相比已经有了定量化的理解。因此,可以说能带论是脱胎于传统的金属电子论。而对于固体的理解,除紧束缚近似理解能带以外还有另一个视角——近自由电子近似的微扰方法。

1.2　近自由电子近似

首先考虑自由电子的哈密顿量 $H_{\text{free}}=p^2/2m$,其在自由空间中不受任何势场限制,其本征态应为扩展的平面波形式。固体中电子本征态就是在平面波形式上缀加一个周期势场限制,这样的电子模型称为近自由电子模型,其哈密顿量为

$$H=\frac{p^2}{2m}+V(x). \tag{1.8}$$

对于一维平面波 $|k\rangle\equiv\psi_k(x)=\frac{1}{\sqrt{L}}\mathrm{e}^{\mathrm{i}kx}$ 在周期势场里运动会被散射到其他态 $|k'\rangle$,散射过程为

$$\langle k'|V|k\rangle \tag{1.9}$$

而近自由电子模型认为周期散射过程对固体的电子来说可以视为微扰来处理。首先定义散射态和被散射态是正交的,即 $\langle k|k'\rangle=\delta_{kk'}$。周期势场满足 $V(x)=V(x+a)$ 条件,将周期势场展开成傅里叶分量形式 $V(x)=\sum\limits_{n\in\mathbb{Z}}V_n\cdot\mathrm{e}^{\mathrm{i}\frac{2n\pi x}{a}}$,为保证势场本征值为

实数,则有 $V_n(x)=V_{-n}^*(x)$。对于这样一个散射微扰矩阵可以写成

$$\begin{aligned}\langle k'|V|k\rangle &= \frac{1}{L}\int \mathrm{d}x \sum_{n\in\mathbb{Z}} V_n \cdot \mathrm{e}^{\mathrm{i}\left(k-k'+\frac{2n\pi}{a}\right)} \\ &= \sum_{n\in\mathbb{Z}} V_n \delta_{k-k',\frac{2n\pi}{a}}\end{aligned} \tag{1.10}$$

这里用到德尔塔函数的实空间傅里叶展开 $\delta_k=\frac{1}{L}\int \mathrm{d}x\cdot \mathrm{e}^{\mathrm{i}kx}$。对于这一过程的物理描述是电子通过周期势场散射使动量发生了改变,这个动量的改变值或者说是动量差为$\frac{2n\pi}{a}$。换句话说,当动量差 $k-k'=\frac{2n\pi}{a}$ 时,k 和 k' 会存在能量耦合,由于耦合的存在,其色散关系会在布里渊区的边界打开能隙。同时,注意到 k 和 k' 周期性关系的存在,可以将动量差的条件简写为

$$|k|=\frac{n\pi}{a}. \tag{1.11}$$

进一步,按照微扰论的思想可以将能量的二阶微扰表达式写出来:

$$E(k)=\frac{\hbar^2k^2}{2m}+\langle k|V|k\rangle+\sum_{k'\neq k}\frac{|\langle k'|V|k\rangle|^2}{E_0(k)-E_0(k')}. \tag{1.12}$$

对于 $k=\frac{\pi}{a}$ 和 $k'=\frac{\pi}{a}$,有 $E_0\left(k=\frac{\pi}{a}\right)$ 和 $E_0\left(k'=\frac{\pi}{a}\right)$ 相等的情况,根据非简并微扰可以得到微扰项分母为零,出现发散的结果。于是考虑 $|k|=\frac{n\pi}{a}$的简并微扰,对于简并微扰来说,其本征态就是由 $|k\rangle$ 和 $\langle k'|\in\left\{\frac{\pi}{a},-\frac{\pi}{a}\right\}$混合态给出的,即

$$\alpha|k\rangle+\beta|k'\rangle. \tag{1.13}$$

那么就可以写出能量本征方程

$$\begin{bmatrix}\langle k|V|k\rangle & \langle k|V|k'\rangle \\ \langle k'|V|k\rangle & \langle k'|V|k'\rangle\end{bmatrix}\begin{bmatrix}\alpha \\ \beta\end{bmatrix}=E\begin{bmatrix}\alpha \\ \beta\end{bmatrix}. \tag{1.14}$$

比较式(1.12)和式(1.14),式(1.14)的反对角项是式(1.12)第三项的耦合项。将 $\langle k|V|k'\rangle$ 记为 V_n,同样地将 $\langle k'|V|k\rangle$ 记为 V_n^*。则在 $k=\pm\frac{n\pi}{a}$点处,色散关系为

$$E\left(k=\pm\frac{n\pi}{a}\right)=\frac{\hbar^2}{2m}\cdot\frac{n^2\pi^2}{a^2}+V_0\pm|V_n| \tag{1.15}$$

这里可以看到,在布里渊区的边界附近$\left(|k|=\frac{n\pi}{a}\right)$,能带会打开一个 $\Delta=2|V_n|$的带隙。如果在边界点附近做小量近似$\left(k=\frac{n\pi}{a}+\delta, k'=-\frac{n\pi}{a}+\delta\right)$,则可以看到所求的能谱就变成了本征方程求解本征值的问题

$$\begin{bmatrix} E_0(k)+V_0 & V_n \\ V_n^* & E_0(k')+V_0 \end{bmatrix}\begin{bmatrix}\alpha\\ \beta\end{bmatrix}=E\begin{bmatrix}\alpha\\ \beta\end{bmatrix}. \tag{1.16}$$

即$(E_0(k)+V_0-E)\cdot(E_0(k')+V_0-E)-|V_n|^2=0$,解出其能谱为

$$E_{\pm}=\frac{\hbar^2}{2m}\left(\frac{n^2\pi^2}{a}+\delta^2\right)+V_0\pm\sqrt{|V_n|^2+\left(\frac{\hbar^2}{2m}\cdot\frac{2n\pi\delta}{a}\right)^2}. \tag{1.17}$$

综上所述,带隙形成的原因是周期势场的散射会导致电子在某些位置(布里渊区边界)能量的耦合产生带隙。将式(1.17)做泰勒展开可以得到

$$E_{\pm}\approx\frac{\hbar^2}{2m}\frac{n^2\pi^2}{a}+V_0\pm|V_n|+\frac{\hbar^2}{2m}\left(1\pm\frac{1}{|V_n|}\cdot\frac{n^2\hbar^2\pi^2}{ma^2}\right)\delta^2 \tag{1.18}$$

从式(1.18)可以看出,当$|k|\ll\frac{\pi}{a}$时,能谱是不发生变化的,而当$|k|\approx\frac{\pi}{a}$时,能谱会出现一个能隙。

近自由电子近似解释了具有平方关系的能谱的平面波结构,其缀加上一个周期性势场的约束会出现新奇的能谱结构。对于一些人造势场(如冷原子、光晶格等),可以人为地控制势场而造出一些新奇的能谱结构。

1.3　晶格

在这一小节中将简单介绍布拉伐格子、倒易空间和布里渊区的概念,以使前后连通。首先考虑布拉伐格子。

三维的晶格使用三个不同的基矢 $\boldsymbol{a}_1,\boldsymbol{a}_2,\boldsymbol{a}_3$ 来定义

$$\boldsymbol{r}=n_1\boldsymbol{a}_1+n_2\boldsymbol{a}_2+n_3\boldsymbol{a}_3,n_i\in\mathbb{Z}. \tag{1.19}$$

关于晶格体积定义为 $V=|\boldsymbol{a}_1\cdot(\boldsymbol{a}_2\times\boldsymbol{a}_3)|$。对于周期性体系晶格,使用如图 1.4 所示的魏格纳-塞茨原胞来描述最小重复单元。

对于二维晶格,如正方晶格、三角晶格和六角晶格等一共有四个晶系五种布拉伐格子。而三维格子根据晶体点群、空间群可以定义出非常多而复杂的布拉伐格子。如简单立方、面心立方、体心立方等。

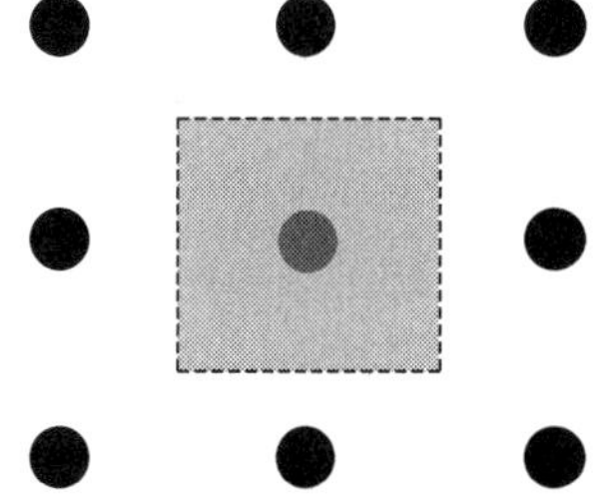

图 1.4　魏格纳-塞茨原胞

为方便描述能量与动量的关系,引入倒易空间。倒易空间在表象变换的理解下为实空间的傅里叶变换,就是坐标表象的物理量通过傅里叶变换将其在倒易空间或者动量空间的描述。因此,实空间的周期性在倒易空间也同样具有。由实空间中正格矢的正交性 $\boldsymbol{a}_i\cdot\boldsymbol{b}_j=2\pi\delta_{ij}$ 定义倒格矢

$$\boldsymbol{k} = \sum_i n_i \boldsymbol{b}_i, n_i \in \mathbb{Z}. \tag{1.20}$$

同样地,倒易空间的体系也可以定义为 $V^* = |\boldsymbol{b}_1 \cdot (\boldsymbol{b}_2 \times \boldsymbol{b}_3)| = \frac{(2\pi)^3}{V}$。进一步,我们简单阐述晶格的傅里叶变换过程。

实空间的格子定义为

$$\Lambda = \{\boldsymbol{r} | \boldsymbol{r} = n_1\boldsymbol{a}_1 + n_2\boldsymbol{a}_2 + n_3\boldsymbol{a}_3, n_i \in \mathbb{Z}\} \tag{1.21}$$

倒易空间的格子可以定义为

$$\Lambda^* = \{\boldsymbol{r} | \boldsymbol{r} = n_1\boldsymbol{b}_1 + n_2\boldsymbol{b}_2 + n_3\boldsymbol{b}_3, n_i \in \mathbb{Z}\} \tag{1.22}$$

傅里叶变换就是将实空间到倒易空间的变换,为

$$\tilde{f}(\boldsymbol{k}) = \int \mathrm{d}^3x \cdot \mathrm{e}^{-\mathrm{i}k\cdot x} f(x) \tag{1.23}$$

由于周期性的存在,可以将全空间的积分 x 变成原胞的积分再对每个原胞求和,即

$$\begin{aligned}\tilde{f}(\boldsymbol{k}) &= \sum_{\boldsymbol{r}\in\Lambda} \int_{\text{u. c.}} \mathrm{d}^3x \cdot \mathrm{e}^{-\mathrm{i}k\cdot(x+r)} f(x+r) \\ &= \left\{\sum_{\boldsymbol{r}\in\Lambda} \mathrm{e}^{-\mathrm{i}k\cdot r}\right\} \cdot \left\{\int_{\text{u. c.}} \mathrm{d}^3x \cdot \mathrm{e}^{-\mathrm{i}k\cdot x} f(x)\right\}\end{aligned} \tag{1.24}$$

对于式(1.24)中的第一项是只与正格子有关,而第二项是只与原胞空间 x 有关。第二项称为结构因子 $S(\boldsymbol{k})$,这里的结构因子由于和频率无关,反映的是静态的结构因子。$S(\boldsymbol{k})$结构因子反映的是体系的周期性。在实验上结构因子可以通过 X 射线散射等手段测量出。而对于第一项 $\Delta(\boldsymbol{k})$,当 k 是自由空间的动量时,$\Delta(\boldsymbol{k})$求和为 0,而当 k 属于倒格矢时,$\Delta(\boldsymbol{k})$求和为 1。静态的结构因子是表征空间的关联,而动态的结构因子表征的则是时空的关联。前面已经给出了关于魏格纳-塞茨原胞和倒易空间的概念,而对于第一布里渊区的一个理解是在动量空间中的魏格纳-塞茨原胞。

1.4 布洛赫定理

对于一个在周期势场 $V(x) = V(x+a)$ 中的平面波 $\psi_k(x) = \mathrm{e}^{\mathrm{i}kx}$,其本征解不再具有平面波解的形式,而是平面波的包络函数,即

$$\psi_k(x) = \mathrm{e}^{\mathrm{i}kx} \cdot u_k(x) \tag{1.25}$$

上式的 k 是格矢,这里格矢和自由空间的动量与满足的动量守恒是有区别的。$u_k(x)$称为布洛赫函数。布洛赫定理的描述性理解是在周期势场中的平面波的本征解为平面波和布洛赫函数的乘积,同时布洛赫函数具有周期性 $u_k(x) = u_k(x+a)$。

我们先考虑一个理解性的证明,然后再给出布洛赫定理的严格数学描述和证

明。首先需要定义平移算符 T_a，将平移算符作用到以坐标 x 为宗量的函数会使这个函数的宗量平移 $x+a$，即

$$T_a\psi_k(x) = \psi_k(x + a). \tag{1.26}$$

从群论的观点看平移算符是阿贝尔算符，是可交换的算符，那么其本征值一定为相因子，然后将式(1.25)代入式(1.26)可得

$$e^{ika} \cdot (e^{ikx} \cdot u_k(x)) = e^{ik(x+a)} \cdot u_k(x + a) \tag{1.27}$$

消去相同项可得

$$u_k(x) = u_k(x + a) \tag{1.28}$$

于是我们简单地证明了布洛赫定理。

下面给出布洛赫定理的一般描述：在具有 $V(x)=V(x+a)$ 周期势场的体系中，电子本征波函数也就是布洛赫波函数由两部分构成，一部分是平面波，另一部分是周期函数，即

$$\psi_k(x) \equiv e^{ik\cdot x} \cdot u_k(x) \tag{1.29}$$

周期函数 $u_k(x)$ 具有格子的周期性，$u_k(x)=u_k(x+r)$，且 $\boldsymbol{r}\in\Lambda$。

我们也可以从群论出发给出布洛赫定理的一般证明。对于任意属于正格矢 Λ 的两个矢量 $\boldsymbol{r},\boldsymbol{r}'$，由体系周期性的考虑定义平移算符，且平移算符与哈密顿量满足对易关系，即 $[T_r,\boldsymbol{H}]=0$。不难知道其本征值是相因子的形式，若取正格矢中的某个矢量 $\boldsymbol{a}_i$ 则有

$$T_{\boldsymbol{a}_i}\psi_k(x) = \psi_k(x + \boldsymbol{a}_i) = e^{i\theta_{\boldsymbol{a}_i}}\psi_k(x) \tag{1.30}$$

我们定义相角为 $\theta_i \equiv \boldsymbol{k}\cdot\boldsymbol{a}_i$。现在将式(1.30)写得更精确一些，即

$$T_{\boldsymbol{a}_i}\psi_k(x) = e^{i\boldsymbol{k}\cdot\boldsymbol{a}_i}\psi_k(x) \tag{1.31}$$

在一般情况下，$\boldsymbol{r} = \sum_i n_i a_i$ 平移算符的群表示为

$$T_r\psi_k(x) = e^{i\boldsymbol{k}\cdot\boldsymbol{r}}\psi_k(x) = \psi_k(x + r) \tag{1.32}$$

再将式(1.29)代入式(1.32)可得

$$u_k(x) = u_k(x + r) \tag{1.33}$$

于是，我们从群论的基本定义出发给出了布洛赫定理严格的数学证明。

回顾上面的证明过程，最重要的一步就是定义的体系平移算符是阿贝尔算符，而正是因为有了这个性质才能去做下面的事情。那么什么时候体系的平移算符的阿贝尔性会被破坏呢？其中一个思路就是体系存在磁场下有磁通量时，用平移算符走不同路径平移矢量时，由于 AB 效应[8]的存在不同路径会出现一个 AB 相，因此平移算符的阿贝尔性就被破坏了。最早思考这个问题的人是瓦尼尔和他的学生候世达，他们思考了两个问题：一个具有平移不变的晶格加上磁场之后是否还具有平移不变性呢？对于自由电子加上磁场后形成的是朗道能级，那么对于晶体中的电子加上磁场后会怎么样呢？

上面的问题存在两种情况，电子在磁场下做回旋运动时，当回旋的特征长度和

晶格的长度是不可公度的时候(这里所谓的“不可公度”,通俗的解释就是两个长度的比值不是有理数),这里会出现分形的情况,出现复杂而丰富的物理原理。而当这两个长度是可公度的时候,依然可以近似地认为平移不变性依然存在,只是不再是原来的长度了,在这个意义下可以定义磁格子等概念。所以布洛赫定理形式简洁却蕴含着关于周期性背后非常深刻的数学原理。

同样地,在晶格中动量守恒也与自由空间中有一些不同。对于自由空间中的动量守恒满足

$$k = k' \tag{1.34}$$

或者说是动量差为零,即

$$\Delta \equiv k' = k = 0 \tag{1.35}$$

而在晶格中由于周期性的存在,可以发现当平移算符作用在具有不同初末动量的基矢上时会得到

$$T_{\mathrm{r}} \mid k\rangle = \mathrm{e}^{\mathrm{i}k\cdot r} \mid k\rangle \tag{1.36}$$

$$T_{\mathrm{r}} \mid k'\rangle = \mathrm{e}^{\mathrm{i}k'\cdot r} \mid k'\rangle \tag{1.37}$$

要满足动量守恒,也就是说平移算符在不同基矢上的本征值是不变的,即

$$\mathrm{e}^{\mathrm{i}k\cdot r} = \mathrm{e}^{\mathrm{i}k'\cdot r} \tag{1.38}$$

由于倒格矢 q 与正格矢 r 的点乘为 $2\pi n, n \in \mathbb{Z}$,因此只有当初末动量相差一个倒格矢 q 时,即

$$\Delta \equiv k' - k + q, q \in \Lambda^{*} \tag{1.39}$$

体系的动量是守恒的,这就是晶格中的动量守恒。

从前面可以知道布洛赫波 $\psi_k(x)=\mathrm{e}^{\mathrm{i}kx}\cdot u_k(x)$ 的构造离不开平面波这种空间延展的形式,是否可以将布洛赫波视为一种局域波的叠加态呢?答案是肯定的,这种局域波函数的形式称为瓦尼尔波函数,根据布洛赫波是瓦尼尔波的叠加态这一定义,可以将瓦尼尔波函数的形式表示为

$$w_r(x) \equiv \frac{1}{\sqrt{N}}\sum_k \mathrm{e}^{-\mathrm{i}k\cdot r}\psi_k(x), r \in \Lambda \tag{1.40}$$

可以看到,由于瓦尼尔波函数和布洛赫波函数在表象上分别为实空间和倒空间,因此这两个波函数在表象上是可以通过傅里叶变换得到的。值得注意的是,对于布洛赫波函数 $\psi_k(x)$ 是具有周期性的,那么同样可以证明瓦尼尔波函数也具有周期性。考虑将瓦尼尔波函数在实空间中平移到 $r+r'$,于是有

$$\begin{aligned} w_{r+r'}(x + r') &= \frac{1}{\sqrt{N}}\mathrm{e}^{-\mathrm{i}k\cdot(r+r')}\psi_k(x + r') \\ &= \frac{1}{\sqrt{N}}\mathrm{e}^{-\mathrm{i}k\cdot(r+r')}\cdot \mathrm{e}^{\mathrm{i}k\cdot r'}\psi_k(x) \\ &= \frac{1}{\sqrt{N}}\mathrm{e}^{-\mathrm{i}k\cdot r}\cdot \psi_k(x) \\ &= w_r(x) \end{aligned} \tag{1.41}$$

能看到瓦尼尔波函数是局限在 r 附近的波函数，而瓦尼尔波函数也一定能定义成 $w_r(x) \equiv w(r-x)$。瓦尼尔函数在紧束缚模型中是非常重要的，由此可以定义拓扑问题中的瓦尼尔心。在整数量子霍尔效应中的电荷泵浦问题就与瓦尼尔心的移动密切相关。还有就是绝缘体的电极化问题的量子化描述，也是需要运用到瓦尼尔心去表述的。

1.5　实例 1：求解单层石墨烯能谱

以单层石墨烯的能带求解为例。石墨烯是二维的六角格子模型，其原胞中有两个不等价的原子如图 1.5 所示，我们定义实空间中的两个正格矢 $\boldsymbol{a}_1$ 和 $\boldsymbol{a}_2$，其坐标为

$$\begin{cases} \boldsymbol{a}_1 = \dfrac{a}{2}(3,\sqrt{3}) \\ \boldsymbol{a}_2 = \dfrac{a}{2}(3,-\sqrt{3}) \end{cases} \tag{1.42}$$

然后，根据正格矢和倒格矢的正交关系 $\boldsymbol{a}_i \cdot \boldsymbol{b}_j = 2\pi\delta_{ij}$，求出倒格矢为

$$\begin{cases} \boldsymbol{b}_1 = \dfrac{2\pi}{3a}(1,\sqrt{3}) \\ \boldsymbol{b}_2 = \dfrac{2\pi}{3a}(1,-\sqrt{3}) \end{cases} \tag{1.43}$$

在图 1.5 中可以看出，左图为正格矢，右图为倒格矢，右图中的虚线是倒空间的魏格纳-塞茨原胞，也就是其第一布里渊区。在其第一布里渊区中存在两类不等价的点 K 和 K'，通过简单的计算可以得到

$$K = \frac{1}{3}(2\boldsymbol{b}_1 + \boldsymbol{b}_2) = \frac{2\pi}{3a}\left(1,\frac{1}{\sqrt{3}}\right) \tag{1.44}$$

$$K' = \frac{1}{3}(2\boldsymbol{b}_2 + \boldsymbol{b}_1) = \frac{2\pi}{3a}\left(1,-\frac{1}{\sqrt{3}}\right) \tag{1.45}$$

使用紧束缚模型写出其哈密顿量，其示意图正格矢和倒格矢的示意图如图 1.5 所示。若只考虑最近邻跃迁，在六角格子中的跃迁项有以下的几种最近邻跃迁，如图 1.6 所示，在原胞 $\boldsymbol{r}$ 内的 A 原子跃迁到 B 原子，原胞 $\boldsymbol{r}$ 内的 A 原子跃迁到 $\boldsymbol{r}+\boldsymbol{a}_1$ 内的 B 原子和原胞 $\boldsymbol{r}$ 内的 A 原子跃迁到 $\boldsymbol{r}+\boldsymbol{a}_2$ 内的 B 原子，分别在图中用 $\vec{\boldsymbol{k}}_1$、$\vec{\boldsymbol{k}}_2$ 来表示。

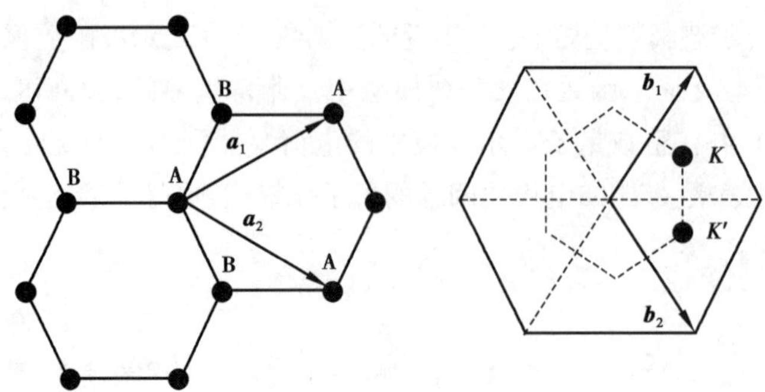

图 1.5　六角格子模型

其紧束缚模型的哈密顿量为

$$H=-t\sum_{r\in\Lambda}\left[\,|\boldsymbol{r},\mathrm{A}\rangle\langle\boldsymbol{r},\mathrm{B}|+|\boldsymbol{r},\mathrm{A}\rangle\langle\boldsymbol{r}+\boldsymbol{a}_1,\mathrm{B}|+|\boldsymbol{r},\mathrm{A}\rangle\langle\boldsymbol{r}+\boldsymbol{a}_2,\mathrm{B}|\,\right]+h.c.. \tag{1.46}$$

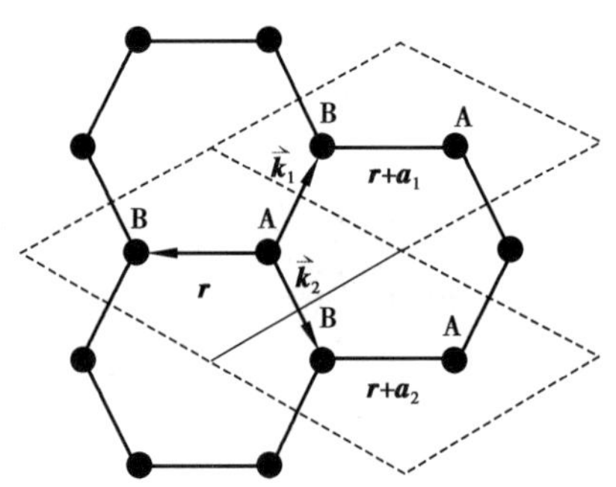

图 1.6　最近邻跃迁

由于格子周期性的存在，考虑将哈密顿量作傅里叶变换，比起数学的严格求解过程来说，物理中更倾向于假设解的形式并代入验证。那么，先假设其薛定谔方程的本征解为

$$\psi(k)=\frac{1}{\sqrt{2N}}\sum_{r\in\Lambda}\mathrm{e}^{\mathrm{i}k\cdot r}\left[C_{\mathrm{A}}\,|\boldsymbol{r},\mathrm{A}\rangle+C_{\mathrm{B}}\,|\boldsymbol{r},\mathrm{B}\rangle\right] \tag{1.47}$$

将式(1.47)和式(1.46)代入薛定谔方程，同时规定自己到自己的跃迁为零 $|\boldsymbol{r},\mathrm{A}\rangle\langle\boldsymbol{r},\mathrm{A}|\equiv 0$，并且假定在位能为零，于是可以写出本征方程为

$$\begin{bmatrix}0 & -t(1+\mathrm{e}^{\mathrm{i}k\cdot a_1}+\mathrm{e}^{\mathrm{i}k\cdot a_2})\\ -t(1+\mathrm{e}^{\mathrm{i}k\cdot a_1}+\mathrm{e}^{\mathrm{i}k\cdot a_2}) & 0\end{bmatrix}\begin{bmatrix}C_{\mathrm{A}}\\ C_{\mathrm{B}}\end{bmatrix}=E(k)\begin{bmatrix}C_{\mathrm{A}}\\ C_{\mathrm{B}}\end{bmatrix}. \tag{1.48}$$

解出其能谱为

$$E(k)=\pm\sqrt{1+4\cos\left(\frac{3k_x\cdot a}{2}\right)\cos\left(\frac{\sqrt{3}k_y\cdot a}{2}\right)+4\cos^2\left(\frac{\sqrt{3}k_y\cdot a}{2}\right)}. \tag{1.49}$$

上面的求解过程用到了恒等变换 $\cos x=\frac{\mathrm{e}^{\mathrm{i}x}+\mathrm{e}^{-\mathrm{i}x}}{2}$，画出其能谱如图 1.7 所示。

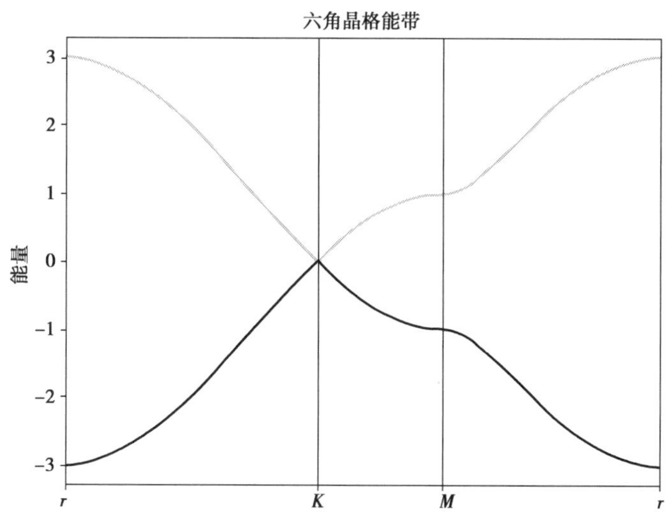

图1.7 石墨烯六角格子能谱图

六角格子的倒易空间具有六角对称性,其可以由两个狄拉克点 K 和 K' 标记,这是两个等价点,在此处能量色散成线性关系,有效质量为0,费米速度接近光速,表现为狄拉克费米子。由于是等价点,所以可以看到在 K 和 K' 点上会有线性的色散关系,这样的色散关系满足狄拉克方程,这样的点也称为狄拉克点。为了进一步探索其线性色散性质,我们考虑其低能哈密顿量的性质,在狄拉克点 K 附近作小量展开:$k=K+q$,$|q|\ll 1$,将其代入式(1.48)的非对角项中可得

$$\begin{bmatrix} 0 & -t\left(1+2\mathrm{e}^{\mathrm{i}\frac{3}{2}q_x\cdot \boldsymbol{a}}\cos\left(\frac{\pi}{3}+\frac{\sqrt{3}}{2}q_y\cdot a\right)\right) \\ -t\left(1+2\mathrm{e}^{-\mathrm{i}\frac{3}{2}q_x\cdot \boldsymbol{a}}\cos\left(\frac{\pi}{3}+\frac{\sqrt{3}}{2}q_y\cdot a\right)\right) & 0 \end{bmatrix}=E(\boldsymbol{q}). \tag{1.50}$$

将式(1.50)中的 q 作为无穷小量,进一步展开后得到

$$H(q)=\frac{3ta}{2}\begin{bmatrix} 0 & \mathrm{i}\cdot q_x-q_y \\ -\mathrm{i}\cdot q_x-q_y & 0 \end{bmatrix}. \tag{1.51}$$

通过量纲分析知道 $\frac{3ta}{2}$ 具有速度的量纲,将其定义为 $\hbar v_{\mathrm{F}}$,其中 v_{F} 是费米速度,同时用泡利矩阵来表述,可以将式(1.51)写得更加简洁,即

$$H(q)=\hbar v_{\mathrm{F}}(\sigma_x q_x+\sigma_y q_y) \tag{1.52}$$

这里可以看出,哈密顿量 H 线性正比于小量 q,K 点处的能带也是线性能带。因此,把式(1.52)称为二维无质量的狄拉克方程。而对于倒空间中的两类独立的高对称点 K 和 K' 之间的关系是互为时间反演的,即

$$H_{K'}(q)=H_K^*(-q) \tag{1.53}$$

因此,对于具有时间反演不变性的体系一定具有能量的二重简并,我们也称这样的简并为 Kramers 定理。

在石墨烯中有一些重要的系数是可以从实验或第一性原理计算得到的,如格子的长度 $a=0.14$ nm,最近邻跃迁系数 $t=2.7$ eV,费米速度 $v_F \approx 10^6$ m/s,那么也就意味着固体中的电子运动速度大约为 10^6 m/s。可以将石墨烯这样的二维无质量的狄拉克方程与狄拉克方程比较而得到其一些性质,狄拉克方程为

$$H(k)=\begin{bmatrix} m & \sigma \cdot k \\ \sigma \cdot k & -m \end{bmatrix} \tag{1.54}$$

其中,$\sigma \cdot k=\sigma_x \cdot k_x+\sigma_y \cdot k_y+\sigma_z \cdot k_z$,那么式(1.53)和式(1.54)有什么相似之处呢?由于狄拉克方程有克莱因隧穿的特征,因此,式(1.54)具有狄拉克方程在量子电动力学中有兰姆移位,同时式(1.53)也具有。

对于石墨烯结构而言,还可以通过堆垛、转角和第三个维度增加周期性得到更多新奇的结构。下面的实例将介绍转角双层石墨烯的能谱计算。

1.6 实例2:求解转角双层石墨烯能谱

在前一个实例中我们讨论了六角格子石墨烯的能带。对于二维材料可以像搭积木一样去拼凑、旋转。这里简单介绍转角双层石墨烯单电子近似能带结构的求解[9-11]。

关于转角双层石墨烯的能带,我们考虑其实空间的结构是两层 Bernal 堆垛(即上下层的 A 原子和 B 原子相对的 AB 堆垛),然后固定第一层,旋转第二层 θ 角度,那么第一层和第二层的格点可以被描述为

$$\begin{cases} \boldsymbol{r}^{(1)}=l_1\boldsymbol{a}_1+l_2\boldsymbol{a}_2 \\ \boldsymbol{r}^{(2)}=R_\theta(l_1\boldsymbol{a}_1+l_2\boldsymbol{a}_2-\boldsymbol{\delta})+\boldsymbol{\tau} \end{cases} \tag{1.55}$$

其中,l_1 和 l_2 分别表示基矢前的系数,$\boldsymbol{\delta}$ 表示连接最近邻格点的矢量,$\boldsymbol{\tau}$是由于产生的旋转的平移矢量,$\boldsymbol{a}_1$ 和 $\boldsymbol{a}_2$ 为第一层的基矢量,$\boldsymbol{R}_\theta$ 表示旋转矩阵,即

$$\boldsymbol{R}_\theta=\begin{bmatrix} \cos\theta & -\sin\theta \\ \sin\theta & \cos\theta \end{bmatrix}. \tag{1.56}$$

对式(1.55)和式(1.56)可以得到关于第一层格矢和第二层格矢的关系

$$\boldsymbol{r}^{(2)}=\boldsymbol{R}_\theta(\boldsymbol{r}^{(1)}-\boldsymbol{\delta})+\boldsymbol{\tau}. \tag{1.57}$$

因此,我们建立了转角双层石墨烯的实空间几何结构的数学表达。对于第二层的基矢我们用式(1.57)的关系,$\boldsymbol{a}_1^\theta$ 和 $\boldsymbol{a}_2^\theta$ 表示第二层的基矢是在第一层上旋转操作得到的。因此,我们可以通过正格矢和倒格矢的关系定义出倒空间中的第一层倒格矢 $\boldsymbol{b}_1$ 和 $\boldsymbol{b}_2$,第二层的倒格矢 $\boldsymbol{b}_1^\theta$ 和 $\boldsymbol{b}_2^\theta$。对于相同结构而言,两个周期结构叠加在一起通过

转角后得到更大周期性体系，这种图案就是通常说的莫尔条纹，即

$$\{\boldsymbol{g}^m\} = \{\boldsymbol{g}^1\} \cup \{\boldsymbol{g}^2\} \tag{1.58}$$

$\boldsymbol{g}$ 表示倒格矢。对于莫尔条纹的理解，可以考虑其为一种拍频，两个函数 $h_1(\boldsymbol{r})$ 和 $h_2(\boldsymbol{r})$，分别具有与第一层和第二层相同的周期性，且表达式为

$$h_l(\boldsymbol{r}) = \sum_{k=1}^{3} \cos(\boldsymbol{g}_{l,k} \cdot \boldsymbol{r}) \tag{1.59}$$

这里，我们令 $\boldsymbol{g}_{l,1}=\boldsymbol{b}_{l,1}$，$\boldsymbol{g}_{l,2}=\boldsymbol{b}_{l,2}$，$\boldsymbol{g}_{l,3}=\boldsymbol{b}_{l,1}-\boldsymbol{b}_{l,2}$，且每层有 $l=1,2$。下面考虑 $h_m(\boldsymbol{r})=h_1(\boldsymbol{r})+h_2(\boldsymbol{r})$ 来研究两层之间的扰动，将 $h_m(\boldsymbol{r})$ 写成

$$h_m(\boldsymbol{r}) = \sum_{k=1}^{3} 2\cos\left(\frac{\boldsymbol{g}_{1,k}+\boldsymbol{g}_{2,k}}{2}\cdot\boldsymbol{r}\right)\cos\left(\frac{\boldsymbol{g}_{1,k}-\boldsymbol{g}_{2,k}}{2}\cdot\boldsymbol{r}\right) \tag{1.60}$$

可以看到式(1.60)具有由 $\frac{\boldsymbol{g}_{1,k}+\boldsymbol{g}_{2,k}}{2}\cdot\boldsymbol{r}$ 和 $\frac{\boldsymbol{g}_{1,k}-\boldsymbol{g}_{2,k}}{2}\cdot\boldsymbol{r}$ 控制的振荡，正是这种包络函数产生了莫尔条纹。事实上，振荡是否出现取决于 $\boldsymbol{g}_{1,k}-\boldsymbol{g}_{2,k}$ 包络函数的振幅。所以 $h_m(\boldsymbol{r})$ 的新周期模式的傅里叶周期与 $\boldsymbol{g}_{l,k}$ 有关，因此，我们考虑这个转角双层石墨烯的体系，当转角 θ 小于 30°时，具有莫尔周期的倒格矢与第一层和第二层的倒格矢的关系为

$$\begin{cases}\boldsymbol{b}_1^m = \boldsymbol{b}_1 - \boldsymbol{b}_1^\theta \\ \boldsymbol{b}_2^m = \boldsymbol{b}_2 - \boldsymbol{b}_2^\theta\end{cases}. \tag{1.61}$$

当考虑体系的第二层转角为 $\frac{\theta}{2}$，且第一层反方向转角为 $\frac{\theta}{2}$ 时，则有

$$\begin{cases}\boldsymbol{b}_1^m = \sqrt{3}\,|\Delta K|\left(\frac{1}{2}, -\frac{\sqrt{3}}{2}\right) \\ \boldsymbol{b}_2^m = \sqrt{3}\,|\Delta K|\left(\frac{1}{2}, \frac{\sqrt{3}}{2}\right)\end{cases} \tag{1.62}$$

其中 $|\Delta K| = 2|K|\sin\left(\frac{\theta}{2}\right)$ 代表两层间 K 点的距离。于是我们根据莫尔周期体系正格子基矢和倒格子基矢的正交关系 $\boldsymbol{a}_i^m \cdot \boldsymbol{b}_j^m = 2\pi\delta_{i,j}$ 定义出正格子基矢量 $\boldsymbol{a}_i^m$

$$\begin{cases}\boldsymbol{a}_1^m = \frac{4\pi}{3|\Delta K|}\left(\frac{\sqrt{3}}{2}, -\frac{1}{2}\right) \\ \boldsymbol{a}_2^m = \frac{4\pi}{3|\Delta K|}\left(\frac{\sqrt{3}}{2}, \frac{1}{2}\right)\end{cases} \tag{1.63}$$

因此，莫尔原胞的面积也可以计算为

$$A_{m.u.c.} = |\boldsymbol{a}_1^m \times \boldsymbol{a}_2^m| = \frac{3\sqrt{3}\,d^2}{8\sin^2\left(\frac{\theta}{2}\right)}. \tag{1.64}$$

以下构造转角双层石墨烯体系的哈密顿量，用紧束缚的观点考虑哈密顿量由两

部分组成，即

$$H = H_l + H_\perp \tag{1.65}$$

其中 $H_l = H_1 + H_2$ 是两层的本征量，而 $H_\perp$ 为两层的层间耦合作用量。对于 H_l 我们考虑在狄拉克点 K 附近的低能有效模型，从式(1.52)中可以得到其解析形式为

$$H_l^K(\boldsymbol{q}) = \hbar v_{\mathrm{F}} |\boldsymbol{q}| (\sigma_x^{\theta_l} q_x + \sigma_y^{\theta_l} q_y). \tag{1.66}$$

其中，$\boldsymbol{\sigma}^{\theta_l}$ 是单层石墨烯在转动后的泡利矩阵算符，即

$$\sigma \cdot R_{\theta_l} = \begin{pmatrix} \sigma_x^{\theta_l} \\ \sigma_y^{\theta_l} \end{pmatrix} = \begin{pmatrix} \sigma_x \\ \sigma_y \end{pmatrix} \begin{pmatrix} \cos\theta & -\sin\theta \\ \sin\theta & \cos\theta \end{pmatrix}. \tag{1.67}$$

以下继续讨论 $H_\perp$ 层间耦合。根据紧束缚的观点在格点表象下可以将层间耦合写为

$$H_\perp = t_{12}^{\alpha\beta} \,|\, 1, \boldsymbol{R} + \boldsymbol{r}_1, \alpha \rangle \langle 2, \boldsymbol{R} + \boldsymbol{r}_2, \beta \,| + h.c. \tag{1.68}$$

其中 $\alpha, \beta \in \{\mathrm{A}, \mathrm{B}\}$，$\boldsymbol{R}+\boldsymbol{r}_l$ 表示不同层的原胞，$t_{12}^{\alpha\beta}$ 为层间跃迁矩阵元。为了形式上的简洁，可将其写为二次量子化的形式，并规定 $H_\perp = V_{12} + V_{21}$，$V_{12} = V_{21}^\dagger$，则有

$$V_{12} = \sum_{\boldsymbol{r}_1, \alpha; \boldsymbol{r}_2, \beta} c_{1,\alpha}^\dagger(\boldsymbol{r}_1) t_{12}^{\alpha\beta}(\boldsymbol{r}_1, \boldsymbol{r}_2) c_{2,\beta}(\boldsymbol{r}_2) \tag{1.69}$$

其中，$c_{1,\alpha}^\dagger(\boldsymbol{r}_1)$ 和 $c_{2,\beta}(\boldsymbol{r}_2)$ 分别为各层格点的产生算符和湮灭算符，而层间跃迁矩阵元为

$$t_{12}^{\alpha\beta}(\boldsymbol{r}_1, \boldsymbol{r}_2) = \langle 1, \boldsymbol{r}_1, \alpha \,|\, H_\perp \,|\, 2, \boldsymbol{r}_2, \beta \rangle \tag{1.70}$$

以上的讨论是在实空间中进行的，下面将其变换到倒空间中，则有

$$c_{l,\alpha}^\dagger(\boldsymbol{r}_l) = \frac{1}{\sqrt{N_l}} \sum_{k_l} \mathrm{e}^{-\mathrm{i}k_l \cdot (r_l + \tau_{l,\alpha})} c_{l,\alpha}^\dagger(\boldsymbol{k}_l) \tag{1.71}$$

其中 $\boldsymbol{k}_l$ 是第一层或第二层中的动量，由此得到层间跃迁矩阵元在动量表象下的形式

$$t_{12}^{\alpha\beta}(\boldsymbol{k}_1, \boldsymbol{k}_2) = \frac{1}{\sqrt{N_1 N_2}} \sum_{\boldsymbol{r}_1, \boldsymbol{r}_2} \mathrm{e}^{-\mathrm{i}\boldsymbol{k}_1 \cdot (\boldsymbol{r}_1 + \tau_{1,\alpha})} t_{12}^{\alpha\beta}(\boldsymbol{r}_1, \boldsymbol{r}_2) \mathrm{e}^{-\mathrm{i}\boldsymbol{k}_2 \cdot (\boldsymbol{r}_2 + \tau_{2,\beta})} \tag{1.72}$$

根据双中心近似式(1.70)可以记为 $t_{12}^{\alpha\beta}(\boldsymbol{r}_1, \boldsymbol{r}_2) = t_\perp^{\alpha\beta}(\boldsymbol{r}_1 + \boldsymbol{\tau}_{1,\alpha} - \boldsymbol{r}_2 - \boldsymbol{\tau}_{2,\beta})$，那么有

$$t_\perp^{\alpha\beta}(\boldsymbol{r}_1 + \boldsymbol{\tau}_{1,\alpha} - \boldsymbol{r}_2 - \boldsymbol{\tau}_{2,\beta}) = \int_{\mathbb{R}^2} \frac{\mathrm{d}^2\boldsymbol{k}}{(2\pi)^2} \mathrm{e}^{\mathrm{i}\boldsymbol{k} \cdot (\boldsymbol{r}_1 + \tau_{1,\alpha} - \boldsymbol{r}_2 - \tau_{2,\beta})} t_\perp^{\alpha\beta}(\boldsymbol{k}). \tag{1.73}$$

将式(1.73)代入式(1.72)得到

$$t_\perp^{\alpha\beta}(\boldsymbol{k}_1, \boldsymbol{k}_2) = \frac{1}{\sqrt{N_1 N_2}} \int_{\mathbb{R}^2} \frac{\mathrm{d}^2\boldsymbol{k}}{(2\pi)^2} \sum_{\boldsymbol{r}_1} \mathrm{e}^{-\mathrm{i}(\boldsymbol{k}_1 - \boldsymbol{k}) \cdot (\boldsymbol{r}_1 + \tau_{1,\alpha})} t_\perp^{\alpha\beta}(\boldsymbol{k}) \sum_{\boldsymbol{r}_2} \mathrm{e}^{\mathrm{i}(\boldsymbol{k}_2 - \boldsymbol{k}) \cdot (\boldsymbol{r}_2 + \tau_{2,\beta})} \tag{1.74}$$

这里使用正格矢和倒格矢的求和

$$\sum_{\boldsymbol{r}_l} \mathrm{e}^{\mathrm{i}\boldsymbol{k} \cdot \boldsymbol{r}_l} = N_l \sum_{\boldsymbol{g}_l} \delta_{\boldsymbol{k}, \mathbf{g}_l}. \tag{1.75}$$

式(1.74)可以化简为

$$T_{\perp}^{\alpha\beta}(\boldsymbol{k}_1,\boldsymbol{k}_2)=\sqrt{\frac{N_1N_2}{A^2}}\sum_{g_1,g_2}\mathrm{e}^{\mathrm{i}g_1\cdot\tau_{1,\alpha}}t_{\perp}^{\alpha\beta}(\boldsymbol{k}_1+\boldsymbol{g}_1)\cdot\mathrm{e}^{-\mathrm{i}g_2\cdot\tau_{2,\beta}}\delta_{k_1+g_1,k_2+g_2}\tag{1.76}$$

其中,$A=A_{\mathrm{u.c.},l}\cdot N_l$ 表示第一层或第二层原胞面积乘以原胞中格点数。因此得到了层间跃迁矩阵为

$$T_{\perp}^{\alpha\beta}(\boldsymbol{k}_1,\boldsymbol{k}_2)=\frac{1}{\sqrt{A_{\mathrm{u.c.},1}A_{\mathrm{u.c.},2}}}\sum_{g_1,g_2}\mathrm{e}^{\mathrm{i}g_1\cdot\tau_{1,\alpha}}t_{\perp}^{\alpha\beta}(\boldsymbol{k}_1+\boldsymbol{g}_1)\cdot\mathrm{e}^{-\mathrm{i}g_2\cdot\tau_{2,\beta}}\delta_{k_1+g_1,k_2+g_2}\tag{1.77}$$

从式(1.77)中的克罗内克符号 $\delta_{k_1+g_1,k_2+g_2}$ 可以知道,当

$$\boldsymbol{k}_1+\boldsymbol{g}_1=\boldsymbol{k}_2+\boldsymbol{g}_2\tag{1.78}$$

这就是广义 umklapp 条件。

由于层间跃迁矩阵依赖于动量 $\boldsymbol{k}$,我们考察其关系。在实空间中层间跃迁矩阵元和距离的关系为

$$t_{\perp}(\boldsymbol{r}_1-\boldsymbol{r}_2)\propto\sqrt{|\boldsymbol{r}_1-\boldsymbol{r}_2|+d_{\perp}^2}\tag{1.79}$$

其中层间距离 $d_{\perp}$ 大于两倍碳碳键。因此有 $t_{\perp}(\boldsymbol{r}_1-\boldsymbol{r}_2)$ 随着 $\boldsymbol{r}_1-\boldsymbol{r}_2$ 明显的变化,$\boldsymbol{r}_1-\boldsymbol{r}_2$ 必须和 $d_{\perp}$ 具有相同的数量级,而 $\boldsymbol{r}_1-\boldsymbol{r}_2$ 和倒空间动量 $\boldsymbol{k}$ 是反比关系,所以可得到层间跃迁矩阵 $t_{\perp}^{\alpha\beta}(\boldsymbol{k})$ 和动量 $\boldsymbol{k}$ 的关系

$$t_{\perp}^{\alpha\beta}(\boldsymbol{k})\propto\frac{1}{\boldsymbol{k}}\tag{1.80}$$

$t_{\perp}^{\alpha\beta}(\boldsymbol{k})$ 会随着 $\boldsymbol{k}$ 的增大而迅速减小。

在 K 点附近作小量展开,令 $\boldsymbol{k}_l=K_l+\boldsymbol{q}_l$,$|\boldsymbol{q}|\ll1$,代入式(1.77)则有

$$T_{\perp}^{\alpha\beta}(\boldsymbol{q}_1,\boldsymbol{q}_2)=\frac{1}{A_{\mathrm{u.c.}}}\sum_{g_1,g_2}\mathrm{e}^{\mathrm{i}g_1\cdot\tau_{1,\alpha}}t_{\perp}^{\alpha\beta}(K_1+\boldsymbol{q}_1+\boldsymbol{g}_1)\mathrm{e}^{-\mathrm{i}g_2\cdot\tau_{2,\beta}}\delta_{K_1+q_1+g_1,K_2+q_2+g_2}\tag{1.81}$$

由于 $|\boldsymbol{q}|\ll1$,所以

$$t_{\perp}^{\alpha\beta}(K_1+\boldsymbol{q}_1+\boldsymbol{g}_1)\approx t_{\perp}^{\alpha\beta}(K_1+\boldsymbol{g}_1).\tag{1.82}$$

同样地,可推导 $t_{\perp}^{\alpha\beta}(\boldsymbol{k})$ 会随着 $\boldsymbol{k}$ 的增大而迅速减小,所以式(1.81)的求和实际上只有三个等效狄拉克点 K 三项,即

$$\boldsymbol{g}_l\in\{\boldsymbol{g}_{\mathrm{b}},\boldsymbol{g}_{\mathrm{tr}},\boldsymbol{g}_{\mathrm{tl}}\}\tag{1.83}$$

其中 b,tr 和 tl 分别表示底部、另一层右和另一层左,则式(1.81)写为

$$T_{\perp}^{\alpha\beta}(\boldsymbol{q}_1,\boldsymbol{q}_2)=T_{q_{\mathrm{b}}}^{\alpha\beta}\delta_{q_1-q_2,q_{\mathrm{b}}}+T_{q_{\mathrm{tr}}}^{\alpha\beta}\delta_{q_1-q_2,q_{\mathrm{tr}}}+T_{q_{\mathrm{tl}}}^{\alpha\beta}\delta_{q_1-q_2,q_{\mathrm{tl}}}.\tag{1.84}$$

并且在倒空间中有 $|K_l+\boldsymbol{g}_l|=|K|$,将式(1.84)中的三个层间跃迁项写出,即

$$T_{q_{\mathrm{b}}}=\frac{t_{\perp}(|K|)}{A_{\mathrm{u.c.}}}\begin{pmatrix}1&1\\1&1\end{pmatrix}\tag{1.85}$$

$$T_{q_{\mathrm{tr}}} = \frac{t_{\perp}(|K|)}{A_{\mathrm{u.c.}}} \cdot e^{-i g_{1,\mathrm{tr}} \cdot \tau_0} \cdot \begin{pmatrix} e^{i\phi} & 1 \\ e^{-i\phi} & e^{i\phi} \end{pmatrix} \tag{1.86}$$

$$T_{q_{\mathrm{tl}}} = \frac{t_{\perp}(|K|)}{A_{\mathrm{u.c.}}} \cdot e^{-i g_{1,\mathrm{tl}} \cdot \tau_0} \cdot \begin{pmatrix} e^{-i\phi} & 1 \\ e^{i\phi} & e^{-i\phi} \end{pmatrix} \tag{1.87}$$

由于石墨烯的几何结构容易知道 $\phi=\frac{2\pi}{3}$,因此,我们得到

$$T_{\perp}^{\alpha\beta}(\boldsymbol{q}_1, \boldsymbol{q}_2) = \frac{3t_{\perp}(|K|)}{A_{\mathrm{u.c.}}} \begin{pmatrix} 0 & 1 \\ 0 & 0 \end{pmatrix} \tag{1.88}$$

而 $t_{\perp}(|K|) \approx 0.58\ \mathrm{eV} \cdot \mathrm{Å}^2 (1\mathrm{Å}=0.1\ \mathrm{nm})$,且$\frac{t_{\perp}(|K|)}{A_{\mathrm{u.c.}}} \approx 110\ \mathrm{meV}$。

同时,我们容易知道 $\boldsymbol{q}_{\mathrm{b}}, \boldsymbol{q}_{\mathrm{tr}}, \boldsymbol{q}_{\mathrm{tl}}$ 三者的坐标为

$$\begin{cases} \boldsymbol{q}_{\mathrm{b}} = |\Delta K|(0, -1) \\ \boldsymbol{q}_{\mathrm{tr}} = |\Delta K|\left(\frac{\sqrt{3}}{2}, \frac{1}{2}\right) \\ \boldsymbol{q}_{\mathrm{tl}} = |\Delta K|\left(-\frac{\sqrt{3}}{2}, \frac{1}{2}\right) \end{cases} . \tag{1.89}$$

继续考虑小角度的转动,也就是第一层转动$\frac{\theta}{2}$,而第二层转动$-\frac{\theta}{2}$,于是体系哈密顿量为

$$H = H_1^{\frac{\theta}{2}} + H_2^{-\frac{\theta}{2}} + H_{\perp} \tag{1.90}$$

层间跃迁矩阵写成布洛赫基的形式为

$$\langle \psi^1_{K\theta/2+\boldsymbol{q}_1^{\theta/2},\alpha} | H_{\perp} | \psi^1_{K-\theta/2+\boldsymbol{q}_2^{-\theta/2},\beta} \rangle = T^{\alpha\beta}_{\boldsymbol{q}_{\mathrm{b}}} \delta_{\boldsymbol{q}_1^{\theta/2}-\boldsymbol{q}_2^{-\theta/2},\boldsymbol{q}_{\mathrm{b}}} + T^{\alpha\beta}_{\boldsymbol{q}_{\mathrm{tr}}} \delta_{\boldsymbol{q}_1^{\theta/2}-\boldsymbol{q}_2^{-\theta/2},\boldsymbol{q}_{\mathrm{tr}}} + T^{\alpha\beta}_{\boldsymbol{q}_{\mathrm{tl}}} \delta_{\boldsymbol{q}_1^{\theta/2}-\boldsymbol{q}_2^{-\theta/2},\boldsymbol{q}_{\mathrm{tl}}}. \tag{1.91}$$

同样地,对于层内的本征哈密顿量为

$$\langle \psi^1_{K\theta/2+\boldsymbol{q}_2^{\theta/2},\alpha} | H_1 | \psi^1_{K\theta/2+\boldsymbol{q}_1^{\theta/2},\beta} \rangle = H_0 \delta_{\boldsymbol{q}_1^{\theta/2},\boldsymbol{q}_1^{\theta/2}} \tag{1.92}$$

$$\langle \psi^2_{K-\theta/2+\boldsymbol{q}_2^{-\theta/2},\alpha} | H_2 | \psi^2_{K-\theta/2+\boldsymbol{q}_2^{-\theta/2},\beta} \rangle = H_0 \delta_{-\boldsymbol{q}_2^{-\theta/2},-\boldsymbol{q}_2^{-\theta/2}} \tag{1.93}$$

转角双层石墨烯体系的薛定谔方程为

$$\left(H_1^{\frac{\theta}{2}} + H_2^{-\frac{\theta}{2}} + H_{\perp}\right) | \psi_{\mathbf{k}} \rangle = E | \psi_{\mathbf{k}} \rangle \tag{1.94}$$

因此我们将各项代入,当只考虑最近邻跃迁时,解出式(1.94)得到转角石墨烯体系的能谱。这里绘制了在0.5°、1.05°和5°时的能带图,如图1.8所示。

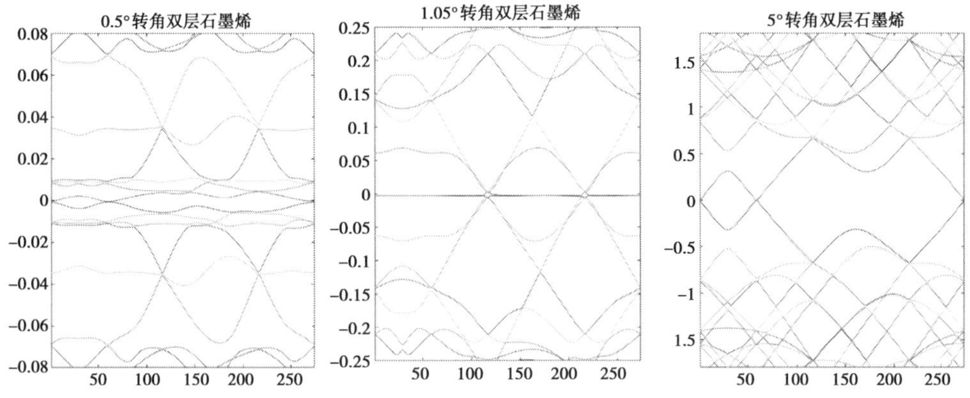

图1.8 不同转角下转角双层石墨烯能带图

1.7 超越能带论——非厄米能带理论简介

大部分物理模型讨论的守恒量都是厄米的情况，对于这种守恒量是厄米的已经有非常丰富而完整的理论方法。但在现实中，系统的复杂程度远超我们想象，这些系统中的物理量(例如能量、粒子数和动量等)由于耗散现象的存在不再是守恒量。这种物理量的守恒性被破坏，其开放系统会展示出许多新颖的非厄米现象[12-14]。而当物理量具有一定的可调性和独立性时，那么这个开放系统就可以构成非厄米的经典或量子系统，因此非厄米行为是系统的内禀属性。我们可以用非厄米量来描述哈密顿量，其哈密顿量不具有厄米性，即

$$H \neq H^{\dagger}. \tag{1.95}$$

在经典和量子体系里面非厄米现象是很常见的，如表1.1所示中所描述的就是经典和量子体系中的非厄米现象。

表1.1 经典和量子系统中的非厄米现象

系统/过程	非厄米的物理来源	理论方法
光子晶体	电磁波的增益和损耗	麦克斯韦方程组
力学	阻尼现象	牛顿方程
电路	焦耳热	环路方程
随机过程	非对易态交换	Fokker-Planck 方程
软物质和流体	非线性非稳态	线性化超动力学
原子相互作用	辐射衰变	投影方法
介观系统	响应的有效时间	散射理论

续表

系统/过程	非厄米的物理来源	理论方法
开放系统	耗散	主方程
量子力学	测量导致波函数坍塌	量子轨道方法

什么是开放系统呢？开放系统是与其他系统(例如大热源环境)有相互作用的系统。当外界对研究对象的观测量影响可以忽略时,抽象的物理模型就是孤立系统。如果考虑外界的影响,就需要使用开放系统的方法。用数学语言描述为:独立子系统 S 和与之相互作用的其他系统 E,S⊕E(⊕表示逻辑和)。

更广义地说,开放系统并不局限于是与环境作用的整个系统,而是同一系统中把某些特定的自由度或集体自由度甚至是某个过程(临界过程)中起决定作用的自由度作为开放系统的 S,而其他演化自由度作为环境 E。例如等离激元、声子等。

由于开放系统 S 是我们要认真处理的对象,即应考查 S 的观察量的完全集合;而环境 E 则往往可以比较粗糙地处理,通过环境 E 的若干宏观观察量(例如作为环境的温度 T、压力 p 等)来描述。处理开放系统的一种自然的想法是把总系统的总动力学方程写下,然后设法消去环境 E 自由度而保留表现在 S 上的全部信息。在固体物理中由于电子比核轻得多,即总可以看成电子的运动或响应核的运动,即由 Born-Oppenheimer 近似(绝热近似)消去电子的“快”运动而留下原子核的有效势中电子的“慢”运动方程。利用相似近似,可以把刘维尔空间(相空间)划分为快弛豫子空间与慢弛豫子空间。这样,就可以消去快弛豫子空间的自由度,得到在快弛豫子空间作用背景下的慢弛豫子空间变量的封闭方程(约化后的方程)。

对于经典开放系统,例如,在空气中细线悬挂单摆的运动,单摆和其耦合的环境共同决定摆的运动。但人们难以也无须完全、细致、严格地处理这个整体系统。一般来讲,环境变量对单摆运动的影响可以通过在单摆的运动方程中引入一个阻尼系数(摩擦项)来等效描述其开放性。环境物理性质决定这个阻尼系数。

而对于量子开放系统,子系统成为开放系统的条件为子系统可分性(子系统和环境不纠缠,或形成直积态);信息投影:不关心环境的微观信息;子系统独立性(子系统可以独立定义,构成研究对象,可以进行独立测量)。此外,广义的量子开放系统还有模式选择:当考虑同一系统的某些特定自由度(可能是集体自由度或特殊的运动模式,尤其是长波慢变模式)时,可以将其当作开放系统,如软模(Higgs 模)、零模、Goldstone 模、边界模等。此时,开放系统和环境构成直和(非直积)形式。一般来讲,由于可分性不能良好定义,这种广义的开放系统可以具有非厄米现象,但一般不形成非厄米系统。非厄米现象是很常见的,但形成非厄米系统是非常不容易的。有关开放系统的物理问题有量子测量、退相干、退相位、量子系统的弛豫过程、非马尔科夫过程等。那么我们会不禁问一个问题:什么条件的开放系统会成为非厄米系统呢?

从开放系统来看,子系统成为非厄米系统的条件为子系统可分性(子系统和环境不纠缠,或形成直积态);信息投影:不关心环境的微观信息;子系统独立性(子系统可以独立定义,构成研究对象,可以进行独立测量);系统可控性(弱测量进行选择保持子系统归于初态);特殊的子系统与热库耦合形式。所以简单地讲,开系统+可控性+特殊的子系统与热库耦合形式才能得到非厄米系统。而对于非厄米系统,物理问题则是 PT 对称性自发破缺、非厄米权重效应、量子态非正交性效应、非厄米哈密顿量的时间演化问题等。而目前研究的则是约化后的非厄米系统问题——非厄米矩阵系统。

那么什么是非厄米拓扑能带理论[15-17]? 前面我们阐述了布洛赫定理的深刻数学含义是其具有周期的平移不变性。对于具有平移不变性的厄米系统,布洛赫波函数蕴含了描述全局能带拓扑的性质,用拓扑不变量来将布里渊区中的能带分类。例如,对于量子霍尔效应中用拓扑不变量定义为布洛赫波函数的 Berry 曲率在布里渊区上的积分,即

$$C_n = \frac{1}{2\pi}\int_{BZ} B(k_x, k_y)\,\mathrm{d}S. \tag{1.96}$$

拓扑能带理论是拓扑不变量和对称性对不同维度的拓扑系统进行分类,为拓扑材料的研究提供了一个核心的理论框架。而体边对应原理表明周期边界条件下的布洛赫波函数所蕴含的拓扑不变量与开放边界条件下受到拓扑保护的边界态数目之间有着一一对应的关系,拓扑保护的边界态具有新颖的物理性质。对于周期边界条件和开放边界条件在厄米系统里的差别是第一个原子和第 N 个原子的跃迁项是否存在。那么这个跃迁项对体系哈密顿量的影响大吗? 在厄米体系时,

$$H_{\mathrm{OBC}} = H_{\mathrm{PBC}} + \delta H \tag{1.97}$$

其中,$\delta H \equiv t(c_1^\dagger c_N + h.\,c.\,)$。我们用微扰论的逻辑表达微扰散射矩阵为

$$\langle u_k | \delta H | u_{k'} \rangle. \tag{1.98}$$

而在热力学极限下 $N \to \infty$,微扰是成立的。那么对于非厄米会不同吗? 答案是会,并且是非常不同。

对于非厄米体系,在热力学极限下本征态并不会表现出很好的延展性,而是局限在边界上,同时能量本征值出现虚部,这样的偏离已经无法再用微扰论的语言去解释了,换句话说此时第一个原子和第 N 个原子的跃迁项是否存在对体系来说并不是微扰了,而是具有决定性作用的条件。而对于在开放边界条件下这种本征波函数局限在边界的情况我们就称为趋肤效应。

由于开放边界条件下本征波函数局限在边界上,那么这就意味着平面波的布洛赫相位因子从 $\mathrm{e}^{\mathrm{i}k}$ 变成了 $\beta \equiv r\mathrm{e}^{\mathrm{i}k}$,这就等价于动量有了虚数意义,即

$$k \to k - \mathrm{i}\ln r \tag{1.99}$$

然而在传统能带理论中实空间表象和动量空间表象之间存在着傅里叶变换的对应关系,那现在动量带上了虚数是否还能在动量空间表象下描述其布里渊区呢? 答案是能。只不过动量不再是原来的动量,我们要对动量做出修正或者说是新的广义动量 $\beta \equiv r\mathrm{e}^{ik}$。实际上区别于传统布里渊区 $|\beta|=1$,而 $|\beta|=r$ 复平面所确定的单位圆定义了广义布里渊区。而当 β 在广义布里渊区移动时,$H(\beta)$ 给出了非厄米能谱,$|\beta|^{X}$ 给出了具有非厄米趋肤效应的波函数,如图 1.9 所示。

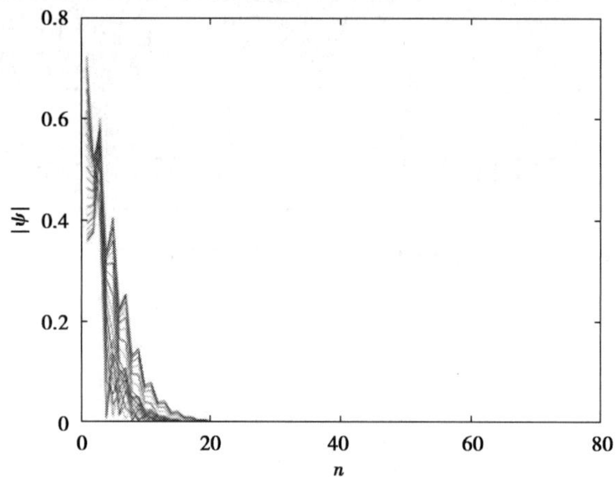

图 1.9　波函数的趋肤效应

第 2 章 密度泛函理论基础

2.1 前密度泛函理论

关于本章的密度泛函理论,我们摒弃时间线介绍的顺序,从逻辑上阐述密度泛函理论发展遇到的困难及解决的方法,并介绍密度泛函理论最核心的思想以及后续发展。

20 世纪初,由于量子力学在微观领域取得的巨大成功激励着人们试图从微观层面上去解释宏观现象的一切。量子力学的最基本原理就是微观粒子的演化都遵循薛定谔(Schrödinger)方程,即

$$\left(-\frac{\hbar^2}{2m}\nabla^2 + U\right)\Psi = \mathrm{i}\hbar\frac{\partial\Psi}{\partial t} \tag{2.1}$$

原则上,只要求解薛定谔方程,就可以得到体系的全部信息。求解时,可以通过分离变量得到定态薛定谔方程,即

$$\hat{H}\Psi = E\Psi \tag{2.2}$$

在求解不复杂单体薛定谔方程时,我们能够得到其体系的解析解。因此,我们得到薛定谔方程的解,就可以得到某个态的波函数,进而得到整个体系的宏观性质。同时,基于单体近似的能带理论,已经可以理解一些固体材料的电子行为和其能谱性质。因此,大部分的物理和化学问题原理的框架已经搭好了,剩下的就是发展求解薛定谔方程的数学问题了。

然而对于一个宏观的材料来说,其组成的电子和原子核是 10^{26} 个数量级,并且电子和电子、电子和原子核、原子核和原子核之间还存在着相互作用,因此我们必须建立多体薛定谔方程并求解得到其电子性质,将薛定谔方程简化为哈特利(Hartree)

方程后我们得到

$$\left(-\frac{1}{2}\sum_{i=1}^{N}\nabla_i^2-\frac{1}{2}\sum_{l=1}^{M}\frac{\nabla_l^2}{M_l}+\sum_{i=1}^{N}\sum_{j=i+1}^{N}\frac{1}{|\boldsymbol{r}_i-\boldsymbol{r}_j|}-\sum_{l=1}^{M}\sum_{i=1}^{N}\frac{Z_l}{|\boldsymbol{r}_i-\boldsymbol{R}_l|}+\sum_{l=1}^{M}\sum_{n=l+1}^{M}\frac{Z_lZ_n}{|\boldsymbol{R}_l-\boldsymbol{R}_n|}\right)\Psi=E_{\mathrm{tot}}\Psi \tag{2.3}$$

其中,$\boldsymbol{r}=\boldsymbol{r}_1,\boldsymbol{r}_2,\cdots,\boldsymbol{r}_N$ 和 $\boldsymbol{R}=\boldsymbol{R}_1,\boldsymbol{R}_2,\cdots,\boldsymbol{R}_l$ 是电子和离子实的空间坐标。其第一项为电子动能项,第二项为离子实的动能项,第三项为电子-电子库仑相互作用势能项,第四项为离子实之间电子库仑相互作用势能项,第五项为离子实-离子实库仑相互作用势能项。考虑到电子质量远小于原子核的质量,在比较电子瞬时运动速度下我们可以近似地认为原子核和核电子是固定的,而价电子在有原子核和核电子组成的离子实的势场下运动,于是在玻恩-奥本海默(Born-Oppenheimer)近似[18]下多体哈密顿量中原子核的动能为零且离子实之间的库仑相互作用为常数,即

$$H=-\sum_{i=1}\frac{\nabla_i^2}{2}-\sum_{i=1}^{N}V_n(\boldsymbol{r}_i)+\sum_{i=1}^{N}\sum_{j=i+1}^{N}\frac{1}{|\boldsymbol{r}_i-\boldsymbol{r}_j|}+E_{ll}. \tag{2.4}$$

其中 E_{ll} 表示离子实库仑相互作用势能为常数项,第二项为电子与离子实的库仑相互作用势能,由于离子实不动,因此其只与电子的空间位置有关 $V_n=\sum_{l=1}^{M}\frac{Z_l}{|\boldsymbol{r}-\boldsymbol{R}_l|}$。但对于实际的材料而言,事实上很难通过严格求解得到类似于氢原子和类氢原子体系那样的解析解的形式,就算是通过数值方法,目前算力也是很难跨越所谓的“指数墙”。但是通过玻恩-奥本海默近似,可以将多粒子体系复杂的核和电子简化为只考虑其电子行为的多电子体系。

综上所述,我们知道仅通过玻恩-奥本海默绝热近似得到的多电子体系薛定谔方程依然无法求解,还需要做进一步简化。当不考虑电子相互作用项 $\sum_{i=1}^{N}\sum_{j=i+1}^{N}\frac{1}{|\boldsymbol{r}_i-\boldsymbol{r}_j|}$,即不考虑电子-电子库仑相互作用时 N 粒子体系哈密顿量的自由度就变成了严格的 $3N$,在哥本哈根诠释下,波函数具有概率幅的意义,对于不考虑相互作用的多电子体系也就意味着电子波函数是独立的,由于电子是全同粒子,多电子体系波函数就可以视为单电子波函数的连乘积形式,即

$$\Psi(\boldsymbol{r}_1,\boldsymbol{r}_2,\cdots,\boldsymbol{r}_N)=\psi(\boldsymbol{r}_1)\psi(\boldsymbol{r}_2)\cdots\psi(\boldsymbol{r}_N). \tag{2.5}$$

使用这样的波函数求解体系薛定谔方程得到体系的本征能量为单个波函数本征能量的和,即

$$E=E_1+E_2+\cdots+E_N \tag{2.6}$$

这就是哈特利近似。然而,波函数近似并不满足全同费米子的交换反对称性,即 $\Psi(\boldsymbol{r}_1,\boldsymbol{r}_2,\cdots,\boldsymbol{r}_N)=-\Psi(\boldsymbol{r}_2,\boldsymbol{r}_1,\cdots,\boldsymbol{r}_N)$,于是福克(Fock)在哈特利近似的不足上进一步提出使用斯莱特(Slater)行列式[19]来使由独立的单电子波函数组成的多电子波函数具有交换反对称性,即

$$\Psi(\boldsymbol{q}_1,\boldsymbol{q}_2,\cdots,\boldsymbol{q}_N)=\frac{1}{\sqrt{N!}}\begin{vmatrix}\psi_1(\boldsymbol{q}_1) & \cdots & \psi_N(\boldsymbol{q}_1)\\ \vdots & & \vdots\\ \psi_1(\boldsymbol{q}_N) & \cdots & \psi_N(\boldsymbol{q}_N)\end{vmatrix} \tag{2.7}$$

其中 $\boldsymbol{q}$ 是具有空间坐标和自旋的广义坐标。在式(2.7)中恰好满足全同费米子交换反对称性。引入斯莱特行列式后求解体系本征能量可以通过求能量的期望值得到。同时这与变分原理的描述是等价的，也就是体系的本征能量可以通过求能量期望值的变分极值得到，即

$$\delta E=\delta\overline{H} \tag{2.8}$$

将波函数归一化条件 $\langle\psi_i\mid\psi_i\rangle=1$ 作为极值条件，同时假定自旋作用与相互作用项无关联，将式(2.8)进一步展开可得

$$\delta E=\sum_{i=1}^{N}\int \mathrm{d}\boldsymbol{r}[\delta\psi_i^*(\boldsymbol{r})H_i\psi_i(\boldsymbol{r})]+\sum_{j(j\neq i)}\sum_i\iint \mathrm{d}\boldsymbol{r}\mathrm{d}\boldsymbol{r}'\frac{\delta\psi_i^*(\boldsymbol{r})\psi_i(\boldsymbol{r})\mid\psi_j(\boldsymbol{r}')\mid^2}{\mid\boldsymbol{r}-\boldsymbol{r}'\mid}-\sum_{j(j\neq i)}\sum_i\iint \mathrm{d}\boldsymbol{r}\mathrm{d}\boldsymbol{r}'\frac{\delta\psi_i^*(\boldsymbol{r})\psi_j(\boldsymbol{r}')\psi_i(\boldsymbol{r}')\psi_j(\boldsymbol{r})}{\mid\boldsymbol{r}-\boldsymbol{r}'\mid} \tag{2.9}$$

再将 $\delta E=\sum_i\varepsilon_i\delta\langle\Psi_i\mid\Psi_i\rangle$（其中 ε 为拉格朗日乘子）代入式(2.9)中，有

$$\sum_i\int \mathrm{d}\boldsymbol{r}\delta\psi_i^*\left[H_i\psi_i(\boldsymbol{r})+\sum_{j(j\neq i)}\int \mathrm{d}\boldsymbol{r}'\frac{\mid\psi_j(\boldsymbol{r}')\mid^2}{\mid\boldsymbol{r}-\boldsymbol{r}'\mid}\psi_i(\boldsymbol{r})-\sum_{j(j\neq i)}\int \mathrm{d}\boldsymbol{r}'\frac{\psi_j^*(\boldsymbol{r}')\psi_i(\boldsymbol{r}')}{\mid\boldsymbol{r}-\boldsymbol{r}'\mid}\psi_j(\boldsymbol{r})-\varepsilon_i\psi_i(\boldsymbol{r})\right]=0 \tag{2.10}$$

因此不难得到

$$H_i\psi_i(\boldsymbol{r})+\sum_{j(j\neq i)}\int \mathrm{d}\boldsymbol{r}'\frac{\mid\psi_j(\boldsymbol{r}')\mid^2}{\mid\boldsymbol{r}-\boldsymbol{r}'\mid}\psi_i(\boldsymbol{r})-\sum_{j(j\neq i)}\int \mathrm{d}\boldsymbol{r}'\frac{\psi_j^*(\boldsymbol{r}')\psi_i(\boldsymbol{r}')}{\mid\boldsymbol{r}-\boldsymbol{r}'\mid}\psi_j(\boldsymbol{r})=\varepsilon_i\psi_i(\boldsymbol{r}) \tag{2.11}$$

为了进一步简化式(2.11)，定义在坐标表象下的密度矩阵为

$$\rho(\boldsymbol{r}',\boldsymbol{r})=\langle\boldsymbol{r}\mid\rho\mid\boldsymbol{r}'\rangle=\sum_j\psi_j^*(\boldsymbol{r}')\psi_j(\boldsymbol{r}) \tag{2.12}$$

$$\rho(\boldsymbol{r}',\boldsymbol{r}')=\sum_j\mid\psi_j(\boldsymbol{r}')\mid^2 \tag{2.13}$$

式(2.11)简化为

$$\left[-\nabla^2+V(\boldsymbol{r})-\int \mathrm{d}\boldsymbol{r}'\frac{\rho(\boldsymbol{r}',\boldsymbol{r}')-\rho(\boldsymbol{r}',\boldsymbol{r})}{\mid\boldsymbol{r}-\boldsymbol{r}'\mid}\right]\psi_i=\varepsilon_i\psi_i \tag{2.14}$$

由此得到了联合玻恩-奥本海默近似和哈特利-福克近似后简化的多电子薛定谔方程，式(2.14)被称为哈特利-福克方程。但对其求解仍然存在困难。其一是要求解密度算符 ρ 就必须知道波函数 ψ_i，但要知道波函数 ψ_i 就必须先知道密度算符 ρ，如

此便陷入无限循环中;其二便是对于式(2.14)第三项,我们依然没有将相互作用项分离开来,即$-\int d\boldsymbol{r}' \frac{\rho(\boldsymbol{r}',\boldsymbol{r}') - \rho(\boldsymbol{r}',\boldsymbol{r})}{|\boldsymbol{r}-\boldsymbol{r}'|}$依然有 $\boldsymbol{r}$ 和 $\boldsymbol{r}'$ 两个宗量。

对于这两个困难,采用自洽场(SCF)计算和定义平均密度矩阵来解决,可以考虑逐步近似出一个所谓的有效势 $V_{\text{eff}}(\boldsymbol{r})$ 来达到自洽,这个有效势定义为

$$V_{\text{eff}}(\boldsymbol{r}) \approx V(\boldsymbol{r}) - \int d\boldsymbol{r}' \frac{\rho(\boldsymbol{r}',\boldsymbol{r}') - \overline{\rho}(\boldsymbol{r}',\boldsymbol{r})}{|\boldsymbol{r}-\boldsymbol{r}'|} \tag{2.15}$$

其中,定义平均密度矩阵来减少原有密度矩阵的宗量数,使其变成 $\boldsymbol{r}$ 的函数

$$\overline{\rho}(\boldsymbol{r}',\boldsymbol{r}) \equiv \frac{\sum_i \psi_i^*(\boldsymbol{r})\rho_i(\boldsymbol{r}',\boldsymbol{r})\psi_i(\boldsymbol{r})}{\sum_i \psi_i^*(\boldsymbol{r})\psi_i(\boldsymbol{r})}. \tag{2.16}$$

最后得到了自洽场近似后的哈特利-福克方程为

$$[-\nabla^2 + V_{\text{eff}}(\boldsymbol{r})]\psi_i = \varepsilon_i \psi_i \tag{2.17}$$

经过前面多次的近似方法和近似模型,多粒子薛定谔方程最终变成了式(2.17)的形式。事实上,现在只要得到自洽场计算后的有效势 V_{ff} 就能得到多粒子薛定谔方程的近似解,进而得到体系的全部信息。通过玻恩-奥本海默近似和哈特利-福克近似,我们将存在各种相互作用的多粒子问题简化成了求解无相互作用的单电子问题。这样的方法似乎已经解决了解多体薛定谔方程的困难,但实际上到式(2.17)这里我们的近似方法求解出的数值精度依然和实验数值精度存在较大的误差,这种局限就在于以上的近似方法没有考虑粒子之间的关联作用,由于微观粒子不确定性原理的存在,我们将无法得到准确的电荷密度矩阵 $\rho(\boldsymbol{r}',\boldsymbol{r})$。同时,由于哈特利近似,多电子波函数可以视为独立单电子波函数的连乘积形式,对于 N 个粒子的体系仍然存在求解 $3N$ 的“指数墙”问题。因此,人们对于以上的局限继续探索发展出了许多的方法如耦合簇理论、多体微扰理论和密度泛函方法等,接下来将介绍密度泛函方法是如何解决上述近似的局限性的。

2.2 密度泛函理论基本原理

2.2.1 赫恩伯格-孔恩定理

前面提到了玻恩-奥本海默近似和哈特利-福克近似后的多粒子方程仍然存在局限,其中一个局限就在于无法得到准确的交换电子密度矩阵 $\rho(\boldsymbol{r}',\boldsymbol{r})$,于是赫恩伯格(Hohenberg)和孔恩(Kohn)在此基础上提出了赫恩伯格-孔恩定理[20],其定理一:对于处在任意外部势 $V_{\text{ext}}(\boldsymbol{r})$ 下的相互作用的粒子系统中,基态能量是粒子密度的唯一泛函。

上面提到了“泛函”,因此,我们这里有必要简单地介绍一下“泛函”的概念,所谓“泛函”,简单来说就是以函数为自变量的函数,例如我们熟知的复合函数 $f(g(x))$ 就是简单的泛函,而所谓的外部势在原子体系中无外部扰动的情况下就是原子核对电子的库仑吸引势。根据赫恩伯格-孔恩定理一的描述,对于基态能量求解,只需要确定粒子数密度就能得到 $E_0(\rho(\boldsymbol{r}))$。这个定理为我们解决了上述近似局限的什么问题呢? 答案是对于多粒子薛定谔方程,必须通过多粒子波函数求解其体系的能量及其他体系演化的信息,这必然会导致波函数的“指数墙”出现且通过前面的近似方法无法逾越,但赫恩伯格-孔恩定理一告诉我们,要确定体系的能量,可以通过粒子密度求解,因此对于 N 个粒子的体系原本波函数,在不考虑粒子自旋的情况下包含 $3N$ 个自由度,而现在对于密度函数 $\rho(\boldsymbol{r})$ 来说,体系自由度变成了3,从某种意义上来说“指数墙”已经崩塌了。

定理二:系统能量 $E(\rho(\boldsymbol{r}))$ 是粒子密度 $\rho(\boldsymbol{r})$ 的普适泛函,其对任何外部势都是有效的且基态能量 $E_0(\rho_{\min}(\boldsymbol{r}))$ 是粒子密度取极小值时的泛函值。这里已然解决了哈特利-福克方程带来的局限。这两个定理就是密度泛函理论计算的核心所在。下面简单证明这两个定理。

对于定理一的证明使用反证法,首先能量由动能项、相互作用项 $U(\boldsymbol{r})$ 和外部势项构成,即

$$E(\boldsymbol{r})=\overline{H}(\boldsymbol{r})=\int \mathrm{d}\boldsymbol{r}\rho(\boldsymbol{r})(-\nabla^2)+\overline{U}(\boldsymbol{r})+\int \mathrm{d}\boldsymbol{r}\rho(\boldsymbol{r})V_{\text{ext}}(\boldsymbol{r}) \tag{2.18}$$

假设体系存在两个不同的外部势 $V_{\text{ext}}^{(1)}(\boldsymbol{r})$ 和 $V_{\text{ext}}^{(2)}(\boldsymbol{r})$,它们拥有相同的基态粒子密度函数 $\rho(\boldsymbol{r})\equiv\Psi^*(\boldsymbol{r})\Psi(\boldsymbol{r})$ 和不同外部势下的基态能量,即

$$E^{(1)}(\boldsymbol{r})=\int \mathrm{d}\boldsymbol{r}\rho^{(1)}(\boldsymbol{r})H^{(1)}(\boldsymbol{r}) \tag{2.19}$$

$$E^{(2)}(\boldsymbol{r})=\int \mathrm{d}\boldsymbol{r}\rho^{(2)}(\boldsymbol{r})H^{(2)}(\boldsymbol{r}) \tag{2.20}$$

对于激发态能量 $\int \mathrm{d}\boldsymbol{r}\rho^{(2)}(\boldsymbol{r})H^{(1)}(\boldsymbol{r})$ 有

$$\begin{aligned}\int \mathrm{d}\boldsymbol{r}\rho^{(2)}(\boldsymbol{r})H^{(1)}(\boldsymbol{r})&=\int \mathrm{d}\boldsymbol{r}\rho^{(2)}(\boldsymbol{r})H^{(2)}(\boldsymbol{r})+\int \mathrm{d}\boldsymbol{r}\rho^{(2)}(\boldsymbol{r})(H^{(1)}(\boldsymbol{r})-H^{(2)}(\boldsymbol{r}))\\&=E^{(2)}(\boldsymbol{r})+\int \mathrm{d}\boldsymbol{r}\rho^{(2)}(\boldsymbol{r})(V_{\text{ext}}^{(1)}(\boldsymbol{r})-V_{\text{ext}}^{(2)}(\boldsymbol{r}))\end{aligned} \tag{2.21}$$

由于激发态能量一定高于基态能量,于是得到

$$E^{(1)}(\boldsymbol{r})<E^{(2)}(\boldsymbol{r})+\int \mathrm{d}\boldsymbol{r}\rho^{(2)}(\boldsymbol{r})(V_{\text{ext}}^{(1)}(\boldsymbol{r})-V_{\text{ext}}^{(2)}(\boldsymbol{r})). \tag{2.22}$$

同时由于 $V_{\text{ext}}^{(1)}(\boldsymbol{r})$ 和 $V_{\text{ext}}^{(2)}(\boldsymbol{r})$ 是任意的,所以不难得到

$$E^{(2)}(\boldsymbol{r})<E^{(1)}(\boldsymbol{r})+\int \mathrm{d}\boldsymbol{r}\rho^{(1)}(\boldsymbol{r})(V_{\text{ext}}^{(2)}(\boldsymbol{r})-V_{\text{ext}}^{(1)}(\boldsymbol{r})). \tag{2.23}$$

将上式中外部势能差项移到不等号左边,整理得到

$$E^{(1)}(\boldsymbol{r}) > E^{(2)}(\boldsymbol{r}) + \int \mathrm{d}\boldsymbol{r}\rho^{(1)}(\boldsymbol{r})(V_{\mathrm{ext}}^{(1)}(\boldsymbol{r}) - V_{\mathrm{ext}}^{(2)}(\boldsymbol{r})). \tag{2.24}$$

而式(2.24)与式(2.22)矛盾,因此假设不成立,故

$$V_{\mathrm{ext}}^{(1)}(\boldsymbol{r}) = V_{\mathrm{ext}}^{(2)}(\boldsymbol{r}). \tag{2.25}$$

这说明对于一个体系的外部势 $V_{\mathrm{ext}}(\boldsymbol{r})$ 由基态粒子密度 $\rho^{(0)}(\boldsymbol{r})$ 唯一确定,因此定理一得证。

对于定理二,首先定理一告诉了确定的外部势 $V_{\mathrm{ext}}^{(0)}(\boldsymbol{r})$ 基态粒子密度 $\rho^{(0)}(\boldsymbol{r})$ 被唯一确定。而现在在外部势 $V_{\mathrm{ext}}^{(0)}(\boldsymbol{r})$ 下引入一个尝试粒子密度 $\tilde{\rho}(\boldsymbol{r})$,体系基态能量为

$$E^{(0)}(\rho^{(0)}(\boldsymbol{r})) = \int \mathrm{d}\boldsymbol{r}\rho^{(0)}(\boldsymbol{r})H^{(0)}(\boldsymbol{r}) \tag{2.26}$$

对于尝试粒子密度得体系能量有

$$\tilde{E}(\tilde{\rho}(\boldsymbol{r})) = \int \mathrm{d}\boldsymbol{r}\tilde{\rho}(r)H^{(0)}(\boldsymbol{r}). \tag{2.27}$$

因此有

$$E^{(0)}(\rho^{(0)}(\boldsymbol{r})) \leqslant \tilde{E}(\tilde{\rho}(\boldsymbol{r})) \tag{2.28}$$

当且仅当 $\tilde{\rho}(\boldsymbol{r})=\rho^{(0)}(\boldsymbol{r})$ 时取等,因此定理二得证。

事实上我们找到了一条完全平行于哈特利-福克方程的处理多粒子方程的方法。根据赫恩伯格-孔恩定理,原则上体系基态性质都可以通过基态密度 $\rho_0(\boldsymbol{r})$ 得到,而不再需要通过体系多粒子波函数来计算。

2.2.2 孔恩-沈吕九方程

赫恩伯格-孔恩定理指出了一条不需要通过波函数求解体系基态能量等性质的方法,但定理却没有告诉我们如何得到基态粒子密度 $\rho_0(\boldsymbol{r})$,直到 1965 年孔恩-沈吕九(Kohn-Sham)提出了一个解决方案,以类似电子库仑排斥为出发点得到基态电子密度 ρ_0 并通过赫恩伯格-孔恩定理得到基态能量 $E_0(\rho_0)$。其核心思想是将原本有相互作用的能量泛函用平均场近似,再将近似带来的与真实值的误差放进交换关联泛函项 $E_{\mathrm{xc}}(\rho)$ 中。下面就按照这个思想去一步步导出孔恩-沈吕九方程。

根据式(2.18),我们可以将真实情况的能量表达式写成

$$E(\rho) = T_{\mathrm{r}}(\rho) + U_{\mathrm{r}}(\rho) + V_{\mathrm{ext}}(\rho) \tag{2.29}$$

其中 $T_{\mathrm{r}}(\rho)$ 为真实的动能项,$U_{\mathrm{r}}(\rho)$ 为真实相互作用势能项,$V_{\mathrm{ext}}(\rho)$ 为外部势项。我们现在假设存在于真实体系相对应无相互作用的能量表达式,且其动能项和势能项都是平均场下的形式并存在包含误差和非经典项的交换关联项,即

$$E_{\mathrm{H}}(\rho) = T_{\mathrm{H}}(\rho) + U_{\mathrm{H}}(\rho) + V_{\mathrm{ext}}(\rho) + E_{\mathrm{xc}}(\rho) \tag{2.30}$$

其中 $T_{\mathrm{H}}(\rho)$ 是无相互作用的动能项，$U_{\mathrm{H}}(\rho)$ 是无相互作用的势能项，$V_{\mathrm{ext}}(\rho)$ 是无相互作用的外部势项，$E_{\mathrm{xc}}(\rho)$ 是交换关联项，且交换关联项包含假设与真实情况下的误差和非经典项 $E_{\mathrm{non}}(\rho)$，即

$$E_{\mathrm{xc}}(\rho) = |T_{\mathrm{r}}(\rho) - T_{\mathrm{H}}(\rho)| + |U_{\mathrm{r}}(\rho) - U_{\mathrm{H}}(\rho)| + E_{\mathrm{non}}(\rho). \tag{2.31}$$

由于交换关联项 $E_{\mathrm{xc}}(\rho)$ 的存在，客观地说假设情况与真实情况可以画上等号

$$E(\rho) = E_{\mathrm{H}}(\rho). \tag{2.32}$$

事实上密度泛函理论的能量泛函是被准确表示的，到这里就已经完成了将有相互作用的体系用无相互作用的体系代替表示的任务。由于现在的体系是无相互作用的，我们完全可以按照前面哈特利-福克提供的方法构造出由单粒子波函数连乘积组成的多粒子波函数来求解方程。接下来的流程和前面推导哈特利-福克方程是一致的。

同样地，我们依然通过变分原理导出，以单电子波函数 $\phi_i(\boldsymbol{r})$ 归一化条件为变分极值条件，即

$$\delta E_{\mathrm{H}} - \sum_i \varepsilon_i \delta\left[\int \mathrm{d}\boldsymbol{r}\rho_i(\boldsymbol{r}) - 1\right] = 0 \tag{2.33}$$

其中，$\rho_i(\boldsymbol{r}) = \phi_i^*(\boldsymbol{r})\phi_i(\boldsymbol{r})$，同时值得注意的是，这里的能量 E 不再是哈密顿量的期望值而是作为电子密度的泛函形式。因此可以得到在单电子图像下的能量变分

$$\delta E_{\mathrm{H}} = \sum_i \int \mathrm{d}\boldsymbol{r}\delta\phi_i^*(\boldsymbol{r})(-\nabla^2)\phi_i(\boldsymbol{r}) + \sum_i \iint \frac{\delta\phi_i^*(\boldsymbol{r})\phi_i(\boldsymbol{r})\rho(\boldsymbol{r}')}{|\boldsymbol{r}-\boldsymbol{r}'|} + \sum_i \int \mathrm{d}\boldsymbol{r}\delta\phi_i^*(\boldsymbol{r})V_{\mathrm{ext}}(\boldsymbol{r})\phi_i(\boldsymbol{r}) + \delta E_{\mathrm{xc}} \tag{2.34}$$

为了便于提项，这里对 δE_{xc} 做一个变形，即

$$\delta E_{\mathrm{xc}} = \sum_i \int \mathrm{d}\boldsymbol{r} \frac{\delta\phi_i^*(\boldsymbol{r})\delta E_{\mathrm{xc}}\phi_i(\boldsymbol{r})}{\delta\rho(\boldsymbol{r})} \tag{2.35}$$

整理得到

$$\sum_i \int \mathrm{d}\boldsymbol{r}\delta\phi_i^*(\boldsymbol{r})\left[(-\nabla^2)\phi_i(\boldsymbol{r}) + \int \mathrm{d}\boldsymbol{r}'\phi_i(\boldsymbol{r})\frac{\rho(\boldsymbol{r}')}{|\boldsymbol{r}-\boldsymbol{r}'|} + V_{\mathrm{ext}}(\boldsymbol{r})\phi_i(\boldsymbol{r}) + \phi_i(\boldsymbol{r})\frac{\delta E_{\mathrm{xc}}}{\delta\rho(\boldsymbol{r})} - \varepsilon_i\phi_i(\boldsymbol{r})\right] = 0 \tag{2.36}$$

不难得出

$$\left[-\nabla^2 + \int \mathrm{d}\boldsymbol{r}'\frac{\rho(\boldsymbol{r}')}{|\boldsymbol{r}-\boldsymbol{r}'|} + V_{\mathrm{ext}}(\boldsymbol{r}) + \frac{\delta E_{\mathrm{xc}}}{\delta\rho(\boldsymbol{r})}\right]\phi_i(\boldsymbol{r}) = \varepsilon_i\phi_i(\boldsymbol{r}) \tag{2.37}$$

式(2.37)就是著名的孔恩-沈吕九方程密度泛函理论的核心方程，而 $\frac{\delta E_{\mathrm{xc}}}{\delta\rho(\boldsymbol{r})}$ 称为交换关联势项，$V_{\mathrm{xc}}(\rho) \equiv \frac{\delta E_{\mathrm{xc}}}{\delta\rho(\boldsymbol{r})}$。事实上如哈特利-福克方程一样，对于这个单电子图像下的方程依然需要自洽场计算求解，与哈特利-福克方程不同的是，式(2.37)就是真实

准确的，对于平均场近似的误差和非经典项都在交换关联泛函项 $E_{xc}(\rho)$ 中，但遗憾的是严格的交换关联泛函项 $E_{xc}(\rho)$ 的形式目前依然无法知道，我们只能通过不同的模型近似地得到。而我们的关注点就变成了选取合适的交换关联泛函项 $E_{xc}(\rho)$，因为不同的交换关联泛函项 $E_{xc}(\rho)$ 会直接影响计算的准确度。目前依然没有一个普适的近似模型可以满足任何体系的计算，这就意味着对于不同的体系需要选取不同的交换关联泛函近似模型去计算，而接下来简单介绍的就是几种常见的交换关联泛函项 $E_{xc}(\rho)$ 近似模型。

2.2.3 局域密度近似

严格意义上的解析形式的交换关联泛函 $E_{xc}(\rho)$ 是无法得出的，而通常所谓的交换关联泛函包含了交换项 $E_x(\rho)$ 和关联项 $E_c(\rho)$，对于关联项来说其结果主要依赖于均匀电子气模型的结果，因此接下来先简要地介绍托马斯（Thomas）、费米（Fermi）和狄拉克（Dirac）对均匀电子气模型理论的交换项的贡献，再继续讨论关联项以及局域密度近似（Local density approximation）方法[21]。

前面介绍了哈特利-福克方法近似求解时，能量项会由于近似方法而导致一些非经典项的出现，即式（2.14）中的第三项，这是相互作用的电子气由于多体效应而导致，而对于均匀电子气分布而言也是不同于独立电子气体系的，在大部分情况下都无法得到准确的解析形式。但在抹平正离子背景下的凝胶模型下，均匀电子气模型是可以得到其解析形式的表达式的。

首先介绍托马斯-费米模型。考虑均匀电子气在空间上分离为边长为 L 的小立方体，在箱归一化下得到单电子能级为

$$\varepsilon_{\mathrm{R}} = \frac{\pi^2 \hbar^2}{2mL^2}R^2 \tag{2.38}$$

其中 $R=n_x^2+n_y^2+n_z^2$，因此其单电子状态总数 $\Phi(\varepsilon_{\mathrm{R}})$ 为

$$\Phi(\varepsilon_{\mathrm{R}}) = \frac{1}{8}\left(\frac{4\pi R^3}{3}\right) = \frac{\pi}{6}\left(\frac{2mL^2\varepsilon_R}{\pi^2\hbar^2}\right)^{\frac{3}{2}}. \tag{2.39}$$

在单位能级间隔内的单点子状态数为

$$\Phi(\varepsilon_{\mathrm{R}} - \mathrm{d}\varepsilon_{\mathrm{R}}) - \Phi(\varepsilon_{\mathrm{R}}) = g(\varepsilon)\mathrm{d}\varepsilon = \frac{\pi}{4}\left(\frac{2mL^2}{\pi^2\hbar^2}\right)^{\frac{3}{2}}\varepsilon^{\frac{1}{2}}\mathrm{d}\varepsilon \tag{2.40}$$

于是得到单位能级间隔的状态密度数 $g(\varepsilon)$ 为

$$g(\varepsilon) = \frac{\pi}{4}\left(\frac{2mL^2}{\pi^2\hbar^2}\right)^{\frac{3}{2}}\varepsilon^{\frac{1}{2}}. \tag{2.41}$$

而我们知道电子属于费米子，服从费米-狄拉克统计分布，即

$$f(\varepsilon) = \frac{1}{1 + \mathrm{e}^{\frac{(\varepsilon-\mu)}{k_{\mathrm{B}}T}}} \tag{2.42}$$

其在低温极限下，阶跃函数的形式

$$f(\varepsilon)=\begin{cases}1, & \varepsilon<\varepsilon_{\mathrm{F}}\\ 0, & \varepsilon>\varepsilon_{\mathrm{F}}\end{cases} \tag{2.43}$$

ε_{F} 为费米能级，可以计算出每个小立方体中电子的总能为

$$\Delta e=\int_0^{\varepsilon_{\mathrm{F}}}2\varepsilon g(\varepsilon)\,\mathrm{d}\varepsilon \tag{2.44}$$

代入式(2.41)和式(2.43)并计算可得

$$\Delta e=\frac{\pi}{5}\left(\frac{2m}{\pi^2\hbar^2}\right)^{\frac{3}{2}}L^3\varepsilon_{\mathrm{F}}^{\frac{5}{2}} \tag{2.45}$$

小立方体中电子数量为

$$\Delta N=\int_0^{\varepsilon_{\mathrm{F}}}2g(\varepsilon)\,\mathrm{d}\varepsilon=\frac{\pi}{3}\left(\frac{2m}{\pi^2\hbar^2}\right)^{\frac{3}{2}}L^3\varepsilon_{\mathrm{F}}^{\frac{3}{2}} \tag{2.46}$$

因此可得费米能级为

$$\varepsilon_{\mathrm{F}}=\frac{\pi^2\hbar^2}{2m}\left(\frac{3}{\pi}\frac{\Delta N}{L^3}\right)^{\frac{2}{3}}. \tag{2.47}$$

由此得到了小立方体内电子总能关电子数量的表达式为

$$\Delta e=\frac{3\pi^2\hbar^2}{10m}\left(\frac{3}{\pi}\right)^{\frac{2}{3}}L^3\left(\frac{\Delta N}{L^3}\right)^{\frac{5}{3}} \tag{2.48}$$

而在均匀电子气模型下可以规定小立方体中电子密度为 $\Delta\rho=\frac{\Delta N}{\Delta V}=\frac{\Delta N}{L^3}$，小立方体内电子总能和费米能级表达式为

$$\Delta e=\frac{3\hbar^2}{10m}(3\pi^2)^{\frac{2}{3}}\Delta\rho^{\frac{5}{3}}\Delta V \tag{2.49}$$

$$\varepsilon_{\mathrm{F}}=\frac{\pi^2\hbar^2}{2m}\left(\frac{3}{\pi}\Delta\rho\right)^{\frac{2}{3}}. \tag{2.50}$$

对式(2.49)空间积分，给出体系的电子总动能，即

$$T_{\mathrm{TF}}(\rho(\boldsymbol{r}))=\frac{3}{10}(3\pi^3)^{\frac{2}{3}}\int\rho^{\frac{5}{3}}(\boldsymbol{r})\,\mathrm{d}r \tag{2.51}$$

因此多电子原子能量在库仑相互作用下为

$$E_{\mathrm{TF}}(\rho(\boldsymbol{r}))=\frac{3}{10}(3\pi^3)^{\frac{2}{3}}\int\rho^{\frac{5}{3}}(\boldsymbol{r})\,\mathrm{d}\boldsymbol{r}-Z\int\frac{\rho(\boldsymbol{r})}{\boldsymbol{r}}\mathrm{d}\boldsymbol{r}+\frac{1}{2}\iint\frac{\rho(\boldsymbol{r})\rho(\boldsymbol{r}')}{|\boldsymbol{r}-\boldsymbol{r}'|}\mathrm{d}\boldsymbol{r}\mathrm{d}\boldsymbol{r}' \tag{2.52}$$

狄拉克敏锐地意识到电子波函数的交换作用体系是需要修正的，提出了修正动能项后的托马斯-费米-狄拉克模型。

凝胶模型下均匀电子气的单电子本征波函数由于考虑正离子作为背景抹平，可

以写成平面波 $\zeta_i=\frac{1}{\sqrt{V}}e^{i\boldsymbol{k}\cdot\boldsymbol{r}}$ 的形式，因此体系的多体波函数可以写成斯莱特行列式的形式

$$\Theta(\boldsymbol{r}_1,\boldsymbol{r}_2,\cdots,\boldsymbol{r}_N)=\frac{1}{\sqrt{N!}}\begin{vmatrix}\zeta_1(\boldsymbol{r}_1) & \cdots & \zeta_N(\boldsymbol{r}_1)\\ \vdots & & \vdots \\ \zeta_1(\boldsymbol{r}_N) & \cdots & \zeta_N(\boldsymbol{r}_N)\end{vmatrix} \tag{2.53}$$

定义密度矩阵为

$$\rho_i(\boldsymbol{r},\boldsymbol{r}')=\sum_i^{N/2}2\zeta_i^*(\boldsymbol{r})\zeta_i(\boldsymbol{r}')=\frac{2}{V}\sum_{\boldsymbol{k}}e^{i\boldsymbol{k}\cdot(\boldsymbol{r}-\boldsymbol{r}')} \tag{2.54}$$

这里用到了 $\sum_{\boldsymbol{k}}\to\frac{V}{(2\pi)^3}\int d\boldsymbol{k}$，得到

$$\rho_i(\boldsymbol{r},\boldsymbol{r}')=\frac{2}{V}\sum_{\boldsymbol{k}}e^{i\boldsymbol{k}\cdot(\boldsymbol{r}-\boldsymbol{r}')}=\frac{1}{4\pi^3}\int e^{i\boldsymbol{k}\cdot(\boldsymbol{r}-\boldsymbol{r}')}d\boldsymbol{k} \tag{2.55}$$

在球坐标下展开得到以下形式

$$\rho_i(\boldsymbol{r},\boldsymbol{r}')=\frac{1}{4\pi^3}\int_0^{k_F}e^{i\boldsymbol{k}\cdot\boldsymbol{r}_{12}}k^2dk\iint\sin\theta d\theta d\varphi \tag{2.56}$$

若 $\boldsymbol{r}'=\boldsymbol{r}$，得到

$$\rho_i(\boldsymbol{r},\boldsymbol{r})=\frac{1}{4\pi^3}\int_0^{k_F}k^2dk\iint\sin\theta d\theta d\varphi=\frac{k_F^3}{3\pi^2} \tag{2.57}$$

于是得到 k_F 为费米波矢

$$k_F(\boldsymbol{r})=(3\pi^2\rho(r))^{\frac{1}{3}} \tag{2.58}$$

若 $\boldsymbol{r}'\neq\boldsymbol{r}$，为了计算的简便，引入辅助量 $\boldsymbol{r}=\frac{1}{2}(\boldsymbol{r}+\boldsymbol{r}')$ 和 $\boldsymbol{s}=\boldsymbol{r}-\boldsymbol{r}'$，则有

$$\begin{aligned}\rho_i(\boldsymbol{r},\boldsymbol{r}')&=\frac{1}{4\pi^3}\int_0^{\pi}\sin\theta e^{iks\cos\theta}d\theta\int_0^{2\pi}d\varphi\int_0^{k_F}k^2dk\\&=\frac{1}{2\pi^2}\int_0^{k_F}k^2\frac{1}{iks}(-e^{iks}+e^{iks})dk\\&=\frac{1}{\pi^2}\left[\frac{\sin k_Fs-k_Fs\cos k_Fs}{s^3}\right]\\&=3\rho(\boldsymbol{r})\left[\frac{\sin k_Fs-k_Fs\cos k_Fs}{(k_Fs)^3}\right].\end{aligned} \tag{2.59}$$

若规定 $t=k_Fs$，则有

$$\rho_i(\boldsymbol{r},\boldsymbol{r}')=\rho(\boldsymbol{r})\left[\frac{\sin t-t\cos t}{t^3}\right] \tag{2.60}$$

交换能的表达形式为

$$
\begin{aligned}
E_{\mathrm{x}}(\rho) &= \frac{1}{4}\iint \frac{1}{\boldsymbol{s}}\rho_i(\boldsymbol{r},\boldsymbol{r}')\rho_i(\boldsymbol{r}',\boldsymbol{r})\,\mathrm{d}\boldsymbol{r}\mathrm{d}\boldsymbol{r}' \\
&= \frac{1}{4}\iint \frac{1}{\boldsymbol{s}}|\rho_i(\boldsymbol{r},\boldsymbol{r}')|^2\mathrm{d}\boldsymbol{r}\mathrm{d}\boldsymbol{r}'. \\
&= \frac{9\pi}{(k_{\mathrm{F}})^2}\int\rho^2(\boldsymbol{r})\,\mathrm{d}\boldsymbol{r}\int_0^{\infty}\frac{(\sin t - t\cos t)^2}{t^5}\mathrm{d}t \\
&= \frac{9\pi}{4}\left(\frac{1}{3\pi^2}\right)^{\frac{2}{3}}\int\rho^{\frac{4}{3}}(\boldsymbol{r})\,\mathrm{d}r \\
&= \frac{3}{4}\left(\frac{3}{\pi}\right)^{\frac{1}{3}}\int\rho^{\frac{4}{3}}(\boldsymbol{r})\,\mathrm{d}r
\end{aligned}
\tag{2.61}
$$

我们便得到了狄拉克交换能表达式。而对于关联能来说，目前没有准确的解析形式，只有通过数值拟合出函数形式，对于拟合的函数非常多，以下简单介绍一种关联能拟合函数——Vosko-Wilk-Nusair 函数[22]，其具体表达式为

$$
\begin{aligned}
E_{\mathrm{c}}^{\mathrm{VWN}}(\boldsymbol{r}_{\mathrm{s}}) = \frac{A}{2}\Bigg\{&\ln\left(\frac{\boldsymbol{r}_{\mathrm{s}}}{F(\sqrt{\boldsymbol{r}_{\mathrm{s}}})}\right) + \frac{2b}{\sqrt{4c-b^2}}\tan^{-1}\left(\frac{\sqrt{4c-b^2}}{2\sqrt{\boldsymbol{r}_{\mathrm{s}}}+b}\right) - \\
&\frac{bx_0}{F(x_0)}\ln\left(\frac{\sqrt{\boldsymbol{r}_{\mathrm{s}}}-x_0}{F(\sqrt{\boldsymbol{r}_{\mathrm{s}}})}\right) + \frac{2(b+2x_0)}{\sqrt{4c-b^2}}\tan^{-1}\left(\frac{\sqrt{4c-b^2}}{\sqrt{\boldsymbol{r}_{\mathrm{s}}}+b}\right)\Bigg\}.
\end{aligned}
\tag{2.62}
$$

其中 $x_0=-0.104\ 98$，$b=3.727\ 44$，$c=12.935\ 2$。

对于局域密度近似使用均匀电子气模型，对于交换项直接使用托马斯-费米-狄拉克模型中的交换项，而对于关联项使用拟合近似的方法；然后将均匀电子气模型的相关结论用于电子密度非均匀的体系中；最后对交换关联能密度加权求和，即

$$
\begin{aligned}
E_{\mathrm{xc}}^{\mathrm{LDA}}(\rho(\boldsymbol{r})) &= \int\rho(\boldsymbol{r})\varepsilon_{\mathrm{xc}}(\rho(\boldsymbol{r}))\,\mathrm{d}\boldsymbol{r} \\
&= \int\rho(\boldsymbol{r})[\varepsilon_{\mathrm{x}}(\rho(\boldsymbol{r})) + [\varepsilon_{\mathrm{c}}(\rho(\boldsymbol{r}))]]\,\mathrm{d}r \\
&= E_{\mathrm{x}}^{\mathrm{LDA}}(\rho(\boldsymbol{r})) + E_{\mathrm{c}}^{\mathrm{LDA}}(\rho(\boldsymbol{r}))
\end{aligned}
\tag{2.63}
$$

根据上面给出的结果，最后导出为

$$
E_{\mathrm{xc}}^{\mathrm{LDA}} = \frac{3}{4}\left(\frac{3}{\pi}\right)^{\frac{1}{3}}\int\rho^{\frac{4}{3}}(\boldsymbol{r})\,\mathrm{d}\boldsymbol{r} + E_{\mathrm{c}}^{\mathrm{VWN}} \tag{2.64}
$$

因此就使得式(2.37)完全可解了。

然而对于局域密度近似需要注意的是，一般会低估交换能项同时会高估关联能项，且由于无法合理地处理电子跃迁时对交换关联能带来的突变，因此常常会低估半导体和绝缘体体系的带隙。再者，对于库仑关联很强的体系，局域密度近似给出的结果误差非常大。

2.2.4 广义梯度近似

在实际体系中电子分布并不是均匀的，思考对局域密度近似的一个非常重要的改良就是使交换关联项不只是依赖于电子密度 $\rho(\boldsymbol{r})$，更依赖于电子的密度梯度 $\nabla\rho(\boldsymbol{r})$，即

$$E_{xc}^{GGA}(\rho(\boldsymbol{r})) = \int f(\rho(\boldsymbol{r}), \nabla\rho(r))\,\mathrm{d}\boldsymbol{r}. \tag{2.65}$$

但开始直接对其梯度展开尝试一直不成功，直到广义梯度近似(GGA)[23]的提出。

通常广义梯度近似的交换关联能可以分解为其近似下交换能和关联能之和，为

$$E_{xc}^{GGA} = E_{x}^{GGA} + E_{c}^{GGA} \tag{2.66}$$

对于交换项包含了对局域密度近似的修正，而对于交换项的修正泛函有很多，例如 B88 泛函[24]、PW91 泛函[25]、PBE 泛函[26]等，这里简单介绍 B88 泛函解析形式

$$E_{x}^{B88}(\rho, \nabla\rho) = \frac{3}{4}\left(\frac{3}{\pi}\right)^{\frac{1}{3}} \int \rho^{\frac{4}{3}}\mathrm{d}\boldsymbol{r} - b\int \frac{|\nabla\rho|^2}{1 + 6b\ \sin h^{-1}\left(\frac{\nabla\rho}{\rho^{4/3}}\right)}\mathrm{d}\boldsymbol{r} \tag{2.67}$$

由此广义梯度近似就降低了局域密度近似对包括结合能等的一些高估误差。沿着这个思路考虑二阶梯度甚至更高阶的梯度是不是就能解决问题呢？不是的，一般来说，随着密度梯度的增加，电子关联会减弱，又会引入新的误差。

2.2.5 杂化泛函

依然是令人目眩的交换项和关联项无法准确近似而出现的误差，有人开始思考是否可以设计一条路径将无相互作用的体系和真实的体系连接起来，若考虑密度于外势决定的哈密顿量的反对称基态波函数对应的话，即

$$H_\lambda(\rho) \equiv \min_{\Psi\to\rho}\langle \Psi | \hat{T} + \lambda \hat{V}_{ee} | \Psi \rangle = \langle \Psi_\lambda(\rho) | \hat{T} + \lambda \hat{V}_{ee} | \Psi_\lambda(\rho) \rangle \tag{2.68}$$

这里的 $\hat{V}_{ee}$ 为无相互作用的电子间库仑势算符，可以定义出真实情况体系和无相互作用体系的哈密顿量

$$H_1(\rho) = T(\rho) + V_{ee}(\rho) \tag{2.69}$$

$$H_0(\rho) = T_r(\rho) \tag{2.70}$$

根据交换关联能的定义可以表示出

$$\begin{aligned} E_{xc}(\rho) &= H_1(\rho) - H_0(\rho) - E_{non}(\rho) \\ &= \int_0^1 \mathrm{d}\lambda\ \frac{\delta H_\lambda(\rho)}{\delta\lambda} - E_{non}(\rho). \end{aligned} \tag{2.71}$$

使用带约束搜索方法，可以得到在绝热连接下真实情况与无相互作用体系连接的交换关联泛函

$$E_{xc}(\rho)=\int_0^1 d\lambda\langle\Psi_\lambda(\rho)|\hat{V}_{ee}|\Psi_\lambda(\rho)\rangle-E_{non}(\rho). \tag{2.72}$$

当 $\lambda=0$ 时,得到哈特利-福克的精确交换,再将式(2.72)中的积分近似为梯形求和就可以得到混合了精确交换的泛函。例如 B3LYP 泛函

$$E_{xc}^{B3LYP}=[(1-a_0-a_x)E_x^{LSDA}+a_0E_x^{HF}+a_xE_x^{B88}]+[(1-a_c)E_c^{VWN}+a_cE_c^{LYP}] \tag{2.73}$$

以上的经验参数为 $a_0=0.20$,$a_x=0.72$ 和 $a_c=0.81$。

这类泛函包括 PBE0 泛函、HSE03 泛函和 HSE06 泛函,特别是新发展出的 HSE06 杂化泛函[27],其通过将交换项分成长程和短程并将精确交换能掺入短程项中而减少了杂化泛函方法的计算量。

事实上随着泛函方法的不断发展,我们离精确交换关联越来越近,如图 2.1 所示,如同爬古希腊神话中的雅各布(Jocob)天梯一样,最后得到完全精确的交换关联项。

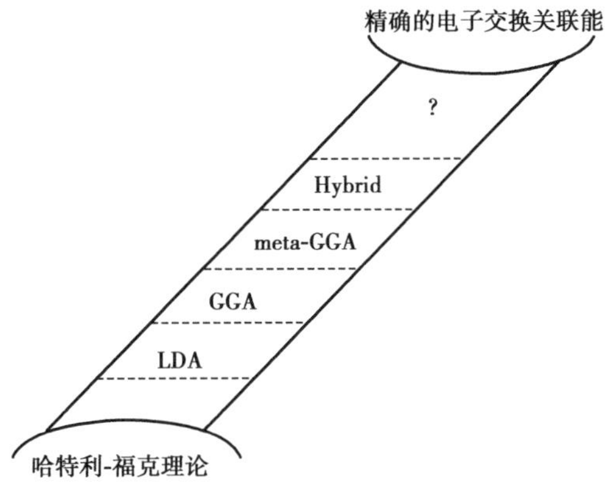

图 2.1　交换关联泛函天梯图

2.3　密度泛函理论的应用基础

2.3.1　**赝势**

近自由电子近似下的势场是“平坦”的,然而真实情况下,电子在原子势场中受到库仑相互作用其所受势场作用大小与电子和原子核的距离成反比

$$V(\boldsymbol{r})=-\frac{Ze^2}{|\boldsymbol{R}-\boldsymbol{r}|} \tag{2.74}$$

我们可以看到当电子越靠近原子核时,所受到的库仑相互作用越大;而当电子远离原子核时,库仑相互作用大小会剧烈衰减。因此,电子在大量原子组成的晶体物质

中感受到的势场是“非平坦”的。在近自由电子近似下，电子波函数为平面波，平面波是一种非定域的波，在空间中表现出扩展性。但在真实情况下，原子中的电子分为靠近原子核的芯电子和离核较远的价电子，对于芯电子而言，由于核的束缚，其电子波函数为局域波，而价电子由于离核较远可以近似地认为其电子波函数为平面波，同时由于芯电子和价电子波函数是晶体哈密顿量的共同本征态，所以必须满足正交，这就会导致在真实情况下势场在靠近原子核附近出现剧烈的振荡。因此这与近自由电子近似下的波函数是相悖的，但近自由电子假设对实验却是真实有效的。因此，为了解决平面波方法的困难，人们发展出了正交化平面波[28]的赝势方法。

假设晶体中的芯电子波函数为$|\zeta_c\rangle$，价电子波函数为$|\zeta_v\rangle$，由于它们是晶体哈密顿量H的共同本征函数，因此它们具有正交关系$\langle\zeta_c|\zeta_v\rangle=0$。为了解决上面平面波方法的困难，需要构造新的波函数$|\theta\rangle$，其需要满足在远离原子核区域时与真实价电子波函数一致而在靠近原子核时不再剧烈振荡。为了满足上述这个条件，必须保留价态$|\zeta_v\rangle$同时扣掉芯态，即

$$|\theta\rangle=|\zeta_v\rangle-\sum_c\mu_{cv}|\zeta_c\rangle \tag{2.75}$$

其中μ_{cv}是组合系数，现在可以通过构造的新波函数往芯电子波函数投影得到组合系数，即

$$\begin{aligned}\langle\zeta_{c'}|\theta\rangle&=\langle\zeta_{c'}|\zeta_v\rangle-\sum_c\mu_{cv}\langle\zeta_{c'}|\zeta_c\rangle\\&=-\mu_{cv}\end{aligned} \tag{2.76}$$

于是，式(2.75)可以写为

$$|\theta\rangle=|\zeta_v\rangle+\sum_c|\zeta_c\rangle\langle\zeta_c|\theta\rangle \tag{2.77}$$

将其代入薛定谔方程中，有

$$\begin{aligned}(\hat{H}-E_v)|\theta\rangle&=(\hat{H}-E_v)\ |\zeta_v\rangle+(\hat{H}-E_v)\ \sum_c|\zeta_c\rangle\langle\zeta_c|\theta\rangle\\&=\sum_c(E_c-E_v)\ |\zeta_c\rangle\langle\zeta_c|\theta\rangle\end{aligned} \tag{2.78}$$

整理得到

$$\left(\hat{H}-E_v+\sum_c(E_c-E_v)|\zeta_c\rangle\langle\zeta_c|\right)|\theta\rangle=0 \tag{2.79}$$

由于哈密顿量$\hat{H}=\hat{T}+\hat{V}$，代入上式可得

$$\left(\hat{T}-E_v+\hat{V}+\sum_c(E_c-E_v)|\zeta_c\rangle\langle\zeta_c|\right)|\theta\rangle=0 \tag{2.80}$$

这里出现了新的势能

$$\hat{V}^{\theta}=\hat{V}+\sum_c(E_c-E_v)|\zeta_c\rangle\langle\zeta_c| \tag{2.81}$$

由于构造的新波函数$|\theta\rangle$而导致的势能，比真实势能多出一项$\sum_c(E_c-$

$\mathrm{E_v})\,|\zeta_c\rangle\langle\zeta_c|$ 而 $E_c - E_v > 0$,所以很明显这一项是排斥势抵消了部分原子核对电子的吸引势,并且由于该项与芯态 $|\zeta_c\rangle$ 有关,因此远离原子核的区域为 0,如此构造的新波函数满足了在远离原子核区域时与真实价电子波函数一致而在靠近原子核时不再剧烈振荡的要求。$\hat{V}^{\theta}$ 称为赝势[29],$|\theta\rangle$ 称为赝波函数,其实空间的示意图如图 2.2 所示。

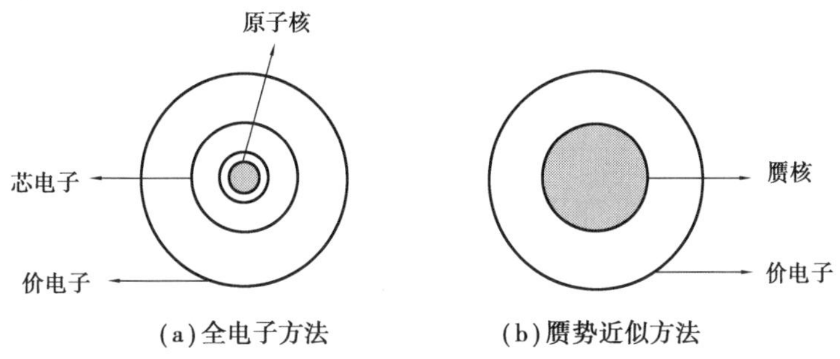

图 2.2　全电子方法与赝势近似方法示意图

事实上,在近自由电子近似中得到的势场并不是真实的势场,而是赝势,其类似于平面波的波函数也不是真实的波函数而是赝波函数,但得到了真实的能量。赝势由于其平滑的性质非常便于数值计算而被应用。

赝势的具体形式事实上并没有给出,而对赝势的构造需要考虑芯区的截断半径和软硬程度,所谓的软硬程度是指赝势在芯区的平缓程度,越软的赝势其芯区截断半径越远算起来越快,但也不能无限平缓,这样会导致价态改变而使能量不再是真实情况。常见的赝势能有模守恒赝势[30]、超软赝势[31]等。

2.3.2　基函数

前面的各种近似模型方法中已经解决了关于多体体系哈密顿量的表示问题,然而要求解多体薛定谔方程还需要找到一组完备基将波函数展开来计算。对于实际密度泛函计算中影响结果精度的因素有泛函的选取和基函数的选取。不同的基函数选择计算量和计算精度是有很大差别的。基函数实际上数学上的一种函数展开,理论上任何一组完备的基都能将波函数展开为关于基的线性加和,即

$$\psi_i(\boldsymbol{r}) = \sum_{\alpha=1}^{N} c_\alpha \phi_\alpha(\boldsymbol{r}) \tag{2.82}$$

而当我们在做密度泛函自洽场计算的时候,在给定基函数的情况下优化波函数事实上是在优化展开系数 c_α,因此基函数的选择是直接决定计算精度的。

基函数大致分为局域型基函数、扩展型基函数和混合型基函数三类。局域型基函数主要分为高斯(Gaussians)基函数和斯莱特基函数[32],该基函数主要用于量子化学的密度泛函计算中。扩展型基函数主要是以平面波为展开基,主要用于凝聚态固体物理的计算中。混合型基函数是局域型和扩展型的组合使用。接下来简单介

绍局域型基函数和扩展型基函数。

斯莱特基函数的形式为

$$\eta_{abc}^{\mathrm{STO}}(x,y,z)=x^a y^b z^c \mathrm{e}^{-\zeta r} \tag{2.83}$$

其中 a、b、c 代表了角动量的大小，$L=a+b+c$；ζ 代表了轨道宽度，当 ζ 很小时，函数表现得更加的离散。斯莱特基函数的长程和短程行为是一致的，这在计算中是很有优势的。

高斯基函数具有和斯莱特基函数类似的形式但在指数衰减上更快，即

$$\eta_{abc}^{\mathrm{GTO}}(x,y,z)=x^a y^b z^c \mathrm{e}^{-\zeta r^2}. \tag{2.84}$$

对于高斯基函数的巨大优势是当计算轨道交叠积分时，两个高斯函数的叠加可以用另一个高斯函数表示而直接获得解析形式。尽管高斯基函数的长程和短程行为不一致，但由于其便于数值计算，所以现在主流的量子化学计算程序中大部分还是使用的高斯基函数。在实际计算中，一个高斯函数往往是不够的，可以使用两个甚至三个高斯函数的组合基函数，因此基函数就会变大而计算精度将会提升，同时优化波函数的组合系数的计算量也会随之增加。

平面波基函数的展开形式为

$$\psi_i(\boldsymbol{r})=\frac{1}{\sqrt{N\Omega}}\sum_{G}^{N}\mu_{\mathbf{G}}\mathrm{e}^{\mathrm{i}(\boldsymbol{K}+\boldsymbol{G})\cdot r} \tag{2.85}$$

其中 Ω 为原胞体积，$\mu_{\mathbf{G}}$ 为展开系数。原则上平面波的数量 N 是无限的，但在实际计算中只能选取有限个平面波数，因此在精度合适的情况下可以选取合适的截断能来大大降低计算量，而不同的体系材料其阶段能是不同的。使用平面波基函数的最大优势就是平面波能非常方便地进行快速傅里叶变换，使得一些需要计算的物理量在实空间和倒空间中快速转换。

2.4 后密度泛函理论

2.4.1 相对论密度泛函理论简介

前面已经提到了密度泛函理论计算的精度依赖于选取合适的泛函方法和基函数。原则上密度泛函理论发展出的计算方法已经可以计算任何体系的基态性质了。但在实际体系计算中，特别是磁性晶体和重元素原子晶体的计算往往表现出较大的误差，由于自旋-轨道耦合效应以及重元素原子中电子高速运动的相对论效应的存在，必须将密度泛函理论推广到相对论的理论框架下，以讨论狄拉克型单电子方程以及关联能中相对论效应[33]。

当考虑相对论情况下的体系时，实际上我们是考察体系的库仑相互作用和电磁

相互作用,若体系的哈密顿量为 H_s,则电子在外场势能为 $V(\boldsymbol{r})$ 体系的总哈密顿量为

$$H = H_s + \int \mathrm{d}\boldsymbol{r}\rho(\boldsymbol{r})V(\boldsymbol{r}) \tag{2.86}$$

考虑得到相对论效应下的赫恩伯格-孔恩定理,此时的能量泛函为

$$E(\rho(\boldsymbol{r})) = E_{\mathrm{H}}(\rho(\boldsymbol{r})) + T_0(\rho(\boldsymbol{r})) + E_{\mathrm{xc}}(\rho(\boldsymbol{r})) \tag{2.87}$$

其中 $E_{\mathrm{H}}(\rho(\boldsymbol{r}))$ 为哈特利能量,$T_0(\rho(\boldsymbol{r}))$ 为无相互作用粒子能量,$E_{\mathrm{xc}}(\rho(\boldsymbol{r}))$ 为交换关联项,接下来运用变分原理对式(2.87)进行变分得到单电子的自洽有效势中的狄拉克型单电子方程,即

$$[-\mathrm{i}\hbar c\boldsymbol{\alpha}\cdot\nabla + \beta mc^2 + V_{\mathrm{eff}}(\rho)]\psi_i(\rho) = \omega_i\psi_i(\rho) \tag{2.88}$$

其中

$$\rho(\boldsymbol{r}) = \sum_i \psi_i^*(\boldsymbol{r})\psi_i(\boldsymbol{r})\theta(\mu - \omega_i) \tag{2.89}$$

这就是考虑相对论效应后的孔恩-沈吕九方程与前面的孔恩-沈吕九方程类似 ω_i 具有准粒子能量的意义,而 μ 为体系化学势,则体系的有效势为

$$V_{\mathrm{eff}}(\boldsymbol{r}) = V(\boldsymbol{r}) + \frac{\delta E_{\mathrm{H}}(\rho)}{\delta\rho} + \frac{\delta E_{\mathrm{xc}}(\rho)}{\delta\rho} \tag{2.90}$$

体系的基态能量为

$$E(\rho) = \sum_i \omega_i\theta(\mu - \omega_i) + E_{\mathrm{xc}}(\rho) - \frac{1}{2}E_{\mathrm{H}}(\rho) - \int \mathrm{d}\boldsymbol{r}\rho(\boldsymbol{r})\frac{\delta E_{\mathrm{xc}}(\rho)}{\delta\rho}. \tag{2.91}$$

根据局域密度近似可以将关联项写成

$$E_{\mathrm{xc}}(\rho) = E_{\mathrm{x}}^{\mathrm{DF}}(\rho) + E_{\mathrm{x}}^{\mathrm{T}}(\rho) + E_{\mathrm{c}}(\rho) \tag{2.92}$$

式(2.92)中等式右边第一项 $E_{\mathrm{x}}^{\mathrm{DF}}(\rho)$ 为福克交换泛函,在光速趋于无穷大时其过渡到非相对论的交换泛函;第二项 $E_{\mathrm{x}}^{\mathrm{T}}(\rho)$ 是两个电子交换一个虚光子而相互作用的相互作用能,这是一项纯粹的相对论效应导致的项;第三项 $E_{\mathrm{c}}(\rho)$ 是关联泛函项。

对于基函数的选取前面已经讨论过了,选好基函数后带入式(2.88)进行自洽场计算求解。

2.4.2　含时密度泛函理论简介

尽管密度泛函理论以及考虑相对论的密度泛函理论能进行各种体系的材料计算研究,然而其由于理论只能给出基态的能量泛函和定态的单粒子方程的约束,依然无法处理激发态性质和含时问题。因此在密度泛函理论提出后人们就在思考如何考虑含时体系的密度泛函理论来计算激发态的一些性质。

含时密度泛函理论起源于布洛赫(Bloch)提出的含时托马斯-费米模型,之后人们试着建立含时的孔恩-沈吕九方程,将稀有气体原子时变场的密度泛函线性响应等效为无相互作用电子在等效时变场的响应来处理,并且将交换关联项进行含时处理。随后人们继续尝试提出建立含时的赫恩伯格-孔恩定理和含时的孔恩-沈吕九方

程,然而含时的情况对时变场有很高的要求,另一个困难是含时能量泛函并不像基态一样能量最小,因此也没法从变分法中得到其单粒子方程。Runge 和 Gross 从含时薛定谔方程给出了含时体系的 Runge-Gross 定理[34],下面简单介绍奠定含时密度泛函理论的 Runge-Gross 定理。

含时多粒子薛定谔方程为

$$\mathrm{i}\frac{\partial}{\partial t}\Phi(\boldsymbol{r}_1,\boldsymbol{r}_2,\cdots,\boldsymbol{r}_N;t)=\hat{H}\Phi(\boldsymbol{r}_1,\boldsymbol{r}_2,\cdots,\boldsymbol{r}_N;t) \tag{2.93}$$

体系的初态为

$$\Phi_0=\Phi(\boldsymbol{r}_1,\boldsymbol{r}_2,\cdots,\boldsymbol{r}_N;t_0) \tag{2.94}$$

体系的哈密顿量为

$$\hat{H}=\hat{T}+\hat{V}(t)+\hat{W} \tag{2.95}$$

其中动能项

$$\hat{T}=\sum_i\int\mathrm{d}\boldsymbol{r}\hat{\phi}_i^*(\boldsymbol{r})\left(-\frac{1}{2}\nabla^2\right)\hat{\phi}_i(\boldsymbol{r}) \tag{2.96}$$

势能项

$$\hat{V}(t)=\sum_i\int\mathrm{d}\boldsymbol{r}v(\boldsymbol{r},t)\hat{\phi}_i^*(r)\hat{\phi}_i(\boldsymbol{r}) \tag{2.97}$$

相互作用项

$$\hat{W}=\frac{1}{2}\sum_i\sum_{i'}\int\mathrm{d}\boldsymbol{r}\mathrm{d}\boldsymbol{r}'\hat{\phi}_i^*(\boldsymbol{r})\hat{\phi}_{i'}^*(\boldsymbol{r}')w(\boldsymbol{r},\boldsymbol{r}')\hat{\phi}_{i'}(\boldsymbol{r}')\hat{\phi}_i(\boldsymbol{r}) \tag{2.98}$$

Runge-Gross 定理一:对于任意的外部势 $v(\boldsymbol{r},t)$ 都可以在初始时刻附件进行泰勒(Taylor)展开,而外部势 $v(\boldsymbol{r},t)$ 和含时粒子密度 $\rho(\boldsymbol{r},t)$ 具有一一对应的关系。

Runge-Gross 定理二:存在一个三分量密度泛函 $\boldsymbol{P}[\rho(\boldsymbol{r},t)]$ 其依赖于 $(\boldsymbol{r},t)$,因此可以用一组流体力学方程来确定粒子密度 $\rho(\boldsymbol{r},t)$ 和流密度 $j(\boldsymbol{r},t)$,即

$$\begin{cases}\dfrac{\partial\rho(\boldsymbol{r},t)}{\partial t}=-\nabla\cdot\boldsymbol{j}(\boldsymbol{r},t)\\[2ex]\dfrac{\partial\boldsymbol{j}(\boldsymbol{r},t)}{\partial t}=\boldsymbol{P}[\rho(\boldsymbol{r},t)]\end{cases} \tag{2.99}$$

其中初始条件为

$$\begin{cases}\rho(\boldsymbol{r},t_0)=\langle\Phi_0|\hat{\rho}(\boldsymbol{r},t_0)|\Phi_0\rangle\\ \boldsymbol{j}(\boldsymbol{r},t_0)=\langle\Phi_0|\hat{\boldsymbol{j}}(\boldsymbol{r},t_0)|\Phi_0\rangle\end{cases}. \tag{2.100}$$

Runge-Gross 定理三:作用量积分 A 可以表示为密度 ρ 的泛函 $A(\rho)$,且如果时变外部势 $v(\boldsymbol{r},t)$ 的选择使得额外增加的依赖于时间的函数不可分,则总的作用量可以写成

$$A(\rho)=B(\rho)-\int_{t_0}^{t'}\mathrm{d}t\int\mathrm{d}\boldsymbol{r}\rho(\boldsymbol{r},t)v(\boldsymbol{r},t) \tag{2.101}$$

其中 $B(\rho)$ 为广义密度泛函，即密度 ρ 对任何时变外部势 $v(\boldsymbol{r},t)$ 都成立。同时 $A(\rho)$ 在系统的精确密度处有一个不动点，可从欧拉(Euler)方程中计算出精确密度，即

$$\frac{\delta A}{\delta\rho(\boldsymbol{r},t)}=0. \tag{2.102}$$

Runge-Gross 定理为定态赫恩伯格-孔恩定理的含时演化版本，进一步就是得到其含时的密度泛函方程。事实上，无法直接像先前赫恩伯格-孔恩定理中得到孔恩-沈吕九方程的含时体系的 Runge-Gross 定理得出含时密度泛函方程。这是由于面临 v 表示[35]的问题，所谓的 v 表示，即构造的密度并不一定可以作为某些局域外部势的基态，因此对于密度的泛函微分时无法定义的，便不能运用变分原理来进行求解，于是无法从 Runge-Gross 定理通过变分方法得出含时密度泛函方程。我们需要进一步拓展 Runge-Gross 定理，而 van Leeuwen 做出了重要的突破工作，提出了 van Leeuwen 定理[36]：在两个有着不同相互作用的 $w(\boldsymbol{r}-\boldsymbol{r}')$ 和 $w'(\boldsymbol{r}-\boldsymbol{r}')$ 的多粒子体系中，若密度 $\rho(\boldsymbol{r},t)$ 可关于时间 t 做泰勒展开，则一个体系在时变外部势 $v(\boldsymbol{r},t)$ 作用下唯一对应的含时密度 $\rho(\boldsymbol{r},t)$，在另一个体系中也可以构造出时变外部势 $v'(\boldsymbol{r},t)$ 具有相同的含时密度 $\rho(\boldsymbol{r},t)$。值得注意的是，当 $w'(\boldsymbol{r}-\boldsymbol{r}')=0$ 时，该体系为无相互作用体系，van Leeuwen 定理确定了体系的 v 表示，为找到含时密度泛函方程奠定了基础。

以 van Leeuwen 定理为支撑的密度泛函方程为

$$\mathrm{i}\frac{\partial}{\partial t}\phi_i(\boldsymbol{r},t)=\left[-\frac{1}{2}\nabla^2+v_{\mathrm{KS}}(r,t)\right]\phi_i(\boldsymbol{r},t) \tag{2.103}$$

其中 $v_{\mathrm{KS}}(\boldsymbol{r},t)$ 为孔恩-沈吕九势，其依赖于密度 $\rho(\boldsymbol{r},t)$、真实体系多粒子初始波函数 $\psi_0(\boldsymbol{r},t)$ 和孔恩-沈吕九体系初始波函数 $\Phi_0(\boldsymbol{r},t)$，其具体形式为

$$v_{\mathrm{KS}}[\rho(\boldsymbol{r},t),\psi_0(\boldsymbol{r},t),\Phi_0(\boldsymbol{r},t)]=v(\boldsymbol{r},t)+v_{\mathrm{H}}(\boldsymbol{r},t)+v_{\mathrm{xc}}[\rho(\boldsymbol{r},t),\psi_0(\boldsymbol{r},t),\Phi_0(\boldsymbol{r},t)] \tag{2.104}$$

$v_{\mathrm{H}}(\boldsymbol{r},t)$ 为哈特利势，$v_{\mathrm{xc}}[\rho(\boldsymbol{r},t),\psi_0(\boldsymbol{r},t),\Phi_0(\boldsymbol{r},t)]$ 为交换关联势，且含时密度 $\rho(\boldsymbol{r},t)=\sum_{i=1}^{N}\phi_i^*(\boldsymbol{r},t)\phi_i(\boldsymbol{r},t)$。因此同孔恩 - 沈吕九方程那样，找到合适近似方法的交换关联势 $v_{\mathrm{xc}}[\rho(\boldsymbol{r},t),\psi_0(\boldsymbol{r},t),\Phi_0(r,t)]$ 和含时基函数就可以将式(2.103)求解，从而获得含时体系的各种性质。

第 3 章
量子光学基础

3.1 光场与原子相互作用的半经典模型

3.1.1 含时微扰理论

本章主要讨论的是光场与原子的相互作用，只在量子光学理论中对光场与原子相互作用的重要方法和模型进行阐述，包括光场与原子相互作用半经典理论、光场的量子化理论、光场与原子相互作用的全量子化理论及重要模型，如 Rabi 模型、Jaynes-Cummings 模型以及结论。

我们从经典的光场撞击原子的问题开始。首先考虑将光打入气室中，如图 3.1 所示，气室中的原子将会对光场做出响应，我们现在考虑去描述这种原子对光场的

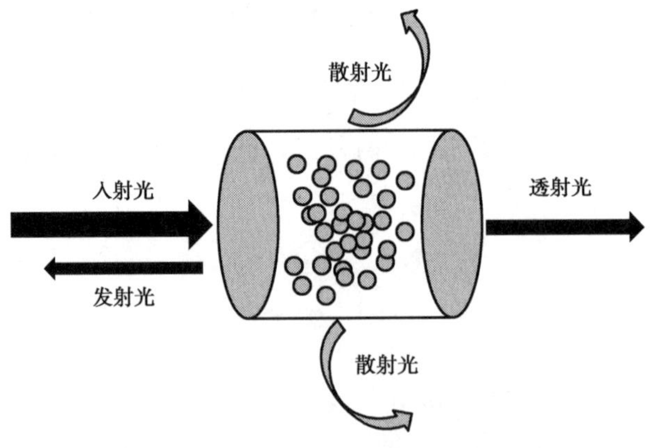

图 3.1　光撞击气室原子示意图

响应。事实上,将光打入气室中一部分光会透射,还有一部分的光将会从不同方向散射,这些散射光和透射光中就包含了想要得到的原子对光场的响应信息。

对于这个问题在经典力学的范畴内是可以将其描述的,将光视为经典的电磁波,而原子在经典力学的框架下视为谐振子,但这不是这里所关注的重点,因此并不打算展开描述,值得注意的是,人们发现经典力学下无法很好地解释黑体辐射[37]和原子与光相互作用中的非线性效应问题[38]。直到量子力学的诞生,人们尝试使用经典电磁波和量子化原子的半经典的理论,很好地解决了上述问题。首先介绍光和原子相互作用的半经典理论。

对于可见光和微波波段的电磁波,其波长远大于原子的尺度,在这种情形下可将原子尺度内视为在均匀的电磁场中,而此时原子与光的相互作用模型可以将原子近似为电偶极子在均匀的电磁场中,这种近似称为电偶极近似[39],如图 3.2 所示。又由于原子电偶极矩与电场之间的电偶极相互作用比原子磁偶极矩与磁场之间磁偶极相互作用小了两个数量级,在一般情况下只考虑电场的作用,因此,模型被简化为电偶极子在均匀电场下的运动。

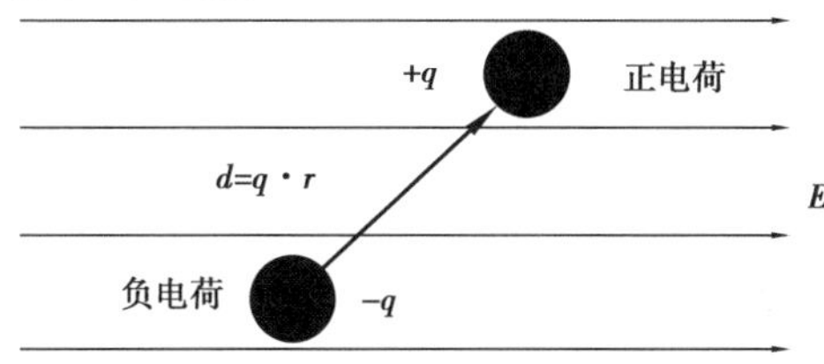

图 3.2　原子电偶极近似示意图

而对于轻核原子,当无电场驱动时,由于电子云的质心与核重合,其净电偶极矩为零,即 $\boldsymbol{d}=0$,而在周期振荡的电场中其电子云会被驱动也做周期振荡,此时电子云的质心不再与核重合,原子的净电偶极矩不为零,如图 3.3 所示。

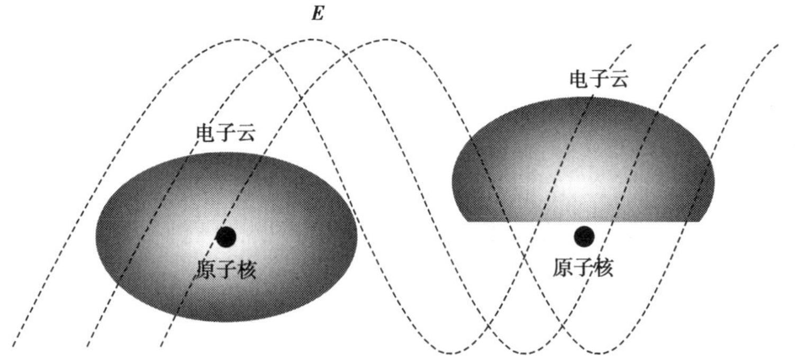

图 3.3　电子云在周期振荡的电场中运动示意图

因此,对于电偶极相互作用的哈密顿量

$$H_1 = -\hat{\boldsymbol{d}} \cdot \boldsymbol{E}(\boldsymbol{r}_0, t) \tag{3.1}$$

其中电偶极矩 $\hat{\boldsymbol{d}}=q\hat{\boldsymbol{r}}$。那么对于量子化的原子在经典光场中的哈密顿量可以写为

$$\hat{H} = \hat{H}_0 + \hat{H}_{\mathrm{I}} \tag{3.2}$$

其中 H_0 为原子的本征哈密顿量。原子对光场响应的演化方程为

$$\mathrm{i}\hbar \frac{\partial}{\partial t} | \Psi(t) \rangle = (\hat{H}_0 + \hat{H}_{\mathrm{I}}) | \Psi(t) \rangle. \tag{3.3}$$

假设原子的本征态为 $|n\rangle$,那么其本征方程为 $\hat{H}_0 |n\rangle = E_n |n\rangle$,由于原子本征态的完备性,因此可以假设原子对光场响应态矢可以按原子本征态展开,即

$$| \Psi(t) \rangle = \sum_n C_n(t) \mathrm{e}^{-\mathrm{i}E_n t/\hbar} |n\rangle \tag{3.4}$$

其中 $C_n(t)$ 为概率幅,将式(3.4)代入式(3.3)化简得到

$$-\mathrm{i}\hbar \sum_n \dot{C}_n \mathrm{e}^{-\mathrm{i}E_n t/\hbar} |n\rangle = \sum_n C_n \mathrm{e}^{-\mathrm{i}E_n t/\hbar} \hat{H}_{\mathrm{I}} |n\rangle \tag{3.5}$$

这是一个关于概率幅 $C_n(t)$ 的微分方程,左乘 $\langle m|$,由于两个基矢量满足正交关系 $\langle m|n\rangle=\delta_{mn}$,则式(3.5)为

$$\mathrm{i}\hbar \dot{C}_m \mathrm{e}^{-\mathrm{i}E_m t/\hbar} = \sum_n C_n(t) \mathrm{e}^{-\mathrm{i}E_n t/\hbar} \langle m | \hat{H}_{\mathrm{I}}(t) | n \rangle. \tag{3.6}$$

进一步化简,得到

$$\mathrm{i}\hbar \dot{C}_m = \sum_n C_n(t) \mathrm{e}^{-\mathrm{i}\omega_{nm} t} \langle m | \hat{H}_{\mathrm{I}}(t) | n \rangle \tag{3.7}$$

其中 $\omega_{nm}=(E_n-E_m)/\hbar$ 。从式(3.7)可以看到矩阵元 $\langle m|\hat{H}_{\mathrm{I}}(t)|n\rangle$ 描述了初态 $|n\rangle$ 和末态 $|m\rangle$ 之间的耦合情况。因此,原则上只要知道 $\langle m|\hat{H}_{\mathrm{I}}(t)|n\rangle$ 就可以通过求解式(3.7),将偶极近似下的原子对光场的响应计算出。

然而,实际上求解式(3-7)是非常困难的,因为很难将原子的所有状态都考虑在内,因为这将会是一个非常复杂且难以计算的微分方程组,因此为了求解需要做一些合理的近似。实际上物理学中充斥着大量的近似,由于所考虑的体系的真实情况十分复杂,为了得到所研究的物理量的性质往往可以采用近似方法来简化考虑的物理模型。

考虑微扰近似方法,即光场对原子的相互作用哈密顿量相对原子的本征哈密顿量是微扰量。那么在微扰论的观点下可以合理地提出以下两个假设:

①在初始时刻 $t=0$ 时,原子处在基态 $|1\rangle$ 上,则有 $C_1(t=0)=1$。

②由于考虑的微扰是弱微扰,那么在以后时间内激发态原子仍然会处于基态附近的态上,即 $|C_m(t\neq0)|^2\ll1$。

按照以上的假设,可以说几乎只存在一个态的概率接近 1,其他态均接近于 0,而这个态实际上就是基态 $|1\rangle$。因此在这样的近似下能将式(3.7)很好地简化为

$$\mathrm{i}\hbar \dot{C}_m = C_1(t=0) \mathrm{e}^{-\mathrm{i}\omega_{1m} t} \langle m | \hat{H}_{\mathrm{I}}(t) | 1 \rangle \tag{3.8}$$

这是一个可求解的微分方程,将两边同时关于时间积分得到概率幅的表达式,即

$$C_m(t)=\frac{1}{i\hbar}\int_{t=0}^{t}\mathrm{e}^{-\mathrm{i}\omega_{1m}t'}\langle m|\hat{H}_{\mathrm{I}}(t')|1\rangle\mathrm{d}t' \tag{3.9}$$

而耦合项$\langle m|\hat{H}_{\mathrm{I}}(t')|1\rangle$对时间的依赖是普遍的。我们可以讨论具体形式下的情况。

首先考虑自由空间中传播的是平面波的形式电磁波,可以知道

$$\hat{H}_{\mathrm{I}}(t)=\hat{H}_{\mathrm{I}}\mathrm{e}^{-\mathrm{i}\omega t} \tag{3.10}$$

将光场打开一段时间 T 后关闭,那么光场对原子的扰动效果如图 3.4 所示。

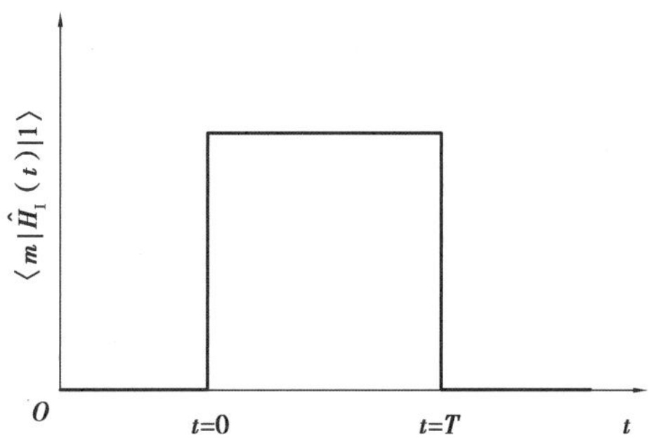

图 3.4　光场对原子的扰动的时间变化

将式(3.10)代入式(3.9)可得

$$\begin{aligned}C_m(T)&=\frac{1}{\mathrm{i}\hbar}\int_0^T\mathrm{e}^{-\mathrm{i}\omega_{1m}t}\cdot\mathrm{e}^{-\mathrm{i}\omega t}\langle m|\hat{H}_{\mathrm{I}}|1\rangle\mathrm{d}t\\&=\frac{1}{\mathrm{i}\hbar}\int_0^T\mathrm{e}^{-\mathrm{i}\Delta\omega t}\langle m|\hat{H}_{\mathrm{I}}|1\rangle\mathrm{d}t\\&=\frac{1}{\mathrm{i}\hbar}\langle m|\hat{H}_I|1\rangle\frac{\sin(\Delta\omega t/2)}{\Delta\omega t/2}\end{aligned} \tag{3.11}$$

其中 $\Delta\omega=\omega-\omega_{m1}$ 为光场频率于原子跃迁频率的失谐量,它反映了电磁场对原子从基态到激发态的跃迁扰动情况。现在已经得到了自由空间电磁波扰动概率幅,因此原子在光场的扰动下在某个时刻 T 时从基态$|1\rangle$到激发态$|m\rangle$的跃迁概率 $P_{1\to m}(T)$为

$$P_{1\to m}(T)=|C_m(T)|^2=\frac{1}{\hbar^2}|\langle m|\hat{H}_{\mathrm{I}}|1\rangle|^2\frac{\sin^2(\Delta\omega T/2)}{(\Delta\omega/2)^2}. \tag{3.12}$$

这里值得注意的是,跃迁概率与初态和末态的耦合强度$\langle m|\hat{H}_{\mathrm{I}}|1\rangle$以及失谐量 $\Delta\omega$ 有关,这其实非常好理解,光场对原子的方形波扰动其跃迁概率幅 C_m 正好是其时域到频域的傅里叶变换,而变换的结果一定是一个辛克(sinc)函数 $\mathrm{sinc}(x)=\sin x/x$。那么如果打入的是高斯(Gaussian)光束,其概率幅也应该是高斯函数,为什么?留给读者思考。自由光场对原子扰动下原子跃迁概率和失谐量的图像如图 3.5 所示。

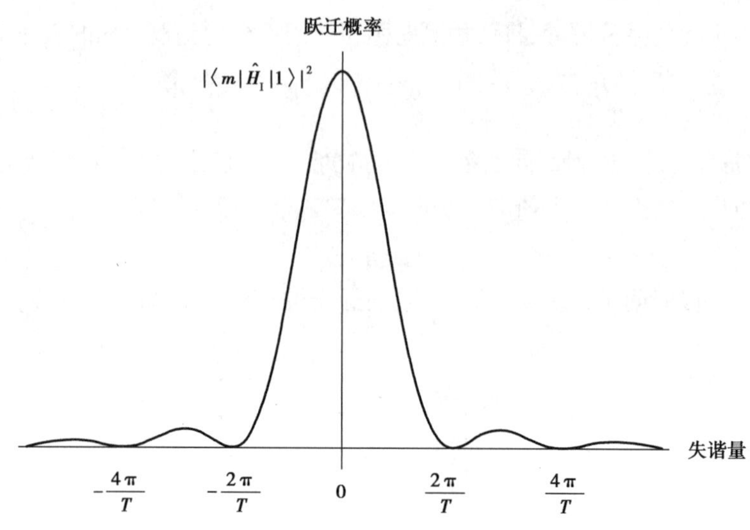

图 3.5　原子跃迁概率随失谐量的变化

在图 3.5 中可以非常明显地看到只有一个非常狭窄的频率范围可以做出显著的跃迁，原子主要的跃迁行为发生在频率范围$\left[-\frac{2\pi}{T},\frac{2\pi}{T}\right]$，其他频率范围发生跃迁概率非常小。

同样地，由于跃迁行为主要发生在失谐量 $\Delta\omega \leqslant 2\pi/T$ 时，因此也出现了时间 T 与能量 $\Delta E = \hbar\Delta\omega$ 不确定性关系，即

$$T \cdot \Delta E \leqslant h. \tag{3.13}$$

其中 h 为普朗克常量，这告诉我们光场能量与原子跃迁频率之间的失配，原子只能在频率范围$\left[-\frac{2\pi}{T},\frac{2\pi}{T}\right]$才可能发生显著的跃迁行为，如图 3.6 所示，打开光场的时间 T 越长，会使得显著跃迁行为的原子跃迁频率范围越窄，因此可以认为当打开光场的时间无限长的时候原子只会在一个频率下才能发生跃迁行为。

而当我们考虑无限长时间打开光场 $T\to\infty$ 时，辛克函数会变成一个德尔塔(Delta)函数，即

$$\frac{1}{2\pi T}\frac{\sin^2(\Delta\omega T/2)}{(\Delta\omega/2)^2} \to \delta(\Delta\omega) \tag{3.14}$$

跃迁概率变成

$$P_{1\to m}(T\to\infty) = \frac{2\pi}{\hbar^2}|\langle m|\hat{H}_1|1\rangle|^2\delta(\Delta\omega)T. \tag{3.15}$$

也就是说，只有在光场频率 ω 与原子跃迁频率 ω_{m1} 完全匹配时原子才会跃迁到激发态，否则原子会一直处于基态。

而当在有限长时间里打开光场时，原子的末态会落在 $|m\rangle$ 态附近，形成足够多

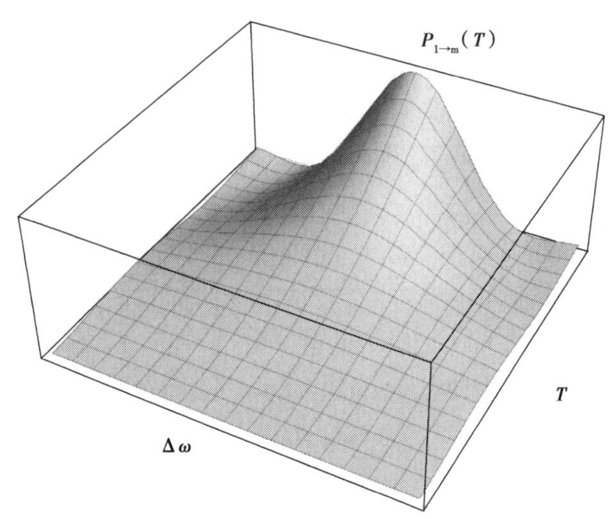

图 3.6 随着时间 T 的增大原子跃迁频率范围越来越窄

的准连续带，要研究这些带的性质就需要弄清楚有多少条出现在这个能量区间的状态数 N，因此我们需要定义出 $|m\rangle$ 附近能量 ΔE 的态密度，即

$$\rho(E)=\frac{\mathrm{d}N}{\mathrm{d}E} \tag{3.16}$$

然后根据费米黄金法则[40]可以得到原子从基态跃迁到准连续带上的概率为

$$P_{1\to m}=\Lambda_{1\to m}\cdot T \tag{3.17}$$

其中

$$\Lambda_{1\to m}=\frac{\mathrm{d}P_{1\to m}}{\mathrm{d}T}=\frac{2\pi}{\hbar}|\langle m|\hat{H}_{\mathrm{I}}|1\rangle|^2\rho(E_k=E_1+\hbar\omega). \tag{3.18}$$

值得注意的是，随着光场打开的时间 T 的增加跃迁概率也会随之增加，当时间无限长时跃迁概率也会变得无限大。$\Lambda_{1\to m}$ 称为跃迁率，其描述了单位时间内原子进行了多少次跃迁。同时可以看到跃迁率与基态 $|1\rangle$ 和 $|m\rangle$ 态耦合强度 $\langle m|\hat{H}_{\mathrm{I}}|1\rangle$ 以及处于准连续能量附近的态密度 $\rho(E_k=E_1+\hbar\omega)$ 有关，这在直观上是很好理解的，基态 $|1\rangle$ 和跃迁态 $|m\rangle$ 耦合强度 $\langle m|\hat{H}_{\mathrm{I}}|1\rangle$ 是与电磁场的振幅平方 $(E_0)^2$ 成正比关系，而振幅平方 E_0^2 是正比于光场强度 I，也就是说光强增大时，也增加了原子的跃迁率。这就是微扰理论和原子电偶极近似下的结论。下面讨论光场与二能级原子系统的相互作用。

3.1.2 光场与二能级原子系统的相互作用

在二能级原子系统中，基态 $|1\rangle$ 和激发态 $|2\rangle$ 通过光场其耦合，其能量分别为 E_1 和 E_2，如图 3.7 所示。

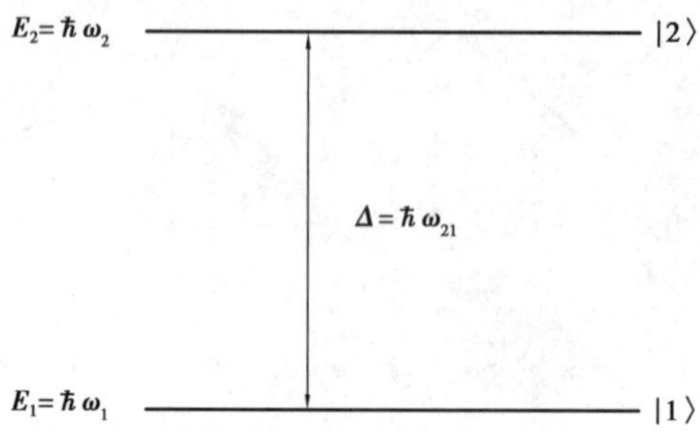

图 3.7　二能级系统原子能级图

系统哈密顿量结合前面的电偶极近似为

$$\hat{H} = \hat{H}_0 - \hat{\boldsymbol{d}} \cdot \boldsymbol{E}(t) \tag{3.19}$$

经典电磁场表示为

$$\boldsymbol{E}(t) = \boldsymbol{\varepsilon} \boldsymbol{E}_0 \cos(\omega \boldsymbol{t}) \tag{3.20}$$

其中 $\boldsymbol{\varepsilon}$ 为偏振矢量,$\boldsymbol{E}_0$ 为电场振幅,ω 为光场的频率。

若假设其演化方程的本征态为以下形式

$$|\Psi(t)\rangle = C_1(t)\mathrm{e}^{-\mathrm{i}\omega_1 t}|1\rangle + C_2(t)\mathrm{e}^{-\mathrm{i}\omega_2 t}|2\rangle \tag{3.21}$$

代入式(3.3)中,同样在一定时间 T 内打开光场,求解得到关于概率幅 $C_1(t)$ 和 $C_2(t)$ 的耦合微分方程组,即

$$\dot{C}_1(t) = i\frac{d_{12}^{\varepsilon}\boldsymbol{E}_0}{\hbar}\mathrm{e}^{-\mathrm{i}\omega_{21}t}\cos(\omega t)C_2(t) \tag{3.22}$$

$$\dot{C}_2(t) = i\frac{d_{12}^{\varepsilon}\boldsymbol{E}_0}{\hbar}\mathrm{e}^{+\mathrm{i}\omega_{21}t}\cos(\omega t)C_1(t) \tag{3.23}$$

这里引入了电偶极矩阵元 d_{12}^{ε},即

$$d_{12}^{\varepsilon} = \langle 1|\hat{\boldsymbol{d}} \cdot \boldsymbol{\varepsilon}|2\rangle = \langle 1|\hat{\boldsymbol{d}}|2\rangle \cdot \boldsymbol{\varepsilon} \tag{3.24}$$

上式描述了 $|1\rangle$ 态和 $|2\rangle$ 态的耦合强度,这是原子的内禀属性。其中 $d_{12}^{\varepsilon}E_0/\hbar$ 具有频率的量纲,称为 Rabi 频率,即

$$\Omega_{\mathrm{R}} \equiv \frac{d_{12}^{\varepsilon}E_0}{\hbar}. \tag{3.25}$$

下面继续关注概率幅 $C_1(t)$ 和 $C_2(t)$ 的耦合微分方程组,即

$$\dot{C}_1(t) = \mathrm{i}\frac{\Omega_{\mathrm{R}}}{2}\mathrm{e}^{-\mathrm{i}\omega_{21}t}(\mathrm{e}^{\mathrm{i}\omega t} + \mathrm{e}^{-\mathrm{i}\omega t})C_2(t) \tag{3.26}$$

$$\dot{C}_2(t) = \mathrm{i}\frac{\Omega_{\mathrm{R}}}{2}\mathrm{e}^{+\mathrm{i}\omega_{21}t}(\mathrm{e}^{\mathrm{i}\omega t} + \mathrm{e}^{-\mathrm{i}\omega t})C_1(t) \tag{3.27}$$

得到

$$\dot{C}_1(t) = \mathrm{i}\frac{\Omega_{\mathrm{R}}}{2}(\mathrm{e}^{+\mathrm{i}\Delta t} + \mathrm{e}^{-\mathrm{i}(\omega+\omega_{21})t})C_2(t) \tag{3.28}$$

$$\dot{C}_1(t) = \mathrm{i}\frac{\Omega_\mathrm{R}}{2}(\mathrm{e}^{-\mathrm{i}\Delta t} + \mathrm{e}^{+\mathrm{i}(\omega+\omega_{21})t})C_1(t) \tag{3.29}$$

其中 $\Delta=\omega-\omega_{21}$ 为这里的失谐量，同时对可见光和微波频段的光来说，$\omega+\omega_{21}\gg|\Delta|$，对于 $\omega+\omega_{21}$ 高频振荡项采用旋波近似方法[41]处理，这对近共振光相互作用 $\Delta=0$ 时是很好的近似，但在大失谐情况下不成立，读者可以思考为什么。因此概率幅 $C_1(t)$ 和 $C_2(t)$ 的耦合微分方程组最终变成

$$\dot{C}_1(t) = \mathrm{i}\frac{\Omega_\mathrm{R}}{2}\mathrm{e}^{+\mathrm{i}\Delta t}C_2(t) \tag{3.30}$$

$$\dot{C}_2(t) = \mathrm{i}\frac{\Omega_\mathrm{R}}{2}\mathrm{e}^{-\mathrm{i}\Delta t}C_1(t) \tag{3.31}$$

将时间振荡项吸收进概率幅中得到新的概率幅，即

$$\tilde{C}_1(t) = C_1(t)\mathrm{e}^{-\mathrm{i}\Delta t} \tag{3.32}$$

$$\tilde{C}_2(t) = C_2(t)\mathrm{e}^{+\mathrm{i}\Delta t} \tag{3.33}$$

以方便后面的计算。但现在重新审视在前面的假设，即

$$|\Psi(t)\rangle = C_1(t)\mathrm{e}^{-\mathrm{i}\omega_1 t}|1\rangle + C_2(t)\mathrm{e}^{-\mathrm{i}\omega_2 t}|2\rangle \tag{3.34}$$

现在做一般性的假设，假设并不知道其薛定谔方程本征态的展开系数，将其标记为 $C'_1(t)$ 和 $C'_2(t)$，那么本征态表现为

$$|\Psi(t)\rangle = C'_1(t)|1\rangle + C'_2(t)|2\rangle. \tag{3.35}$$

当光原子相互作用关闭，来看态的演化

$$|\Psi(t)\rangle = C'_1(0)\mathrm{e}^{-\mathrm{i}\omega_1 t}|1\rangle + C'_2(0)\mathrm{e}^{-\mathrm{i}\omega_2 t}|2\rangle \tag{3.36}$$

事实上系数就是 $C'_1(t)=C'_1(0)\mathrm{e}^{-\mathrm{i}\omega_1 t}$ 和 $C'_2(t)=C'_2(0)\mathrm{e}^{-\mathrm{i}\omega_2 t}$，是包含了本征频率的快速振荡，所以即使光场关闭本征态依然在随时间做快速振荡，然而此时的振荡频率是原子内部的属性，这对我们来说并不感兴趣，我们只对光与原子相互作用感兴趣。事实上我们可以做另一种本征态的假设屏蔽不感兴趣的部分。

假设本征态为

$$|\Psi(t)\rangle = C_1(t)|1\rangle + C_2(t)\mathrm{e}^{-\mathrm{i}\omega_{21}t}|2\rangle \tag{3.37}$$

假设基态 $|1\rangle$ 能量 $\omega_1=0$，且 $\omega_{21}=\omega_2-\omega_1=\omega_2$，此时的 $C_1(t)$ 和 $C_2(t)$ 是本征态在时间上的演化。这就是我们所说的旋转原子框架，通过转动原子来屏蔽我们不感兴趣的部分。而在近共振的情况下，可以使用旋转的光场坐标来表示，即

$$|\Psi(t)\rangle = \tilde{C}_1(t)|1\rangle + \tilde{C}_2(t)\mathrm{e}^{-\mathrm{i}\omega t}|2\rangle \tag{3.38}$$

其中 ω 为光场的频率，此时的 $\tilde{C}_1(t)$ 和 $\tilde{C}_2(t)$ 描述了光场随时间的快速振荡。将这里本征态的假设代入薛定谔方程中得到

$$\frac{\mathrm{d}}{\mathrm{d}t}\begin{pmatrix}\tilde{C}_1(t)\\\tilde{C}_2(t)\end{pmatrix}=\frac{\mathrm{i}}{2}\begin{pmatrix}-\Delta & \Omega_{\mathrm{R}}\\\Omega_{\mathrm{R}} & \Delta\end{pmatrix}\begin{pmatrix}\tilde{C}_1(t)\\\tilde{C}_2(t)\end{pmatrix}. \tag{3.39}$$

这里需要分近共振和非共振情况分析。

对于近共振 $\Delta=0$ 的情况下，薛定谔方程变成

$$\dot{\tilde{C}}_1(t)=\frac{\mathrm{i}}{2}\Omega_{\mathrm{R}}\tilde{C}_2(t) \tag{3.40}$$

$$\dot{\tilde{C}}_2(t)=\frac{\mathrm{i}}{2}\Omega_{\mathrm{R}}\tilde{C}_1(t) \tag{3.41}$$

这两个方程中出现了 $\tilde{C}_1(t)$ 和 $\tilde{C}_2(t)$ 的耦合，为了解耦，对式(3.40)关于时间再次求导后将式(3.41)代入，得到

$$\ddot{\tilde{C}}_1(t)=-\frac{\Omega_{\mathrm{R}}}{4}\tilde{C}_1(t) \tag{3.42}$$

同理，有

$$\ddot{\tilde{C}}_2(t)=-\frac{\Omega_{\mathrm{R}}}{4}\tilde{C}_2(t) \tag{3.43}$$

由于原子初始时刻处在基态上，使用初始条件为

$$\tilde{C}_1(0)=1 \tag{3.44}$$

$$\tilde{C}_2(0)=0 \tag{3.45}$$

解式(3.43)和式(3.44)，得

$$\tilde{C}_1(t)=\cos\left(\frac{\Omega_{\mathrm{R}}t}{2}\right) \tag{3.46}$$

$$\tilde{C}_2(t)=\mathrm{i}\sin\left(\frac{\Omega_{\mathrm{R}}t}{2}\right) \tag{3.47}$$

那么原子处于激发态 $|2\rangle$ 的概率为 $P_2=|C_2(t)|^2$，而 $C_2(t)$ 和 $\tilde{C}_2(t)$ 只相差一个相因子，则有

$$P_2(t)=|\tilde{C}_2(t)|^2=\sin^2\left(\frac{\Omega_{\mathrm{R}}t}{2}\right)=\frac{1}{2}[1-\cos(\Omega_{\mathrm{R}}t)]. \tag{3.48}$$

如图 3.8 所示，激发态概率会随 Rabi 频率在基态和激发态上周期振荡，这样的振荡行为称为 Rabi 振荡[42]，同样地，对于基态概率有

$$P_1(t)=1-P_2(t). \tag{3.49}$$

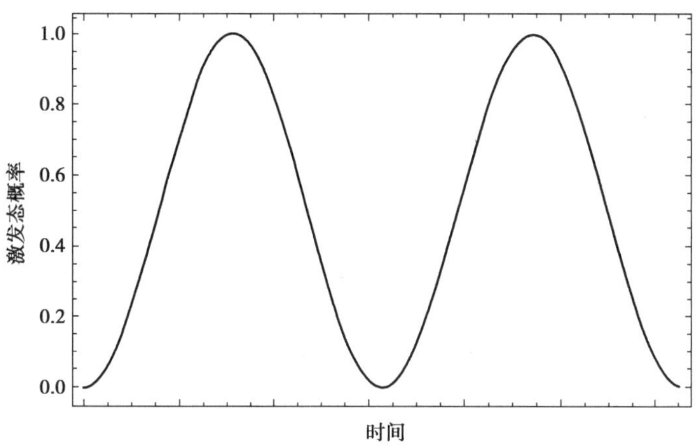

图 3.8　经典 Rabi 振荡

若对式(3.48)在初始时间附近做泰勒展开可以看到存在光与原子的非线性相互作用,如图 3.9 中的标注。

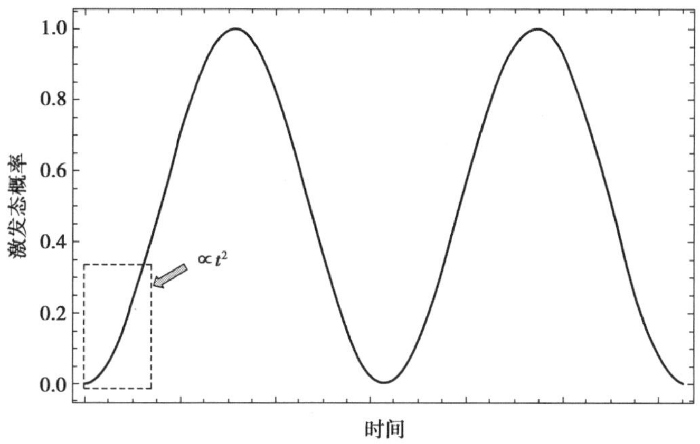

图 3.9　光与原子的非线性相互作用

我们并不打算在这里推导描述非共振情况,对于非共振的情况,可直接给出结论。在非共振情况下,激发态的概率为

$$P_2(t) = |\widetilde{C}_2(t)|^2 = \frac{\Omega_R^2}{\Omega^2}[1 - \cos(\Omega t)] \tag{3.50}$$

其中 $\Omega=\sqrt{\Omega_R^2+\Delta^2}$ 称为有效 Rabi 频率。在图 3.10 中可以看到,实际上在非共振加剧情况下激发态概率的振荡幅度和振荡周期变小。Rabi 频率和有效 Rabi 频率描述了光与原子相互作用的耦合强度。实际上这已经可以很好地理解什么是量子跃迁了,当脉冲 $\Omega_R t=\pi$ 时,若初始时刻原子处于基态 $|1\rangle$ 经过 $t=\pi/\Omega_R$ 时间后原子会跃迁到 $i|2\rangle$ 态上。同样地,若原子初始时刻处于激发态 $|2\rangle$ 经过相同时间原子又会跃迁到 $i|1\rangle$ 态上;而脉冲 $\Omega_R t=2\pi$ 时,若原子初始时刻处于基态 $|1\rangle$,经过时间 $t=2\pi/\Omega_R$

后原子会跃迁到$-|1\rangle$态上。若原子初始时刻处于激发态$|2\rangle$,经过相同时间原子又会跃迁到$-|2\rangle$态上;当给以 $\Omega_R t=\pi/2$ 的脉冲时,若原子初始时刻处于基态$|1\rangle$,经过时间 $t=\pi/2\Omega_R$ 后原子会跃迁到$\frac{1}{\sqrt{2}}(|1\rangle+i|2\rangle)$的基态和激发态的相干叠加态上。这就回答了“电子从离开一个状态但还未到达另一个状态时,它会处在什么地方呢?”。以上我们使用的是概率幅的方法求解薛定谔方程,除此之外还有布洛赫矢量方法[43]、密度矩阵方法[44]和时间演化算符方法[45],对不同模型可采取合适的方法进行求解。

至此我们已经基本了解了半经典理论[46-49]下光与二能级原子系统的相互作用。尽管光与原子相互作用的半经典理论已经非常好地描述了全经典理论所不能描述的黑体辐射和原子的非线性效应,但其无法解释光子的统计和非经典光场。接下来将继续介绍光场的量子化理论。

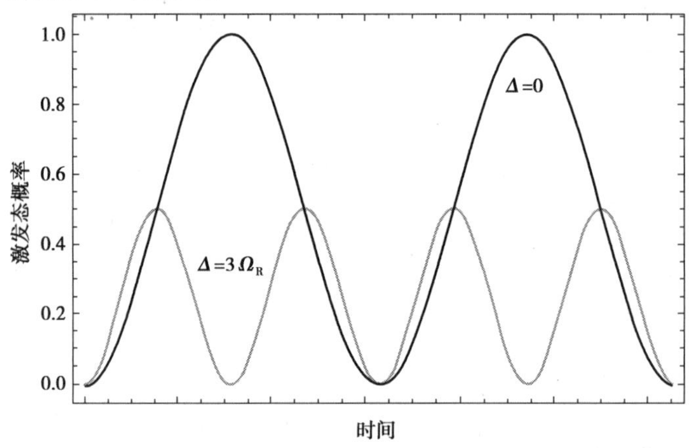

图 3.10　非共振加剧情况下的激发态概率

3.2　光场的量子化理论

本节我们要跨越经典的鸿沟,在本节之后我们的视角中不再有经典物质,将用量子力学的视角重新审视光与原子的相互作用。在这之前需要将经典的光场量子化处理。所谓“量子化”的过程实际上就是将物理模型中物理量算符化并找到其本征方程解出本征值和本征函数的路径。

3.2.1　光场的算符化

从经典光场开始,我们知道光在真空中无源的情况下由麦克斯韦(Maxwell)方程组去描述,即

$$\nabla \cdot \boldsymbol{E} = 0 \tag{3.51}$$

$$\nabla \cdot \boldsymbol{B} = 0 \tag{3.52}$$

$$\nabla \times \boldsymbol{E} = -\frac{\partial \boldsymbol{B}}{\partial t} \tag{3.53}$$

$$\nabla \times \boldsymbol{B} = \frac{1}{c^2}\frac{\partial \boldsymbol{E}}{\partial t} \tag{3.54}$$

在库仑规范$\nabla \cdot \boldsymbol{A}=0$下引入矢量势$\boldsymbol{A}(\boldsymbol{r},t)$来表示电场$\boldsymbol{E}(\boldsymbol{r},t)$和磁场为$\boldsymbol{B}(\boldsymbol{r},t)$，即

$$\boldsymbol{E}(\boldsymbol{r},t) = -\frac{\partial \boldsymbol{A}(\boldsymbol{r},t)}{\partial t} \tag{3.55}$$

$$\boldsymbol{B}(\boldsymbol{r},t) = \nabla \times \boldsymbol{A}(\boldsymbol{r},t). \tag{3.56}$$

将上面麦克斯韦方程中电场$\boldsymbol{E}(\boldsymbol{r},t)$和磁场为$\boldsymbol{B}(\boldsymbol{r},t)$解耦，得到关于矢量势$\boldsymbol{A}(\boldsymbol{r},t)$的波动方程，即

$$\nabla^2 \boldsymbol{A}(\boldsymbol{r},t) + \frac{1}{c^2}\frac{\partial^2}{\partial t^2}\boldsymbol{A}(\boldsymbol{r},t) = 0 \tag{3.57}$$

$c=\omega/k$ 为光速，解波动方程得到平面波形式的通解，即

$$\boldsymbol{A}_{\boldsymbol{k},\alpha}(\boldsymbol{r},t) = \boldsymbol{\varepsilon}_{\boldsymbol{k},\alpha} A_{\boldsymbol{k},\alpha} \mathrm{e}^{\mathrm{i}(\boldsymbol{k}\cdot\boldsymbol{r}-\omega_{\boldsymbol{k}}t)} \tag{3.58}$$

其中$\boldsymbol{\varepsilon}$为辐射场的极化矢量，$\boldsymbol{k}$为波矢，$A_{\boldsymbol{k},\alpha}$辐射场的复振幅，角频率为$\omega_k=c\cdot k$。

以上的解是在自由空间中讨论的，下面我们加入边界条件继续讨论。假设将辐射场限制在一个长度为L的方盒子中，那么此时的边界条件为

$$k_x = \frac{2\pi}{L}n_x, k_y = \frac{2\pi}{L}n_y, k_z = \frac{2\pi}{L}n_z. \tag{3.59}$$

我们很容易知道在这样的边界条件下得到的解应该是驻波的形式，再将全部光场允许的模式叠加，作傅里叶分解得到展开式为

$$\boldsymbol{A}_{\boldsymbol{k},\alpha}(\boldsymbol{r},t) = \sum_{\boldsymbol{k},\alpha} \boldsymbol{\varepsilon}_{\boldsymbol{k},\alpha}\left[A_{\boldsymbol{k},\alpha}\mathrm{e}^{\mathrm{i}(\boldsymbol{k}\cdot\boldsymbol{r}-\omega_{\boldsymbol{k}}t)} + A^*_{\boldsymbol{k},\alpha}\mathrm{e}^{-\mathrm{i}(\boldsymbol{k}\cdot\boldsymbol{r}-\omega_{\boldsymbol{k}}t)}\right] \tag{3.60}$$

其中$A^*_{\boldsymbol{k},\alpha}$为复共轭。通过式(1.55)和式(1.56)得到的表达式电场$\boldsymbol{E}(\boldsymbol{r},t)$和磁场为$\boldsymbol{B}(\boldsymbol{r},t)$

$$\boldsymbol{E}(\boldsymbol{r},t) = -\frac{\partial \boldsymbol{A}(\boldsymbol{r},t)}{\partial t} = \sum_{\boldsymbol{k},\alpha} \boldsymbol{\varepsilon}_{\boldsymbol{k},\alpha}\mathrm{i}\omega_{\boldsymbol{k}}\left[A_{\boldsymbol{k},\alpha}\mathrm{e}^{\mathrm{i}(\boldsymbol{k}\cdot\boldsymbol{r}-\omega_{\boldsymbol{k}}t)} - A^*_{\boldsymbol{k},\alpha}\mathrm{e}^{-\mathrm{i}(\boldsymbol{k}\cdot\boldsymbol{r}-\omega_{\boldsymbol{k}}t)}\right] \tag{3.61}$$

$$\boldsymbol{B}(\boldsymbol{r},t) = \nabla \times \boldsymbol{A}(\boldsymbol{r},t) = \sum_{\boldsymbol{k},\alpha} \mathrm{i}(\boldsymbol{k} \times \boldsymbol{\varepsilon}_{\boldsymbol{k},\alpha})\left[A_{\boldsymbol{k},\alpha}\mathrm{e}^{\mathrm{i}(\boldsymbol{k}\cdot\boldsymbol{r}-\omega_{\boldsymbol{k}}t)} - A^*_{\boldsymbol{k},\alpha}\mathrm{e}^{-\mathrm{i}(\boldsymbol{k}\cdot\boldsymbol{r}-\omega_{\boldsymbol{k}}t)}\right]. \tag{3.62}$$

对于体系辐射场在方盒子内$V=L^3$的总能量为

$$H = \frac{1}{2}\int_V \left[\varepsilon_0 \boldsymbol{E}(\boldsymbol{r},t)^2 + \frac{1}{\mu_0}\boldsymbol{B}(\boldsymbol{r},t)^2\right] \tag{3.63}$$

将式(3.61)和式(3.62)代入式(3.63)，得到全部辐射场允许模式的总能量为

$$H = \sum_{\boldsymbol{k},\alpha} \varepsilon_0 V \omega_{\boldsymbol{k}}^2 \left[A_{\boldsymbol{k},\alpha}A^*_{\boldsymbol{k},\alpha} + A^*_{\boldsymbol{k},\alpha}A_{\boldsymbol{k},\alpha}\right]. \tag{3.64}$$

为了方便,总能是辐射场全部允许模式能量之和,即

$$H = \sum_{k,\alpha} E_{k,\alpha} \tag{3.65}$$

我们关注一个模式下的能量,即

$$E_{k,\alpha} = \varepsilon_0 V \omega_k^2 [A_{k,\alpha} A_{k,\alpha}^* + A_{k,\alpha}^* A_{k,\alpha}] \tag{3.66}$$

这个形式和谐振子产生、湮灭算符下的形式高度类似。

从形式上来看,辐射场的模式对应了一个量子谐振子,因此我们可以像解决谐振子那样的方法将光场量子化。事实上,麦克斯韦方程组描述了光在时空中的波动性,而这里光场的能量"谐振子"就是所谓的光子,描述了光的粒子性。

在光子产生算符 $\hat{a}_k^\dagger$ 和湮灭算符 $\hat{a}_k$ 下($[\hat{a}_k, \hat{a}_k^\dagger]=1$)的谐振子的能量为

$$H_k = \frac{1}{2} \hbar \omega_k (\hat{a}_k \hat{a}_k^\dagger + \hat{a}_k^\dagger \hat{a}_k) \tag{3.67}$$

与式(3.66)对比,有

$$\boldsymbol{A}_k = \sqrt{\frac{\hbar}{2\varepsilon_0 V \omega_k}} \hat{a}_k \tag{3.68}$$

$$\boldsymbol{A}_k^* = \sqrt{\frac{\hbar}{2\varepsilon_0 V \omega_k}} \hat{a}_k^\dagger \tag{3.69}$$

因此我们得到光场关于光子产生算符 $\hat{a}_k^\dagger$ 和湮灭算符 $\hat{a}_k$ 形式的表达式,将式(3.68)和式(3.69)代入式(3.60)中得到量子化形式的矢量势,即

$$\hat{\boldsymbol{A}}_{k,\alpha}(\boldsymbol{r},t) = \sum_{k,\alpha} \boldsymbol{\varepsilon}_{k,\alpha} \sqrt{\frac{\hbar}{2\varepsilon_0 V \omega_k}} [\hat{a}_{k,\alpha} e^{i(\boldsymbol{k}\cdot\boldsymbol{r} - \omega_k t)} + \hat{a}_{k,\alpha}^\dagger e^{-i(\boldsymbol{k}\cdot\boldsymbol{r} - \omega_k t)}]. \tag{3.70}$$

有矢量势算符电场算符$\hat{\boldsymbol{E}}_k(\boldsymbol{r},t)$也可以表示为

$$\begin{aligned} \hat{\boldsymbol{E}}_{k,\alpha}(\boldsymbol{r},t) &= -\frac{\partial}{\partial t} \hat{\boldsymbol{A}}_{k,\alpha}(r,t) \\ &= \sum_{k,\alpha} \boldsymbol{\varepsilon}_{k,\alpha} \omega_k \sqrt{\frac{\hbar}{2\varepsilon_0 V \omega_k}} [i\hat{a}_{k,\alpha} e^{i(\boldsymbol{k}\cdot\boldsymbol{r} - \omega_k t)} - i\hat{a}_{k,\alpha}^\dagger e^{-i(\boldsymbol{k}\cdot\boldsymbol{r} - \omega_k t)}] \end{aligned} \tag{3.71}$$

为了简化,定义相因子$\chi_k(\boldsymbol{r},t) = -\boldsymbol{k}\cdot\boldsymbol{r} + \omega_k t - \pi/2$,则式(3.71)变成

$$\begin{aligned} \hat{\boldsymbol{E}}_{k,\alpha}[\chi_k(r,t)] &= \hat{\boldsymbol{E}}_{k,\alpha}^+[\chi_k(\boldsymbol{r},t)] + \hat{\boldsymbol{E}}_{k,\alpha}^-[\chi_k(\boldsymbol{r},t)] \\ &= \sum_{k,\alpha} \boldsymbol{\varepsilon}_{k,\alpha} \sqrt{\frac{\hbar\ \omega_k}{2\varepsilon_0 V}} [\hat{a}_{k,\alpha} e^{-i\chi_k(\boldsymbol{r},t)} + \hat{a}_{k,\alpha}^\dagger e^{i\chi_k(\boldsymbol{r},t)}] \end{aligned} \tag{3.72}$$

同样地,磁场算符为

$$\hat{\boldsymbol{B}}_{k,\alpha}(\boldsymbol{r},t) = \sum_{k,\alpha} i(\boldsymbol{k} \times \boldsymbol{\varepsilon}_{k,\alpha}) \sqrt{\frac{\hbar}{2\varepsilon_0 V \omega_k}} [\hat{a}_{k,\alpha} e^{-i\chi_k(\boldsymbol{r},t)} - \hat{a}_{k,\alpha}^\dagger e^{i\chi_k(\boldsymbol{r},t)}] \tag{3.73}$$

对于辐射场的总能有

$$\hat{H}_{\mathrm{R}} = \frac{1}{2}\int_V \mathrm{d}V\left[\varepsilon_0 \hat{\boldsymbol{E}}\hat{\boldsymbol{E}} + \frac{1}{\mu_0}\hat{\boldsymbol{B}}\hat{\boldsymbol{B}}\right]$$
$$= \sum_{\boldsymbol{k},\alpha} \hbar\omega_{\boldsymbol{k}}\left(\hat{a}^{\dagger}_{\boldsymbol{k},\alpha}\hat{a}_{\boldsymbol{k},\alpha} + \frac{1}{2}\right). \tag{3.74}$$

对于光子产生算符 $\hat{a}^{\dagger}_{k}$ 和湮灭算符 $\hat{a}_{k}$，我们定义在辐射场的第 $\boldsymbol{k}$ 模式下的第 n 个激发态满足

$$\hat{a}_{\boldsymbol{k}} \mid n_{\boldsymbol{k}}\rangle = \sqrt{n_{\boldsymbol{k}}} \mid n_{\boldsymbol{k}} - 1\rangle \tag{3.75}$$

$$\hat{a}^{\dagger}_{\boldsymbol{k}} \mid n_{\boldsymbol{k}}\rangle = \sqrt{n_{\boldsymbol{k}} + 1} \mid n_{\boldsymbol{k}} + 1\rangle \tag{3.76}$$

且对于光子的粒子数算符 $\hat{n}_{\boldsymbol{k}}=\hat{a}^{\dagger}_{\boldsymbol{k}}\hat{a}_{\boldsymbol{k}}$ 有

$$\hat{n}_{\boldsymbol{k}} \mid n_{\boldsymbol{k}}\rangle = n_{\boldsymbol{k}} \mid n_{\boldsymbol{k}}\rangle. \tag{3.77}$$

因此式(3.74)为

$$\hat{H}_{\mathrm{R}} = \sum_{\boldsymbol{k},\alpha} \hbar\omega_{\boldsymbol{k}}\left(\hat{n}_{\boldsymbol{k},\alpha} + \frac{1}{2}\right) \tag{3.78}$$

这里可以停下来思考一下电磁场的量子化过程。每一种辐射场的模式($\boldsymbol{k},\alpha$) 都有其相关联的量子谐振子，因此在边界条件所允许的全部模式 $\sum_{\boldsymbol{k},\alpha}$ 的总能量就是电磁场的总能量。其中，每一种模式都代表了一个量子谐振子，这个量子谐振子的激发程度告诉了有多少光子在系统中，所以光子是这里所说的附加在辐射场模式上量子谐振子基本激发的程度。那么我们现在可以给出光子精确的定义：一个光子是一个辐射场模式所关联的量子谐振子的激发量子。因此，这也就意味着可以通过构造光子产生算符和湮灭算符完成辐射场的算符化。

这里完成了电磁场经典模型的量子化[50]，使用光子产生算符和湮灭算符定义了电场和磁场并得到了体系的哈密顿算符。接下来重点关注光场中的各种量子态。

3.2.2　光场中的光子数态和相干态

实际上，前面定义的光子数态 $\mid n_{\boldsymbol{k}}\rangle$ 就是我们要讨论的光场中第一种量子态——福克(Fock)态。福克态可以定义光子数和系统的激发度。而这在不同的光场本征态中会得到不同光子数的叠加态，并得到完全不同的结果。

上面我们讨论的福克态是在辐射场的某个模式进行的，在多模的辐射场下能量的本征方程是单模激发全部求和，即

$$\hat{H}_{\mathrm{R}} \mid n_{\boldsymbol{k}_1}, n_{\boldsymbol{k}_2}, \cdots\rangle = \sum_{\boldsymbol{k}} \hbar\omega_{\boldsymbol{k}}\left(n_{\boldsymbol{k}} + \frac{1}{2}\right) \mid n_{\boldsymbol{k}_1}, n_{\boldsymbol{k}_2}, \cdots\rangle. \tag{3.79}$$

若系统处于基态，我们可以定义没有光子的状态——真空态，在任何模式下都没有光子，将其正式地记作没有光子的量子谐振子的基态的张量积，即

$$|0\rangle=|0\rangle\otimes|0\rangle\otimes|0\rangle\cdots. \tag{3.80}$$

为了简化,接下来的讨论都在单一模式上进行。从式(3.72)可以得到单模场下的电场算符为

$$\begin{aligned}\hat{\boldsymbol{E}}(\chi)&=\hat{\boldsymbol{E}}^{+}(\chi)+\hat{\boldsymbol{E}}^{-}(\chi)\\&=\left(\frac{\hbar\omega}{2\varepsilon_0 V}\right)^{\frac{1}{2}}(\hat{a}\mathrm{e}^{-\mathrm{i}\chi}+\hat{a}^{\dagger}\mathrm{e}^{\mathrm{i}\chi})\end{aligned} \tag{3.81}$$

为了进一步简化,在自然单位下规定归一化因子(也被称为真空场强),即 $2\left(\frac{\hbar\omega}{2\varepsilon_0 V}\right)^{\frac{1}{2}}=1$,则式(3.81)为

$$\hat{\boldsymbol{E}}(\chi)=\frac{1}{2}(\hat{a}\mathrm{e}^{-\mathrm{i}\chi}+\hat{a}^{\dagger}\mathrm{e}^{\mathrm{i}\chi}) \tag{3.82}$$

现在让我们来看看量子化电场的一些奇特性质。

前面定义了福克态 $|n\rangle$ 通过光子数算符 $\hat{n}$ 将光场的哈密顿量的本征方程表示为

$$\begin{aligned}\hat{H}|n\rangle&=\hbar\omega\left(\hat{n}+\frac{1}{2}\right)|n\rangle\\&=\hbar\omega\left(n+\frac{1}{2}\right)|n\rangle\\&=E_n|n\rangle.\end{aligned} \tag{3.83}$$

先来看系统光子数的涨落情况,光子数 n 的方差 $(\Delta n)^2$ 为

$$\begin{aligned}(\Delta n)^2&=\langle n|(\hat{n}-\langle\hat{n}\rangle)^2|n\rangle\\&=\langle n|n^2|n\rangle-\langle n|n|n\rangle^2\\&=n^2-n^2\\&=0.\end{aligned} \tag{3.84}$$

光子数在特定模式下涨落为零这是非常自然的,因为在该模式下有精确定义的光子数。下面考察福克态下光场的情况。对于电场的期望有

$$\begin{aligned}E&=\langle n|\hat{\boldsymbol{E}}(\chi)|n\rangle\\&=\frac{1}{2}\langle n|\hat{a}\mathrm{e}^{-\mathrm{i}\chi}+\hat{a}^{\dagger}\mathrm{e}^{\mathrm{i}\chi}|n\rangle\\&=\frac{1}{2}\langle n|\hat{a}\mathrm{e}^{-\mathrm{i}\chi}|n\rangle+\frac{1}{2}\langle n|\hat{a}^{\dagger}\mathrm{e}^{\mathrm{i}\chi}|n\rangle\\&=0\end{aligned} \tag{3.85}$$

这里得到电场的期望为零,似乎没有电磁场这是非常奇怪的,因为在讨论福克态中可能包含很多的光子,而这些光子在该模式下可能是大量光子,但电场的期望值仍然为零。为了考察这奇怪的结论,我们继续考察电场的涨落情况,即

$$
\begin{aligned}
(\Delta E(\chi))^2 &= \langle n|\hat{\boldsymbol{E}}(\chi)^2|n\rangle - \langle n|\hat{\boldsymbol{E}}(\chi)|n\rangle^2 \\
&= \langle n|\hat{\boldsymbol{E}}(\chi)^2|n\rangle \\
&= \frac{1}{4}\langle n|(\hat{a}e^{-i\chi} + \hat{a}^\dagger e^{i\chi})^2|n\rangle \\
&= \frac{1}{4}\langle n|\hat{a}^2 e^{-2i\chi} + \hat{a}^{\dagger 2} e^{2i\chi} + \hat{a}\hat{a}^\dagger + \hat{a}^\dagger\hat{a}|n\rangle \\
&= \frac{1}{4}\langle n|\hat{a}\hat{a}^\dagger + \hat{a}^\dagger\hat{a}|n\rangle \\
&= \frac{1}{4}\langle n|2\hat{n} + 1|n\rangle \\
&= \frac{1}{2}\left(n + \frac{1}{2}\right).
\end{aligned} \tag{3.86}
$$

这说明尽管电场的期望为零,但电场的涨落却是线性增长的。即使当光子数为零($n=0$)时的真空场下,电场的涨落依然不为零,这被称为电场的真空涨落。这就意味着若在真空中测量某个时间的电场,那么只有当你测量多组期望的平均值后为零,而对于电场的单次测量即使是真空体系,也会得到一个有限值。这能很好地解释原子的自发辐射是由于电场的真空涨落触发的。

福克态下光场出现了很多非经典的结论,然而事实上我们并不希望让量子化的光场与经典的麦克斯韦理论脱节,而是同样能在量子化形式下找到经典的场解。

在量子力学中有一个自量子力学诞生以前就被薛定谔提出过的问题:如果一个微观粒子在谐振势阱中做量子振荡,那么我们如何确定其动力学过程呢?由于谐振子的本征态只给出静态的概率分布无法将其描述。而薛定谔自己发现,如果用正确的权重因子以正确的形式叠加这些本征态(实际上就是相干态)会得到一个振荡形式的波包,它并不是静态的而是在势阱中振荡的,这与经典粒子的情况并不相同。而当在很小的区域测量粒子时,就会观测体系内在的量子涨落。因此相干态时非常重要,接下来我们看看关于相干态的一些性质,以及再现经典下的光场性质。

根据相干态是关于本征态用正确权重因子以正确形式叠加的描述可以将其定义为

$$|\alpha\rangle = \sum_n A_n|n\rangle \tag{3.87}$$

其中$|n\rangle$为光场的本征态——光子数态,$A_n=\langle n|\alpha\rangle$为权重因子。我们假设相干态是湮灭算符$\hat{a}$的本征态,即

$$\hat{a}|\alpha\rangle = \alpha|\alpha\rangle \tag{3.88}$$

由于湮灭算符的非厄米性,本征值α为复数,表示为$\alpha=|\alpha|^2 e^{i\theta}$。接下来求权重因子$A_n$的表达式。对于式(3.88),在等式两边乘以$\langle n|$,即

$$\langle n|\hat{a}|\alpha\rangle = \alpha\langle n|\,|\alpha\rangle \tag{3.89}$$

对于上式,左边有

$$\langle n|\hat{a}|\alpha\rangle=\sqrt{n+1}\langle n+1||\alpha\rangle \tag{3.90}$$

右边有

$$\alpha\langle n||\alpha\rangle=\alpha A_n \tag{3.91}$$

那么有

$$A_{n+1}=\frac{\alpha}{\sqrt{n+1}}A_n. \tag{3.92}$$

根据归一化条件有

$$1=\sum_n|A_n|^2=\sum_n\frac{(\alpha^*\alpha)^n}{n!}|A_0|^2=e^{\alpha^*\alpha}|A_0|^2 \tag{3.93}$$

于是得到

$$A_0=e^{-\frac{1}{2}|\alpha|^2} \tag{3.94}$$

最终得到权重因子为

$$A_n=e^{-\frac{1}{2}|\alpha|^2}\frac{\alpha^n}{\sqrt{n!}}. \tag{3.95}$$

相干态$|\alpha\rangle$的定义为

$$|\alpha\rangle=e^{-\frac{1}{2}|\alpha|^2}\sum_n\frac{\alpha^n}{\sqrt{n!}}|n\rangle. \tag{3.96}$$

为了考察其正交性,两个相干态$|\alpha\rangle$和$|\beta\rangle$的交叠情况为

$$\langle\alpha|\beta\rangle=e^{-\frac{1}{2}|\alpha|^2-\frac{1}{2}|\beta|^2+\alpha^*\beta}. \tag{3.97}$$

进一步计算交叠项的标量积为

$$\begin{aligned}|\langle\alpha|\beta\rangle|^2&=\langle\alpha|\beta\rangle^*\langle\alpha|\beta\rangle\\&=e^{-|\alpha|^2-|\beta|^2+\alpha^*\beta+\beta^*\alpha}\\&=e^{-|\alpha-\beta|^2}\end{aligned} \tag{3.98}$$

这就意味着两个相干态$|\alpha\rangle$和$|\beta\rangle$的交叠随着它们在复平面中的差而呈指数衰减,所以当$|\alpha-\beta|\gg1$时$|\langle\alpha|\beta\rangle|\to0$。因此这两个相干态几乎是这种与复平面中距离呈指数衰减的形式交叠,因此称它们是准正交的,这与粒子数态是不同的。

下面考察相干态的完备性:

$$\begin{aligned}\int|\alpha\rangle\langle\alpha|d^2\alpha&=\int_0^\infty r\mathrm{d}r\int_0^{2\pi}\mathrm{d}\theta e^{-|\alpha|^2}\sum_m\sum_n\frac{\alpha^m\alpha^{*n}}{\sqrt{m!\ n!}}|m\rangle\langle n|\\&=\pi I\end{aligned} \tag{3.99}$$

因此有

$$\frac{1}{\pi}\int|\alpha\rangle\langle\alpha|d^2\alpha=I \tag{3.100}$$

所以相干态构成了一个完备集。

下面继续考察相干态的光子数平均

$$\begin{aligned}\overline{n} &= \langle\alpha|\hat{n}|\alpha\rangle \\ &= \langle\alpha|\hat{a}^{\dagger}\hat{a}|\alpha\rangle \\ &= \langle\alpha|\alpha^{*}\alpha|\alpha\rangle \\ &= |\alpha|^{2}.\end{aligned} \tag{3.101}$$

对于在相干态下的粒子数涨落为

$$\begin{aligned}(\Delta n)^{2} &= \langle\alpha|\hat{n}^{2}|\alpha\rangle - \langle\alpha|\hat{n}|\alpha\rangle^{2} \\ &= \langle\alpha|\hat{a}^{\dagger}\hat{a}\hat{a}^{\dagger}\hat{a}|\alpha\rangle - |\alpha|^{4} \\ &= \langle\alpha|\hat{a}^{\dagger}\hat{a}^{\dagger}\hat{a}\hat{a}|\alpha\rangle + \langle\alpha|\hat{a}^{\dagger}\hat{a}|\alpha\rangle - |\alpha|^{4} \\ &= \langle\alpha|\hat{a}^{\dagger}\hat{a}|\alpha\rangle \\ &= |\alpha|^{2} \\ &= \overline{n}.\end{aligned} \tag{3.102}$$

可以看到相干态的粒子数涨落等于光子平均数。接着考察光子数的分布情况，即

$$P_{n} = |A_{n}|^{2} = e^{-n}\frac{\overline{n}^{n}}{n!} \tag{3.103}$$

是一个泊松(Poisson)分布，如图3.11所示。实际上随着光子数的增大其光子数分布逐渐从泊松分布变成高斯分布。

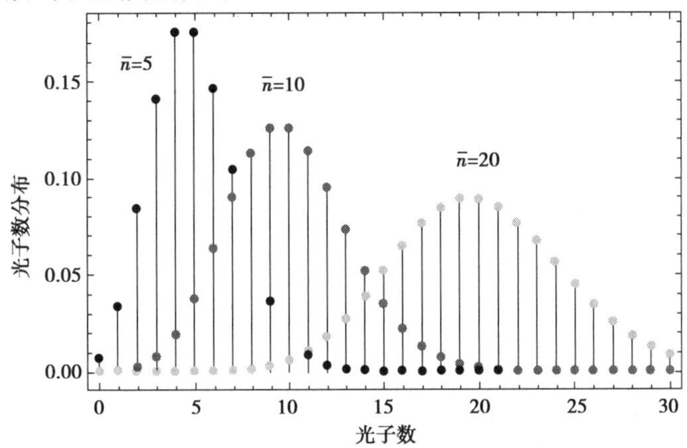

图3.11　相干态下不同光子数平均的光子数分布

我们开始尝试去解释经典的光场情况，首先我们考察电场的期望

$$\begin{aligned}\langle\alpha|\hat{\boldsymbol{E}}(\chi)|\alpha\rangle &= \frac{1}{2}\langle\alpha|\hat{a}e^{-i\chi} + \hat{a}^{\dagger}e^{i\chi}|\alpha\rangle \\ &= \frac{1}{2}(\langle\alpha|\hat{a}e^{-i\chi}|\alpha\rangle + \langle\alpha|\hat{a}^{\dagger}e^{i\chi}|\alpha\rangle) \\ &= \frac{1}{2}(\alpha e^{-i\chi} + \alpha^{*}e^{i\chi}) \\ &= |\alpha|\cos(\chi - \theta).\end{aligned} \tag{3.104}$$

在相干态下电场算符的期望再现了经典光场中的电场振荡,但这并不意味这相干态下的一切都有经典对应,尤其是涨落现象并没有经典对应。同样地,我们继续考察其电场的涨落

$$
\begin{aligned}
(\Delta\hat{\boldsymbol{E}}(\chi))^2 &= \langle\alpha|\hat{\boldsymbol{E}}(\chi)^2|\alpha\rangle - \langle\alpha|\hat{E}(\chi)|\alpha\rangle^2 \\
&= \frac{1}{4}\langle\alpha|(\hat{a}e^{-i\chi} + \hat{a}^\dagger e^{i\chi})^2|\alpha\rangle - |\alpha|^2\cos^2(\chi-\theta) \\
&= \frac{1}{4}\langle\alpha|(\hat{a}^2e^{-2i\chi} + \hat{a}^{\dagger 2}e^{2i\chi} + \hat{a}\hat{a}^\dagger + \hat{a}^\dagger\hat{a})^2|\alpha\rangle - |\alpha|^2\cos^2(\chi-\theta) \\
&= \frac{1}{4}(\alpha^2e^{-2i\chi} + \alpha^{*2}e^{2i\chi} + 2|\alpha|^2 + 1) - |\alpha|^2\cos^2(\chi-\theta) \qquad (3.105) \\
&= |\alpha|^2\cos^2(\chi-\theta) + \frac{1}{4} - |\alpha|^2\cos^2(\chi-\theta) \\
&= \frac{1}{4}.
\end{aligned}
$$

值得注意的是,这个结果与光子数态下的真空态涨落是相同的。

本节讨论了量子化光场的方法,并介绍了两个量子光场中的纯态——光子数态[49]和相干态。光场的量子化解决了光子的统计问题和其相干性的问题,在量子光场中有许多非经典的现象,例如光子的涨落、电场的涨落等。下一节将完成量子化光场与量子化原子的相互作用的描述。

3.3 光场与原子相互作用的全量子理论

在 3.1 节中讨论了经典光场和量子化原子的相互作用的半经典模型。下面将量子化光场放入模型中重新讨论。

我们先考虑最简单的模型,即单模量子光场和单模二能级原子的相互作用的模型,其能级示意图如图 3.12 所示。现在考虑处于 $|2\rangle$ 态的原子,其能量差为 $\hbar\omega_{21}$ 和单模光场的不同光子数。体系的哈密顿量为

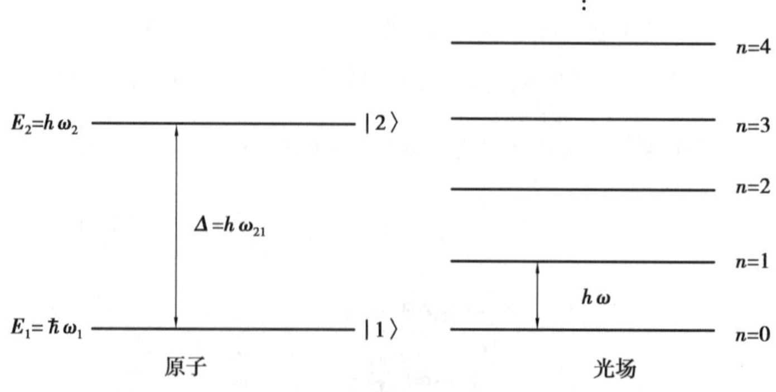

图 3.12 单模量子光场和单模二能级原子能级图

$$\hat{H} = \hat{H}_{A} + \hat{H}_{0} + \hat{H}_{I} \tag{3.106}$$

其中 $\hat{H}_A$ 为原子的哈密顿量,$\hat{H}_0$ 为单模量子光场的哈密顿量,$\hat{H}_I$ 为单模量子光场与原子的相互作用哈密顿量。我们先关注原子的哈密顿量 $\hat{H}_A$,有

$$\hat{H}_{A} = \hbar\omega_{21}|2\rangle\langle 2|. \tag{3.107}$$

这里我们介绍一种新的算符——原子激发算符 $\hat{\sigma}^+$,其性质是将基态原子 $|1\rangle$ 激发到激发态,即

$$\hat{\sigma}^{+}|1\rangle = |2\rangle \tag{3.108}$$

和 $\hat{\sigma}$ 原子湮灭算符,将激发态原子退回到基态

$$\hat{\sigma}|2\rangle = |1\rangle. \tag{3.109}$$

可以用新算符去表示式(3.107),为

$$\hat{H}_{A} = \hbar\omega_{21}\hat{\sigma}^{+}\hat{\sigma}. \tag{3.110}$$

对于单模量子光场的哈密顿量 $\hat{H}_0$,有

$$\hat{H}_{0} = \hbar\omega\left(\hat{a}^{\dagger}\hat{a} + \frac{1}{2}\right). \tag{3.111}$$

单模量子光场与原子的相互作用的哈密顿量 $\hat{H}_I$,有

$$\hat{H}_{I} = -\hat{\boldsymbol{d}}\cdot\hat{\boldsymbol{E}}(t) \tag{3.112}$$

其中电偶极算符 $\hat{\boldsymbol{d}}$ 有

$$\begin{aligned}\hat{\boldsymbol{d}} &= \hat{U}^{\dagger}\hat{\boldsymbol{d}}\hat{U}\\ &= \sum_{i}\sum_{j}|i\rangle\langle i|\hat{\boldsymbol{d}}|j\rangle\langle j|\\ &= \hat{\boldsymbol{d}}_{12}(\hat{\sigma}^{+} + \hat{\sigma}).\end{aligned} \tag{3.113}$$

在薛定谔绘景下的电场算符为

$$\hat{\boldsymbol{E}}(\boldsymbol{r}) = \boldsymbol{\varepsilon}\sqrt{\frac{\hbar\omega}{2\varepsilon_{0}V}}(\hat{a}e^{i\boldsymbol{k}\cdot\boldsymbol{r}} + \hat{a}^{\dagger}e^{-i\boldsymbol{k}\cdot\boldsymbol{r}}) \tag{3.114}$$

所以单模量子光场与原子相互作用的哈密顿量为

$$\hat{H}_{I} = \hbar g(\hat{a} + \hat{a}^{\dagger})(\hat{\sigma}^{+} + \hat{\sigma}) \tag{3.115}$$

定义 g 为光-原子耦合常数

$$g = \sqrt{\frac{\omega}{2\varepsilon_{0}\hbar V}}\boldsymbol{d}_{12}\cdot\boldsymbol{\varepsilon}. \tag{3.116}$$

将式(3.115)展开有

$$\hat{H}_{I}^{R} = \hbar g(\hat{a}\hat{\sigma}^{+} + \hat{a}^{\dagger}\hat{\sigma}^{+} + \hat{a}\hat{\sigma} + \hat{a}^{\dagger}\hat{\sigma}) \tag{3.117}$$

$\hat{H}_I^R$ 此哈密顿量为 Rabi 模型的哈密顿量,Rabi 模型在量子光学中是非常重要的模

型,但其很难找到除能量以外的守恒量,其精确解也很难被求出,因此在 Rabi 模型的基础上,Jaynes 和 Cumming 从能量守恒出发给出了光与原子相互作用全量子化的近似哈密顿量 $\hat{H}_{\mathrm{I}}^{\mathrm{JC}}$。$\hat{a}^{\dagger}\hat{\sigma}^{+}$ 表示为激发原子到激发态并且产生一个光子,$\hat{a}\hat{\sigma}$ 表示将原子退到基态并湮灭一个光子,这显然在光-原子相互作用过程中是违反了能量守恒定律的,因此将其抹去(即取旋转波近似),得到

$$\hat{H}_{\mathrm{I}}^{\mathrm{JC}} = \hbar g(\hat{a}^{\dagger}\hat{\sigma} + \hat{a}\hat{\sigma}^{+}) \tag{3.118}$$

$\hat{a}^{\dagger}\hat{\sigma}$ 表示原子从激发态回到基态并且辐射一个光子,这就是所谓的辐射过程。$\hat{a}\hat{\sigma}^{+}$ 表示原子从基态激发到激发态并且湮灭一个光子,称为吸收过程。定义相互作用的态矢,

$$|n,i\rangle \equiv |n\rangle \otimes |i\rangle \tag{3.119}$$

其中 $|i\rangle \in \{|1\rangle, |2\rangle\}$,那么对于吸收光子的跃迁矩阵元有

$$\begin{aligned}\langle n-1,2|\hat{H}_{\mathrm{I}}^{\mathrm{JC}}|n,1\rangle &= \langle n-1,2|\hbar g(\hat{a}^{\dagger}\hat{\sigma} + \hat{a}\hat{\sigma}^{+})\ |n,1\rangle \\ &= \hbar g\sqrt{n}\end{aligned} \tag{3.120}$$

同样地,辐射光子的跃迁矩阵元有

$$\begin{aligned}\langle n+1,1|\hat{H}_{\mathrm{I}}^{\mathrm{JC}}|n,2\rangle &= \langle n+1,1|\hbar g(\hat{a}^{\dagger}\hat{\sigma} + \hat{a}\hat{\sigma}^{+})|n,2\rangle \\ &= \hbar g\sqrt{n+1}.\end{aligned} \tag{3.121}$$

我们可以看到,跃迁率和光子数是相关的。现在我们可以思考一下,若系统此时的光子数越多其跃迁耦合强度越大。另外在辐射过程中,即式(3.121)表示的过程,即使在没有光子 $n=0$ 的真空态下依然存在光与原子相互作用,这在半经典理论中是不会发生的,这也是原子自发辐射的一个因素,是由于辐射场的真空涨落触发的自发辐射。

我们将 JC 模型的哈密顿量写出

$$\hat{H}^{\mathrm{JC}} = \hbar\omega_{21}\hat{\sigma}^{+}\hat{\sigma} + \hbar\omega\hat{a}^{\dagger}\hat{a} + \hbar g(\hat{a}^{\dagger}\hat{\sigma} + \hat{a}\hat{\sigma}^{+}) \tag{3.122}$$

为了考察体系中态矢和算符的时间演化问题,将体系变换到相互作用绘景下描述,有

$$\hat{H}_{\mathrm{I}}^{\mathrm{int}}(t) = U_0^{\dagger}(t)\hat{H}_{\mathrm{I}}U_0(t) \tag{3.123}$$

$$|\Psi^{\mathrm{int}}(t)\rangle = U_0(t)\,|\Psi(t)\rangle \tag{3.124}$$

其中 $U_0(t)=\mathrm{e}^{\frac{\mathrm{i}}{\hbar}\hat{H}_0 t}$,同样在相互作用绘景下光-原子相互作用哈密顿为

$$\hat{H}_{\mathrm{I}}^{\mathrm{int-JC}}(t) = \hbar g(\hat{a}^{\dagger}\hat{\sigma}\mathrm{e}^{\mathrm{i}\Delta t} + \hat{a}\hat{\sigma}^{+}\mathrm{e}^{-\mathrm{i}\Delta t}) \tag{3.125}$$

其中 $\Delta=\omega_{21}-\omega$ 为失谐量。可以列出态矢演化的薛定谔方程

$$\mathrm{i}\hbar\frac{\partial}{\partial t}|\Psi^{\mathrm{int}}(t)\rangle = \hat{H}_{\mathrm{I}}^{\mathrm{int-JC}}(t)\,|\Psi^{\mathrm{int}}(t)\rangle \tag{3.126}$$

假设态矢是以完备基组$\{|n,1\rangle, |n,2\rangle\}$展开形式为

$$|\Psi^{\text{int}}(t)\rangle = \sum_n [C_{1,n}(t)|n,1\rangle + C_{2,n}(t)|n,2\rangle] \tag{3.127}$$

必须给定初始条件才能将其求解,若考虑的是轻原子可以找到是 $|n+1,1\rangle$ 光子数 $n+1$ 的基态 $|1\rangle$ 与 $|n,2\rangle$ 光子数 n 的激发态 $|2\rangle$ 的耦合。那么代入式(3.126)得到

$$\begin{bmatrix} \dot{C}_{1,n+1}(t) \\ \dot{C}_{2,n}(t) \end{bmatrix} = \begin{bmatrix} 0 & -\mathrm{i}g\sqrt{n+1}\,\mathrm{e}^{+\mathrm{i}\Delta t} \\ -\mathrm{i}g\sqrt{n+1}\,\mathrm{e}^{-\mathrm{i}\Delta t} & 0 \end{bmatrix} \begin{bmatrix} C_{1,n+1}(t) \\ C_{2,n}(t) \end{bmatrix} \tag{3.128}$$

考虑共振时,即 $\Delta=0$。初始条件是 $|n+1,1\rangle$ 光子数 $n+1$ 的基态 $|1\rangle$,即

$$C_{1,n+1}(0) = 1. \tag{3.129}$$

解为

$$C_{1,n+1}(t) = \cos(g\sqrt{n+1}\,t) \tag{3.130}$$

$$C_{2,n}(t) = -\mathrm{i}\sin(g\sqrt{n+1}\,t) \tag{3.131}$$

系统处于 $|n+1,1\rangle$ 态的概率为

$$P_{1,n+1}(t) = |C_{1,n+1}(t)|^2 = \frac{1}{2}[1 + \cos(\Omega_{\text{Rn}}t)] \tag{3.132}$$

其中 $\Omega_{\text{Rn}} = 2g\sqrt{n+1}$ 为量子 Rabi 频率,而系统处于 $|n,2\rangle$ 态的概率为

$$P_{2,n}(t) = |C_{2,n}(t)|^2 = \frac{1}{2}[1 - \cos(\Omega_{\text{Rn}}t)] \tag{3.133}$$

这里可以看到系统以量子 Rabi 频率在基态和激发态之间振荡,这就是所谓的量子 Rabi 振荡。若初始条件为原子处于激发态 $|2\rangle$,辐射场处于相干态 $|\alpha\rangle$,其处于基态和激发态的概率分别为

$$P_2(t) = \sum_n P_n \cos^2\left(\frac{\Omega_{\text{Rn}}t}{2}\right) = \frac{1}{2}\left[1 + \sum_n P_n \cos(\Omega_{\text{Rn}}t)\right] \tag{3.134}$$

$$P_1(t) = \sum_n P_n \sin^2\left(\frac{\Omega_{\text{Rn}}t}{2}\right) = \frac{1}{2}\left[1 - \sum_n P_n \cos(\Omega_{\text{Rn}}t)\right] \tag{3.135}$$

系统的反转概率为

$$W(t) = P_2(t) - P_1(t) = \sum_n P_n \cos(\Omega_{\text{Rn}}t) \tag{3.136}$$

其中,$P_n = \mathrm{e}^{-n}\dfrac{\bar{n}^n}{n!}$,可以看到由于反转概率是以不同量子 Rabi 频率振荡的加权求和,会使反转概率出现所谓的崩塌 $W(t)=0$ 和复苏 $W(t)\neq 0$ 的振荡现象。这是非常经典的光场的量子性质,而当考察的体积很大($V\to\infty$)时会导致耦合常数趋于零($g\to 0$),这也就恢复了经典极限的情况,因此,只有在时间足够短、考察区域足够小的时候才能看到这壮观的振荡崩塌和复苏现象。

第 4 章 电子计量光谱学

4.1 电子计量谱学概述

电子计量谱学是通过 X 射线光电子能谱(XPS)、紫外光电子能谱(UPS)、俄歇电子能谱(AES)等实验技术方法,研究材料表面原子化学键和电子信息的一门综合性学科。电子计量谱学涉及的领域十分广阔,融合材料、化学、物理和计算机等学科。

光电子能谱对材料表面具有很高的灵敏度,可以提供样品表面的化学组成成分、原子结构、电子分布状态等信息。光电子能谱的理论基础是光电效应。1887 年,赫兹在实验中发现光电效应,但无法用经典物理学解释。直到 1905 年,爱因斯坦在普朗克黑体辐射量子假设的基础上提出了光电子假说。当光入射到金属表面时,能量为 $h\nu$ 光子被电子吸收,电子吸收的能量一部分用来克服金属表面的势垒做功 W,而另一部分为电子逃逸的动能 E_k,其表达式为:

$$E_k = h\nu - W \tag{4.1}$$

由式(4.1)可知,当入射光子的频率 ν 大于一定阈值时才有光电子逸出。显然,对于不同的材料电子克服金属表面势垒所需要做的功 W 是不同的。当入射光子频率大于阈值频率时,随着入射光子能量的增加,可依次使深层能级电子发射。因此,根据入射光子和发射电子的动能就可以确定不同能级的电子结合能。

图 4.1 是光电子发射确定电子结合能的示意图。原子中不同能级电子具有不同的结合能。对于 K 能级电子来说,其结合能表示为

$$h\nu = E_B + E_k + W \tag{4.2}$$

式中,E_B 表示电子结合能,以真空能级作为能量零点,电子从所在轨道移到真空所

需的能量。功函数 W 为费米能级与真空能级能量差。对某种特定仪器,自身的功函数需要在校正时减去。入射光子能量和光电子能量是已知量,而样品功函数和谱仪功函数也是已知量。因此,由式(4.2)可以计算得到材料中某一能级的结合能。

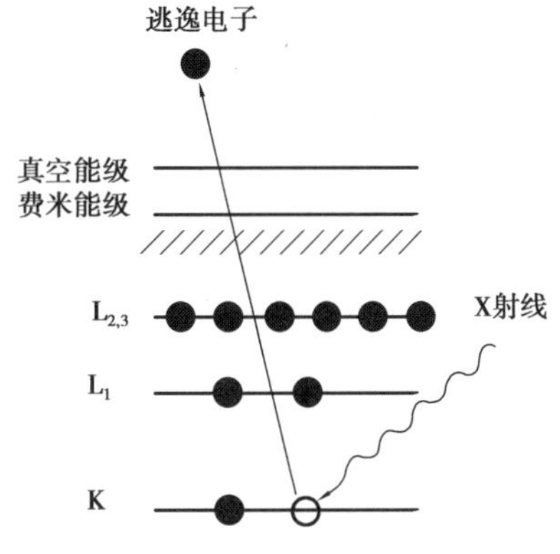

图 4.1　XPS 发射示意图[51]

目前,光电子能谱主要应用于以下几个方面:

①分析样品表面成分及其含量;表面吸附元素种类等。

②样品化学态的确定。

③不同能级电子结合能。

④材料的空间分布情况。

⑤样品的厚度均匀性等。

4.2　光电子能谱理论

光电子能谱(XPS)用能量较高的软 X 射线作为激发源,既可电离外层电子,也可电离内层电子,并且能激发出俄歇电子。常用的激发源有 MgKa 辐射($h\nu$=1 253.6 eV)和 AlKa 辐射($h\nu$=1 486.6 eV)。X 射线光电子能谱探测到内层电子,而内层电子的结合能具有高度特征性,因而它可用于元素的定性和定量分析。又由于内层电子的结合能受化学位移的影响,因而研究化学位移可获得物质化合态的若干信息。

原子的内层电子虽然不参与形成化学键,但其结合能却随着周围化学环境的变化而变化。同一种原子在不同的分子或同一分子中的不同位置上,内层电子的结合能各不相同。将分子中某一内层电子 i 的结合能 $E_i(\mathrm{M})$ 与自由原子中内层电子 i 的结合能 $E_i(\mathrm{A})$ 之差定义为该分子的化学位移 $(\Delta E_\mathrm{B})_i$,即

$$(\Delta E_\mathrm{B})_i = E_i(\mathrm{M}) - E_i(\mathrm{A})$$

产生化学位移的原因是原子周围化学环境的变化。这里所说的化学环境的变化可具体归结为三方面:

①当原子结合成分子或晶体时,价电子发生转移或共享,价电子的这种电荷变化会引起内层电子结合能的变化。

②分子或晶体中其他原子所形成的势场对指定原子的内层电子的结合能产生影响。

③从原子中电离掉一个电子后,其余电子不能完全保持其原来的状态和能量。

目前关于化学位移的理论模型很多,一般计算都比较复杂,有一些经验规律可作为分析 XPS 的参考:

①原子失去价电子或者和电负性高的原子结合而使价电子远离时,内层电子的结合能增大;

②原子获得电子时内层电子的结合能减小;

③氧化态越高,结合能越大;

④价层有某种变化,所有内层电子结合能也有相应变化。

XPS 峰强度也有一些经验规律。就给出峰的轨道来说,主量子数小的壳层的峰比主量子数大的峰强;同一壳层,角量子数大者峰强;n 和 l 都相同的壳层,j 大者峰强。利用这些经验规律,比较内层电子结合能的化学位移及峰的强度,可以考察原子周围的化学环境,从而了解原子的价态、成键情况及其他结构信息。现有的两种电子结合能计算的原理如下。

①Koopman 定理。原子体系发射光电子后,原稳定的电子结构被破坏,这时求解状态波函数和本征值遇到很大的理论困难。Koopman 认为发射电子的过程是一种突然状态,以至于其他电子根本来不及重新调整,即电离后的体系同电离前相比,除了某一轨道被打出一个电子,其余轨道电子的运动状态不发生变化,而处于一种“冻结状态”。这样,电子的结合能应是原子在发射电子前后的总能量之差。终态 $N-1$ 个电子的能量和空间分布与电子发射前的初态相同,则 $E_B^{KT}(n,l,j)=-E_{SCF}(n,l,j)$,电离能等于轨道能的负值,此即 Koopmans 定理。测量的 E_B 值与计算的轨道能量有 10~30 eV 的偏差,这是因为完全忽略了电离后终态的影响,实际上初态和终态效应都会影响测量的 E_B 值。这种方法只适用于闭壳层体系。

②绝热近似(Adiabatic Approximation)。初态和终态效应都会影响测量的 E_B 值。绝热近似认为,电子由内壳层出射,结果使原来体系的平衡场破坏,形成的离子处于激发态。其余轨道的电子将作重新调整,电子轨道半径会出现收缩或膨胀,这种电子结构的调整,称为电子弛豫。弛豫结果使离子回到基态,并释放出弛豫能 δE_{relax}。由于弛豫过程大体和光电发射同时进行,所以弛豫使出射的光电子加速,提高了光电子动能。此外,还应考虑到相对论效应和电子相关作用,综合考虑这些效应进行修正后得到:$E_B^{ad}=E_B^{KT}-\delta E_{relax}+\delta E_{relat}+\delta E_{corr}$。这种方法得到的数值和实验测得的数值比较一致。

电子的结合能(E_B)代表了原子中电子(n,l,s)与核电荷(Z)之间的相互作用强度,可用 XPS 直接实验测定,也可用第一性原理计算。通过 XPS 实验或第一性原理计算,得到材料电子的结合能。电子的结合能是原子体系的初态(原子有 n 个电子)和终态[原子有 $n-1$ 个电子(离子)和 1 个自由光电子]间能量之间的差,$E_B=E_f(n-1)-E_i(n)$。若无伴随光电发射的弛豫存在,则 $E_B=-$轨道能量,可用第一性原理计算出来。

XPS 中原子内层电子的结合能(binding energy)E_B 偏移 ΔE_B,称为芯能级偏移(core level shift),也称为化学位移。目前,化学位移主要有以下 4 种模型。

(1)"初态-末态"弛豫

芯能级偏移为表面或者块体移除一个芯电子时的结合能之差 $E_B = E_f(n-1) - E_i(n)$。"初态-末态"模型认为电子结合能与体系的终末态密切相关。电离过程中引起的各种激发产生不同体系终末态对电子结合能的影响称为"初态-末态"弛豫,也称终末态效应[52,53],如图 4.2 所示。图 4.2 中,N 表示原子数量,正电荷 $Z=+1$ 和负电荷 $Z=-1$ 对称分布于中间的电荷为 0 的峰。

(2)"d 带"中心模型[53,54]

"d 带"中心模型主要原理是通过过渡金属表面体系的 d 态对应态密度中心位置与费米(Fermi)能级的差值解释能级偏移,如图 4.3 所示。图 4.3 中,横线表示 d 带的中心。

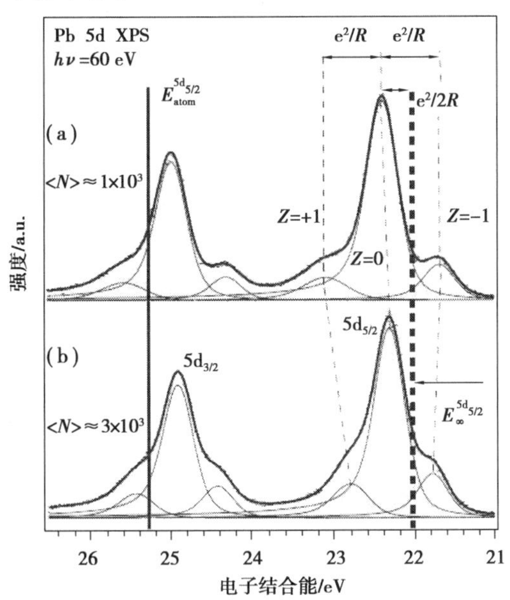

图 4.2　Pb 团簇终末态效应能量峰分布[55][原子数目(a) $N \approx 1\ 000$,(b)$N \approx 3\ 000$]

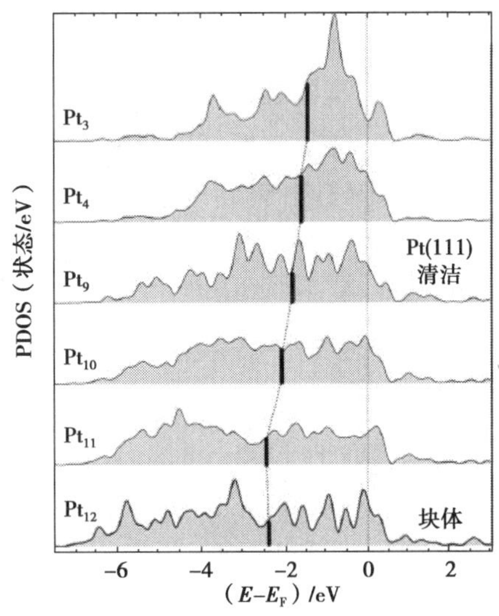

图 4.3　Pt 5d 轨道态密度(PDOS)DFT 计算结果[54]

(3)原子势能模型

内层电子一方面受到原子核强烈的库仑作用而具有一定的结合能,另一方面又受到外层电子的屏蔽作用。原子势能模型:$E_B = V_n + V_v$。这里:E_B 为内层电子结合能;V_n 为核势;V_v 为价电子排斥势,为负值。当外层电子密度减少时,屏蔽作用将减弱,内层电子的结合能将增加;反之则结合能将减少。原子氧化后,价轨道留下空穴,排斥势绝对值变小,核势的影响上升,使内壳层向核紧缩,结合能增加。反之,原子在还原后价轨道上增加新的价电子,排斥势能绝对值增加,核对内壳层的作用因价电子的增加而减弱,使内壳层电子结合能下降。所以氧化与还原对内层电子结合能影响的规律有:氧化作用使内层电子结合能上升,氧化中失电子越多,上升幅度越大。还原作用使内层电子结合能下降,还原中得电子越多,下降幅度越大。对于给定价壳层结构的原子,所有内层电子结合能的位移几乎相同。

(4)电荷势模型

电荷势模型是由 Siegbahn 等人提出的一个忽略弛豫效应的简单模型。在此模型中,假定分子中的原子可以用空心的非重叠的静电球壳包围一中心核近似。这样结合能位移可表示成$\Delta E_B^V = \Delta E_V - \Delta E_M$。其中$\Delta E_V$和$\Delta E_M$分别是原子自身价电子的变化和其他原子价电子的变化对该原子结合能的贡献。因此有:$\Delta E_B^V = kq + V + E_R$,其中$q$是该原子的价壳层电荷;$V$是分子中其他原子的价电子在此原子处形成的电荷势,即原子间有效电荷势;k为常数;E_R是参数点。原子间有效电荷势可按点电荷处理有:$V = \sum_{A \neq B} \frac{q_B}{4\pi\varepsilon_0 R_{AB}}$。其中,$R_{AB}$是原子 A 与 B 间的距离,$q_B$是 B 原子的价电荷。

虽然,XPS 芯能级偏移可以区分材料表面和块体原子内层电子的结合能。然而,上述 4 种化学位移模型由于不同的原理,所以得到的能级偏移方向也不同。4 种模型得到块体和表面原子电子的结合能经常出现不一致的情况。具体表现为:有的表面原子内层电子的结合能比块体原子内层电子的结合能大,而有的表面原子内层电子的结合能比块体原子内层电子的结合能小,还有的块体原子内层的电子结合能介于两个表面原子内层的电子结合能之间。如图 4.4 所示,XPS 测量的 Be、Ta 和 Ru 的芯能级偏移,不同模型 XPS 分峰的金属表面内层的电子结合能和块体内层电子的结合能不一致。

在尺寸效应作用下内层电子的结合能会发生能级偏移现象。如图 4.5 所示,XPS 测量 Sb 和 Bi 纳米团簇内层电子的结合能随尺寸减小而变大。经典描述纳米团簇尺寸效应的模型是电势模型,就是将移去一个电子所需的能量分成两部分:一部分是电子在金属的束缚能,即功函数W_F,另一部分则是静电吸引能($e^2/2R$),R为颗粒的半径。电荷势模型给出电离势I_p和电子亲和能E_A分别如式(4.3)所示:

$$\begin{cases} I_p = W_F + \alpha(e^2/2R) \\ E_A = W_F + \beta(e^2/2R) \end{cases} \tag{4.3}$$

其中,W_F是块体的功函数,α和β是可调参数,与维格纳-塞茨半径r_s有关。

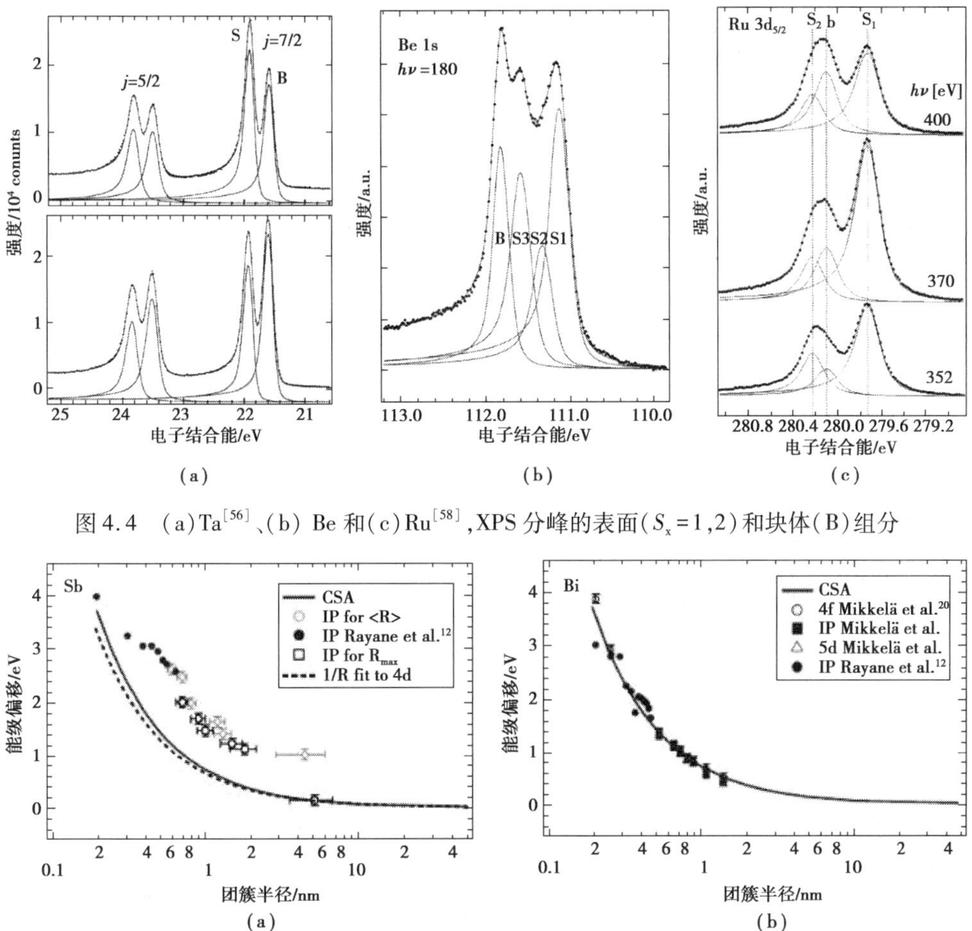

图 4.4　(a)Ta[56]、(b) Be 和(c)Ru[58],XPS 分峰的表面($S_x=1,2$)和块体(B)组分

图 4.5　(a)Sb 和(b)Bi 纳米团簇半径变化时的能级偏移[59]

当纳米颗粒尺寸小到 1 ~ 2 nm 时,原子配位数会随尺寸减小而减少,见表 4.1 和图 4.6。纳米颗粒不同尺寸和形状变化引起表面原子配位发生改变,从而影响电子性质。低维材料电子性质与表面原子的低配位相关。因此,建立纳米材料内层电子结合能与原子配位的关系,可以预测纳米材料的电子性能。

表 4.1　不同形状样品的原子直径、原子数 N_t 和比表面积 N_s/N_t

样　品	直径/nm	体积加权直径/nm	N_t	N_s/N_t
S_1	0.8	0.9	22	0.86
S_2	0.8	0.9	44	0.84
S_3	1.0	1.2	85	0.74
S_4	1.0	1.1	33	0.82
S_5	1.0	1.2	55	0.75

续表

样　品	直径/nm	体积加权直径/nm	N_t	N_s/N_t
S_6	1.0	1.1	140	0.64
S_7	1.8	5.7		
S_8	3.3	6.0		
S_9	5.4	15.0		

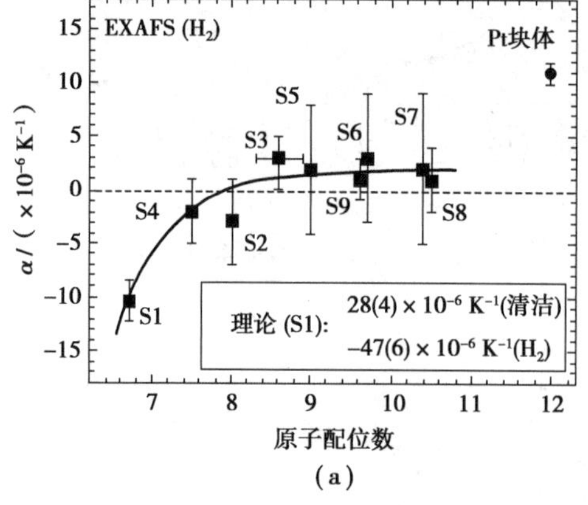

(a)

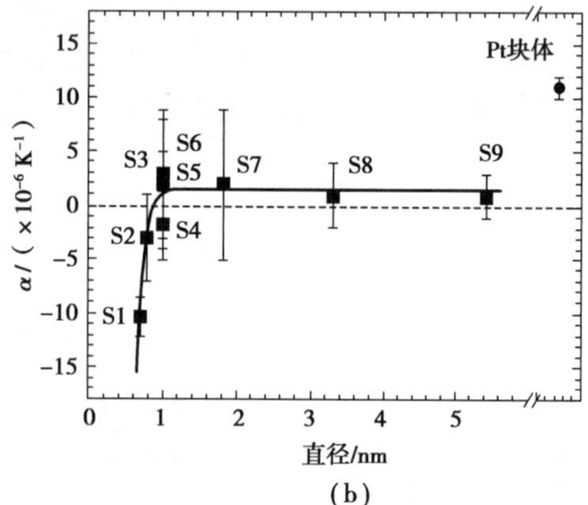

(b)

图 4.6　不同尺寸金属 Pt 的(a)原子配位数和(b)直径[60]

Hedin 和 Rosengren 使用高斯峰宽表示声子扩张，对应温度作用的芯能级偏移表达式为：$G^2(T)=G_{res}^2+G_{inh}^2+G_{ph}^2(0)\left[1+8\left(\frac{T}{\theta_D}\right)^4\int_0^{\theta_D/T}\frac{x^3}{e^x-1}dx\right]$。$G(T)$ 表示温度作用的高斯宽度，G_{res} 和 G_{inh} 分别表示仪器分辨率和非均匀加宽贡献。$G_{ph}(0)$ 是 $T=0$ K 时的声子增大。θ_D 是德拜温度。

图 4.7 是不同温度 Li(110)面内层电子结合能变化趋势。当温度升高，金属 Li 发生热膨胀，内能增加，原子结合能减少。温度会引起原子结合能的变化。因此，建立温度与键参数的函数关系，可预测温度对材料力学性能的影响，并揭示力学性能与温度变化的内在联系。

图 4.8 为 Rh 表面氧吸附过程结合能变化情况。结果显示，随着 O 原子吸附数量增加界面结合能增强，能量向深能级方向移动。这是由于表面几何结构重构，形成比 Rh—Rh 键更强的 Rh—O 键。图 4.9(a)是 Rh/Pt 合金芯带内层电子的结合能图。图 4.9(b)Rh/Pt 表示合金价带的态密度(DOS)图。“d 带”中心模型是以 ε_d 带宽区分表面原子和块体原子内层电子的结合能。合金界面形成必然会伴随着各组成成分价电子的混合，内层电子受到很强的束缚能被局域化，混合价电子往往是非局域，很容易受到外界环境影响，分辨合金形成是受哪种组分的影响就变得非常困难。区分不同组分内层电子的结合能，需建立电子结合能与键性能参数之间关系，预测不同材料电学性能，并揭示电子性能与材料组分的关系及内在联系。

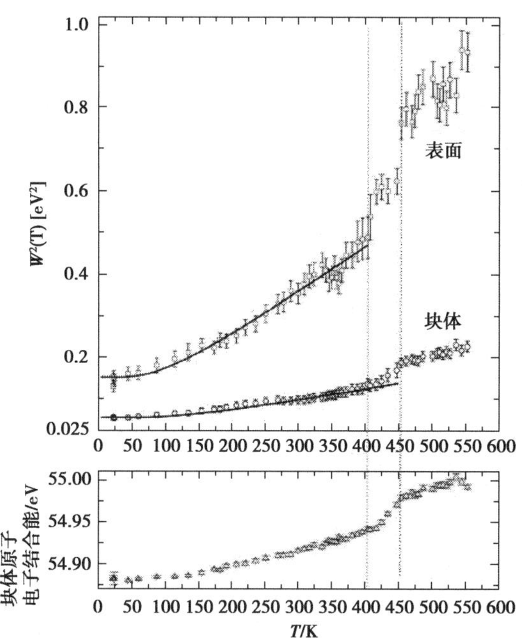

图 4.7　结合能随着温度增加而变大,温度从 404 K 上升到 453 K,固相向液相转变[61]

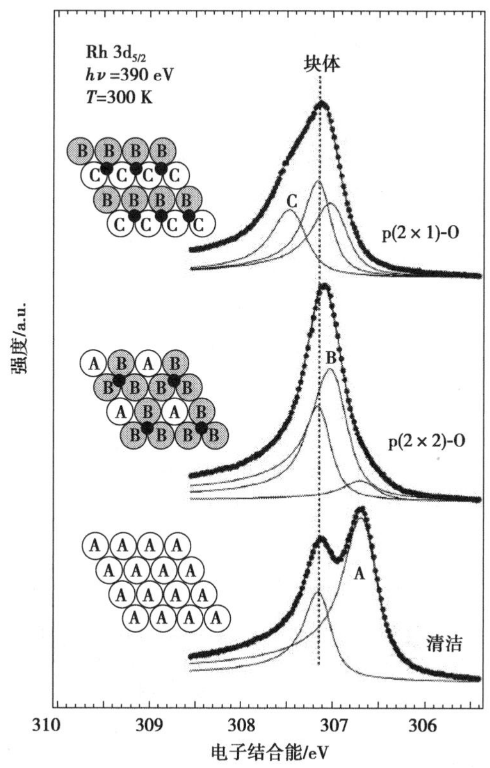

图 4.8　O 原子吸附引起的 Rh 表面能级偏移(A,B,C 是不同吸附原子位置的成分峰组分)[62]

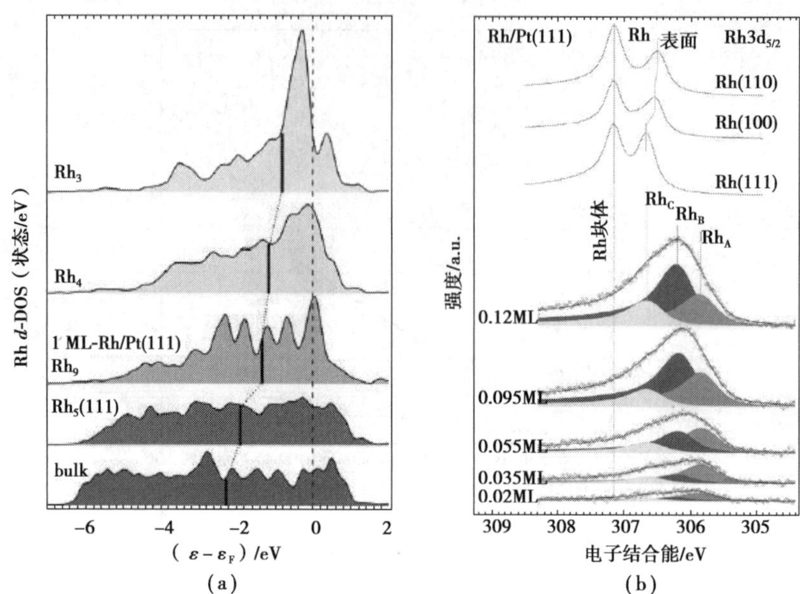

图 4.9　Rh/Pt 合金(a)价带 DOS 的 DFT 计算结果(横线表示 d 带的中心),ML 表示原子层数;(b)芯带的能级偏移 XPS 结果[63]

4.3　原子配位

根据原子配位情况对物质结构进行分类,表 4.2 列出各类物质可能存在的配位情况。根据原子配位情况,分为四面体配位、满配位、低配位和混配位。当 C、N、O 和 F 与低电负性原子相互作用时,形成 sp^3 轨道杂化,呈现四面体型的配位结构,杂化作用会使金属向半导体转变,使半导体带隙增大。配位结构会出现四种键电子态:成键电子态、非键电子态、电子-空穴态和反键电子态。以块体 fcc 结构为例,原子满配位时,$z_b=12$。当原子配位数小于 12 则原子为低配位。而 $z=0$ 孤立原子(单原子)仅存在于理想条件或气态的条件下。原子低配位($0<z<12$)普遍存在于吸附、缺陷、台阶边缘、晶粒边界、固体表层以及各种形状的纳米结构。

表 4.2　纳米颗粒、台阶边缘、表面、合金和界面(随势阱或势垒形成)情况时配位的分类

四面体(C,N,O,F)	孤立原子	单原子链,层,管,线,点,肤层,纳米晶,…	理想块体	界面/掺杂/合金
				E_0 $V_{cry}(r,B)$ $V_{cry}(r,I)=?$ $V_{cry}(r,B)$
原子配位	0	<12(低)	12(满)	混配位

混(或异质)配位是指一个原子邻近的原子不是同种类的原子,例如合金、化合物、掺杂、杂质和界面。AB 型合金中除原本存在 A-A 和 B-B 型化学势还将引入一个额外 A-B 型相互作用势。如果一个样品(例如非晶玻璃)中包含 n 种组分,这个样品中就会有 $n!/(2!(n-2)!)$ 种原子间相互作用。

在很长一段时间,人们总是认为材料表面和块体原子的成键都是相同的。后来许多实验证明,材料表面和块体原子的成键是完全不同的。无论是理想表面还是清洁的表面,都会存在大量的悬挂键,材料表面和块体原子配位数也不同,表面原子配位数总是要小于块体原子配位数。只有把表面和块体分开来考虑,纳米材料的研究才更加有意义。尺寸较小的团簇,表面会存在大量的低配位原子,原子配位数会随着原子数量的增加而变大。当原子数量达到块体尺寸时,键弛豫只与最外面三层表面原子配位有关。原子配位这一概念可以应用于纳米团簇和固体表面的键弛豫。

4.4　键弛豫理论

材料表面键的性质往往非常复杂。受歌德斯密特(Goldschmidt,1927)的"原子半径-原子配位数"相关性[64]、泡令(Pauling,1945)的"化学键的本质"[65]以及 1978 年安德森(Anderson)的"强相关联局域化"等理论的启发[66],从 1990 年孙长庆(C. Q. Sun)教授开始研究在各种激励条件、键弛豫、电子结构和能量分布的影响,以及它们与物质宏观物性的关联,提出了键弛豫理论即 BOLS(bond-order-length-strength)理论[67]。泡令和哥德斯密特早期的研究注意到原子配位数减小导致原子半径收缩,但忽略化学键弛豫后能量的变化以及相应的关系。BOLS 理论把原子配位数减小会导致原子半径的收缩拓展到能量空间,其核心是从化学键的形成、断裂、弛豫和振动的角度出发,认为键序缺失(表面和缺陷处键数目欠饱和、界面处键数目过饱和、键角畸变)将导致配位缺陷的原子剩余键的自发收缩。一方面,这些键的自发收缩将导致键的强度(或能量)增大,从而在表面和界面区域出现局域应变和能量势阱降低,其结果导致表面和界面区域的电子、质量和能量出现局域化和高密度化;另一方面,界面键的形成将改变键的本质和相应强度,比如,合金和化合物的键远强于原来的金属键,进一步增强界面区域的电子、质量和能量的局域化和高密度化。局域应变和能量变化将作为微扰项贡献给体系的哈密顿量、电子亲和能、原子结合能等物理量。

BOLS 理论核心定义,化学键原子配位数 z_x 的缺失会缩短原子间化学键的键长 d_x 并加强原子间化学键的键能 E_x。化学键收缩导致局域成键电荷、能量密度致密化;键能的增加会使局域势阱加深,引起能级偏移。以下为 BOLS 理论的表达式:

$$
\begin{cases}
d_x = C_x d_b & (\text{键长}) \\
E_x = C_x^{-m} E_b & (\text{键能}) \\
C_x = 2/\{1 + \exp[(12 - z_x)/(8z_x)]\} & (\text{键收缩因子}) \\
E_D = C_x^{-(m+\tau)} = (E_x/d_x^{\tau})/(E_b/d_b^{\tau}) & (\text{键能密度}) \\
E_C = z_{xb} C_x^{-m} = z_x E_x/(z_b E_b) & (\text{原子结合能})
\end{cases}
\tag{4.4}
$$

其中,C_x 表示键收缩因子,d_x 是发生弛豫后原子的键长,d_b 是块体原子的键长;E_b 表示理想晶体的单键键能;E_x 为表面原子缺陷时单键的键能。随着块体的配位数从 $z_b=12$ 减小到配位数 z 时,低配位原子的键长会从块体值 d_b 收缩到 d_x。m 为键性质参数,决定某一特定物质键能和键长之间的关系。对于金属,$m=1$。E_C 为原子结合能,为原子有效配位数 z 和原子单键能 E_x 的乘积。E_D 为单位体积能量的键能密度。τ为材料的维度, $\tau=1$ 为纳米薄层;$\tau=2$ 为纳米线或纳米棒;$\tau=3$ 为纳米固体。键性质参数(d_x,E_x,m)可联系材料性能,如黏着力、扩散率、弹性、反应活性、强度、润湿性等。图 4.10 为 BOLS 理论的原理图。

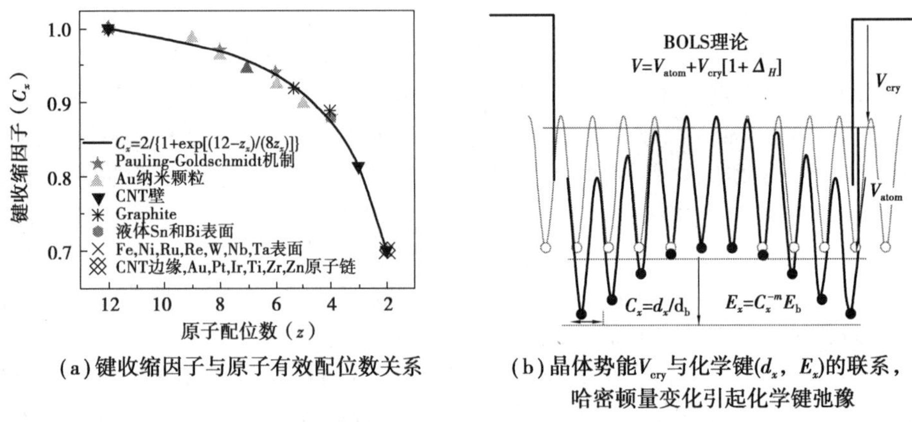

(a)键收缩因子与原子有效配位数关系

(b)晶体势能V_{cry}与化学键(d_x, E_x)的联系,哈密顿量变化引起化学键弛豫

图 4.10　BOLS 理论的原理图

致密量子钉扎的成键电子和内层电子会极化低配位原子的非键电子。极化会引起局域势场屏蔽和劈裂,抵消量子钉扎引起内层电子正向的能级偏移。但如果电子能级排布离原子核太近或极化程度不高,则电子不会发生负向的能级偏移,绝大多数情况都是以能级正向偏移为主。因此,低配位原子体系材料表现出正的、负的或混合偏移,这是非键电子极化(NEP)导致的。非键电子包括:O、N 和 F 孤对电子诱导的偶极子,C 和 Si 缺陷或边缘原子未成对的悬键电子,低配位间的原子以及其他导带电子。极化会使非键态能量趋近甚至超过费米面 E_F。表面原子的低配位会诱导局部键应变,电子致密化、量子钉扎和电子极化,以及对晶体势场的屏蔽和劈裂。非键电子极化[68]现象与 Anderson 等人[69]对非常规配位系统(包括非晶玻璃)"强局域化和强关联性"预测是一致的。

4.5　键弛豫与紧束缚近似

固体电子受其原子势 $V_{atom}(r)$ 和单体哈密顿量中所有原子间相互作用势 $u_i(r)$ 叠加作用影响,可表示为

$$\mathrm{i}h\frac{\partial}{\partial t}\mid v,r\rangle=\left[-\frac{h^2\nabla^2}{2m}+V_{atom}(r)+U(r)\right]\mid v,r\rangle$$

其中

$$U(r)=\sum_i u_i(r)=\sum_{n=0}\left[\frac{d^nU(r)}{n!\ dr^n}\right]_{r=d}(r-d)^n \tag{4.5}$$

势能 $U(r)$ 表示所有最邻近原子势能 $u(r)$ 的总和[67,70,71]。$|\nu,i\rangle\approx u(r)\exp(ikr)$ 是布洛赫波函数,描述第 v 能级 r 位点的电子行为。对于电子相互作用,只考虑晶体势 $V_{cry}(r)\approx U(r)$ 的微扰,不考虑对波函数和高阶项的微扰。芯能级上电子遵循紧束缚近似的原则。电子因交换积分和重叠积分引起 $V_{cry}(r)(1+\Delta_H)$ 变化时,芯能级也将发生变化。那么,晶体势能 $V_{cry}(r)$ 变为 $V_{cry}(r)(1+\Delta_H)\propto E_b(1+\Delta_H)$。

化学键弛豫引起哈密顿量微扰,遵循如下公式:

$$\Delta_H(x_l)=\begin{cases}\Delta_H(x)=\dfrac{E_x-E_b}{E_b}=C_x^{-m}-1 & (\text{表面})\\ \Delta_H(K)=\sum\limits_{i\leqslant 3}\gamma_i\Delta_H(x_i)=\tau K^{-1}\sum\limits_{i\leqslant 3}C_{x_i}(C_{x_i}^{-m}-1) & (\text{尺寸})\\ \Delta_H(\mathrm{I})=\dfrac{E_\mathrm{I}-E_b}{E_b}=\gamma-1 & (\text{界面})\\ \Delta_H(\mathrm{P})=\dfrac{[E_\nu(p)-E_\nu(0)]}{\Delta E_\nu(12)-1} & (\text{极化})\\ \Delta_H(T)=\dfrac{\int_0^T\eta(T)\mathrm{d}t}{zE_x} & (\text{温度})\end{cases} \tag{4.6}$$

XPS 的 x 和 x'组分的能量又有如下关系,即

$$\frac{E_\nu(x)-E_\nu(0)}{E_\nu(x')-E_\nu(0)}=\frac{1+\Delta_H}{1+\Delta'_H},(x'\neq x) \tag{4.7}$$

推导可得

$$\begin{cases}E_\nu(0)=\dfrac{[E_\nu(x)(1+\Delta'_H)-E_\nu(x')(1+\Delta_H)]}{\Delta'_H-\Delta_H}\\ \Delta E_\nu(\mathrm{B})=E_\nu(\mathrm{B})-E_\nu(0)\\ \Delta E_\nu(x)=\Delta E_\nu(\mathrm{B})(1+\Delta_H)\end{cases} \tag{4.8}$$

根据以上公式,XPS 得到单原子能级 $E_\nu(0)$ 和块体原子能级 $E_\nu(\mathrm{B})$,以及原子键长 d_x 和键能 E_x。化学反应和原子配位不影响材料单原子能级 $E_\nu(0)$ 和块体原子能级偏移$\Delta E_\nu(\mathrm{B})$。但 $E_\nu(0)$ 和$\Delta E_\nu(\mathrm{B})$的精确度会受到 XPS 实验条件和实际纳米尺寸和形状的影响。

BOLS-TB 方法解谱公式,可以获得 XPS 各元素组分内层电子结合能。其重要参数有成分峰数量和强度、能量和半高宽,不局限于高斯分布函数来描述。理想情况,元素组分遵循如下关系,即

$$\begin{cases} I = \sum_i I_i \exp\left\{-\left[\dfrac{E - E_\nu(x)}{E_{\nu W}(x)}\right]^2\right\} & (\text{光谱强度}) \\ \dfrac{E_\nu(x) - E_\nu(0)}{E_\nu(\mathrm{B}) - E_\nu(0)} = \dfrac{E_x}{E_\mathrm{b}} = C_x^{-m} & (\text{组分峰能}) \\ \dfrac{E_{\nu \mathrm{wi}}(x)}{E_{\nu \mathrm{wb}}(\mathrm{B})} = \dfrac{z_x E_x}{z_\mathrm{b} E_\mathrm{b}} = z_{x\mathrm{b}} C_x^{-m} & (\text{组分宽度}) \end{cases} \tag{4.9}$$

光谱总强度为各组分强度的叠加。光谱组分严格遵循原子配位数减少、能量正向偏移规则,除极化主导外。单原子能级 $E_\nu(0)$ 是能级偏移初始的参考能级。解谱优化块体组分宽度 $E_{\nu\mathrm{wb}}(\mathrm{B})$、组分数目,以及能量大小、宽度和强度,得到 $E_\nu(0)$ 和 $E_{\nu\mathrm{wb}}(\mathrm{B})$值。式(4.9)给出解谱约束规则,但实际光谱强度和样品尺寸形状会受外界的影响而有测量误差。此外,键性质参数 m 值越大,表层组分宽度就会比块体组分更宽。同一晶体结构材料同方向相同子层的有效原子配位数是相同的,不由材料化学成分决定。例如,对于所有 fcc 结构样品(100)面第一层的配位数都为 4.0,例如金、铜和铑。

XPS 解谱需要误差校正,例如,材料表面的离子化诱导芯穴弛豫和激发诱导电荷效应。需要使用背底扣除和峰面积归一化的方法对误差进行校正,以 B 和 S_i 组分的以正偏移的顺序对表面 XPS 合成峰进行解谱。以平整的 fcc(100)面,最外层原子有效配位数 $z_1=4$ 作为参考标准。对所包括子层的组分精调优化 z 值,所优化的一系列 z 值仅由几何结构决定。重复精调优化每个组分的 z 值、强度、能量和宽度。当误差 σ 最小时,得到最精确的解谱信息。BOLS 理论结合紧束缚(TB)近似和 XPS 测量不仅能确定芯能级偏移的物理起因,而且可以得到材料的参数。这些参数包括孤立原子能级 $E_\nu(0)$,块体原子能级偏移$\Delta E_\nu(\mathrm{B})$,表面原子能级偏移$\Delta E_\nu(x)$、组分宽度 $E_{\nu W}(x)$、键长 d_x、键能 E_x 和键能密度 E_D 和原子结合能 E_C,以及量子钉扎或电子极化。

传统定义,表面自由能(γ_s)为把一个给定晶体切成两半所需的能量,或创造单位面积表面所需要的能量。界面能(γ_I)为形成单位面积界面所需要的能量。γ_s 和 γ_I 单位有时表示为 $\mathrm{eV/nm^2}$,有时又表示为 eV/atom,对于相同的物质前者的量往往比后者要大。实际上,γ_s 和 γ_I 以及它们的功能化的性质是由低配位原子间电子相

互作用引起的。在表面或界面区域,低配位原子位置的键性能是由单位体积能量的键能密度 E_D 或单位原子结合能的 E_C 决定的,而不是形成一个物质或界面所消耗的能量决定的。为有效描述表面或界面的性能和过程,首先需要定义如下概念补充传统表面和界面自由能概念。表4.3是根据BOLS理论总结得到的 E_D 和 E_C 公式、物理起因和应用。

表4.3　键能密度 E_D 和原子结合能 E_C 的定义、公式、起因和应用[72]

定　义	表　面	界面(A_xB_{1-x} 合金)
键能密度 E_D /(eV·nm^{-3})	$E_{DS}=\int_0^{d_3}(E_x/d_x^3)\mathrm{d}y/\int_0^{d_3}\mathrm{d}y$	$E_{DI}=N_{cell}z_IE_I/V_{cell}(d_I)$ 其中,$\begin{cases}d_I=xd_A+(1-x)d_B;z_I\approx z_b\\E_I=xE_A+(1-x)E_B+x(1-x)\sqrt{E_AE_B}\end{cases}$
物理起因	BOLS决定的($d_1+d_2+d_3$)的表面单位面积能量增加	键性变化和交换作用引起的能量变化
应用	表面应力、弹性、表面光学、介电性能、电子和声子输运性能、功函数等	界面力学、连接处、隧穿结等
原子结合能 E_C(eV/atom)	$E_{CS}=\int_0^3\mathrm{d}(z_xE_x)/3$	$E_{CI}=z_IE_I$
物理起因	表面/界面处每个原子的能量变化	
应用	热稳定性、亲水性、扩散性、反应活性、自组装、重构	

4.6　多场耦合键弛豫

化学键是物质结构和储能的基本单元。它在无微扰作用下发生弛豫,调节能量和相关物理量。局域键平均近似(LBA)方法是将样品的可测物理量与其代表性键的特性相关联,以及这些键(键性 m、键序 z_x、键长 d_x 和键能 E_x)对外部刺激(例如温度和压力等环境的变化)的能量响应。任何扰动都会引起化学键长度和能量变化,使初始平衡态势能 $U(r,t)$ 过渡至另一个平衡态势能 $U(r,t)(1+\Delta_H)$。若物质同时经受配位数缺失,应变、应力和激发等作用,其化学键长度 $d(z,\varepsilon,T,P,\cdots)$ 和 $E(z,\varepsilon,T,P,\cdots)$ 能量应响应为[73]

$$\begin{cases} d(z,\varepsilon,T,P,\cdots) = d_b\Pi_J(1+\varepsilon_J) \\ \qquad = d_b\left\{1+(C_x-1)\left(1+\int_0^{\varepsilon}d\varepsilon\right)\left[1+\int_{T_0}^{T}\alpha(t)dt\right]\left[1-\int_{P_0}^{P}\beta(p)dp\right]\cdots\right\} \\ E(z,\varepsilon,T,P,\cdots) = E_b\left(1+\sum_J \Delta J\right) \\ \qquad = E_b\left[1+(C_x^{-m}-1)+\dfrac{-d_x^2\int_0^{\varepsilon}\kappa(\varepsilon)d\varepsilon-\int_{T_0}^{T}\eta(t)dt-\int_{V_0}^{V}p(\nu)d\nu\cdots}{E_b}\right] \end{cases}$$

其中

$$\begin{cases} d_b = d(z_b,0,T_0,P_0) \\ E_b = E(z_b,0,T_0,P_0) \end{cases} \tag{4.10}$$

式中，ε_J 表示微扰引起的应变，ΔJ 则是相应的能量扰动。C_x 为原子配位数（z 或 CN）决定的键收缩系数，C_x-1 为配位缺失引起的应变。m 为键性质参数。$\alpha(t)$ 为热膨胀系数，$\eta(t)=C_V(t/\theta_D)/z$ 为 z 配位原子均化键的德拜比热。$\beta=-\partial\nu/(\nu\partial p)$ 为压缩系数（$p<0$，压应力）或膨胀系数（$p>0$，拉应力），与体积杨氏模量的倒数成正比。$\kappa(\varepsilon)$ 是与应变有关的单键力常数。动使（d_b,E_b）偏离到新的平衡状态 $d_b\Pi_J(1+\varepsilon_J)$，$E_b\left(1+\sum_J\Delta J\right)$。

将拉曼频率测量值表示为 $\omega_x=\omega_{x0}+\Delta\omega_x$，其中 ω_{x0} 为二聚体振动频率或称为参考频率，$\Delta\omega_x$ 是拉曼顿位移的基准。频率值受入射光频率影响。将配位原子数、应变、温度、压力等变量（$x_i=z,\varepsilon,P,T$）代入表 4.4 中的二聚体振动表达式中，结合 BOLS 理论，可获得相对拉曼顿位移的一般形式：

$$\frac{\omega(z,\varepsilon,P,T)-\omega(1,\varepsilon,P_0,T_0)}{\omega(z_b,0,P_0,T_0)-\omega(1,,P_0,T_0)}=\frac{zd_b}{d(z,\varepsilon,P,T)}\left[\frac{E(z,\varepsilon,P,T)}{E_b}\right]^{\frac{1}{2}} \tag{4.11}$$

一阶近似时，振动频率自参考点 $\omega_x(1,d_b,E_b,\mu)$。偏移量 $\Delta\omega_x(1,d_x,E_x,\mu)$，偏移量值取决于样品均化键的配位数 z、键长 d_z、键能 E_z 以及约化质量 μ，

$$\Delta\omega_x(z,d_z,E_z,\mu)=\omega_x(z,d_x,E_x,\mu)-\omega_x(1,d_b,E_b,\mu)$$
$$=\Delta\omega=\sqrt{\frac{d^2u(r)}{udr^2}\bigg|_{r=d_z}}\propto\frac{1}{d_z}\left(\frac{E_z}{\mu}\right)^{\frac{1}{2}}\times\begin{cases}1 & (G,E_g)\\ z & (D,A_g)\end{cases} \tag{4.12}$$

考虑配位数对振动模型的影响时，配位数取 z 或 1。石墨烯 D/2D 模和二维结构 A_g 模的配位数 $z\neq1$，它们的声子红移源于 z 个振子的集体振动[73,74]；而石墨烯的 G 模和 TiO_2 的 E_{2g} 模（141 cm^{-1}），$z=1$，它们的声子蓝移则是二聚物振动主导。

①尺寸单键多场耦合。对于点缺陷、单原子链和单层原子层处原子间的化学键，不考虑其加权求和。根据核壳结构和局域键平均近似（LBA）方法[75]，纳米颗粒

因尺寸变化引起的拉曼频移可表示为:

$$\omega(K)-\omega(1)=[\omega(\infty)-\omega(1)](1+\Delta_R) \quad 或 \quad \frac{\omega(K)-\omega(\infty)}{\omega(\infty)-\omega(1)}=\Delta_R$$

其中

$$\Delta_R=\sum_{i\leqslant 3}\gamma_i\left(\frac{\omega_{x_i}}{\omega_b}-1\right)=\begin{cases}\tau K^{-1}\sum\limits_{x\leqslant 3}C_{x_i}[z_{xb}C_{x_i}^{-(m/2+1)}-1] & (z=z)\\ \tau K^{-1}\sum\limits_{x\leqslant 3}C_{x_i}[C_{x_i}^{-(m/2+1)}-1] & (z=1)\end{cases} \tag{4.13}$$

$z_{xb}=z_x/z_b$，ω_b 和 ω_x 分别对应于块体内部原子和第 x 层原子的振动频率。$\omega(\infty)$为块体时的声子振动频率。$\omega(1)$为二聚物振动频率,是纳米晶体及块体拉曼频移的参考点。

②温度单键多场耦合。单键比热 $\eta(t)$ 的热积分通常称为内能,$U(T/\theta_D)$。当键受热膨胀幅度 $x\ll 1$ 时,可以将近 $1+x$ 似表示为 $\exp(x)$。根据德拜比热模型,温度诱导的键软化量 ΔE_T 等于比热 $\eta(t)$ 自 0 K 到 T 的积分,

$$\begin{aligned}\Delta E_T&=\int_0^T\eta(t)\mathrm{d}t=\frac{\int_0^T C_V(t)\mathrm{d}t}{z}\\&=\int_0^T\left[\int_0^{\theta_D}\frac{9R}{z}\left(\frac{T}{\theta_D}\right)^3\frac{y^4e^y}{(e^y-1)^2}\mathrm{d}y\right]\mathrm{d}t\\&=\frac{9RT}{z}\left(\frac{T}{\theta_D}\right)^3\int_0^{\theta_D/T}\frac{y^3e^y}{e^y-1}\mathrm{d}y\end{aligned} \tag{4.14}$$

其中,R、θ_D、C_V 分别为理想气体常数、德拜温度和定容比热容。$y=\theta_D/T$ 为温度的简化形式。单键比热 $\eta(t)$ 遵循德拜比热模型,在高温下近似为 $3R/z$。随着温度升高,拉曼频移由线性变为非线性趋势,称为德拜热衰变。在极低温度下,当比热 $\eta(t)$ 与 T^3 成正比时,拉曼频移缓慢降低源于较小的$\int_0^T\eta(t)\mathrm{d}t$ 值。在高温下,拉曼频移随着温度增加线性减小;当 $T\gg\theta_D$ 时,C_V 近似为常数 $3R$。

与格林文森概念的描述不同,局域键平均近似方法定义的热膨胀系数如下:

$$\alpha(t)=\frac{\mathrm{d}L}{L_0\mathrm{d}t}=\frac{1}{L_0}\left(\frac{\partial L}{\partial u}\right)\frac{\mathrm{d}u}{\mathrm{d}t}\propto-\frac{\eta_1(t)}{L_0F(r)}=A(r)\eta_1(t) \tag{4.15}$$

其中,$L=L_0\left[1+\int_0^T\alpha(t)\mathrm{d}t\right]$。$\partial L/\partial u=-F^{-1}$ 为原子间作用势在平衡位置的导数。$\mathrm{d}u/\mathrm{d}t$ 为德拜近似比热。$A(r)=[-L_0F(r)]^{-1}$ 可趋近平衡位置结合能的倒数。与格林艾森的热膨胀系数(TEC) 即 $\alpha(t)=(VB_T)^{-1}\gamma\eta_1(t)$ 相比,$\gamma(VB_T)=[L_0F(r)]^{-1}$ 近乎为常数。通常,材料的热膨胀系数 $\alpha(T>\theta_D)$ 为 $10^{-7}\sim10^{-6}\ \mathrm{K}^{-1}$ 量级。纳米颗粒随体积减小,热膨胀系数也减小[76-80],意味着势能曲线梯度增大或平衡位置的键变得更强,膨胀现象说明尺寸越小、化学键越短、原子间势越窄,纳米颗粒受热膨胀

比块体更难。

压缩形变产生的能量增量 ΔE_P 可表示为[71]：

$$\Delta E_P = -\int_{V_0}^{V} p(v)\,dv = -V_0\int_0^P p(x)\frac{dx}{dp}dp$$
$$= V_0P^2\left(\frac{1}{2}\beta - \frac{2}{3}\beta' P\right)$$
$$\text{其中},x(P) = \frac{V}{V_0} = 1 - \beta P + \beta' P^2, \frac{dx}{dp} = -\beta + 2\beta' P \tag{4.16}$$

或者

$$p(x) = 1.5B_0(x^{-7/3} - x^{-5/3})[1 + 0.75(B_0' - 4)(x^{-2/3} - 1)] \text{(Birch-Mürnaghan 方程)} \tag{4.17}$$

V_0 表示常温常压下的单胞体积。$x(P)$ 为状态方程的另一种表达形式。将实测的 x-P 曲线与 $x(P)$ 函数和 Birch-Mürnaghan（BM）方程匹配[81]，可以得到非线性压缩系数及一阶导数，即 β 和 β'。再根据 $\beta B_0 \approx 1$，可得到体积模量及一阶导数[82]。

对于固定尺寸，结合式(4.16)和式(4.17)可获得 B 和 $\Delta\omega$ 随 T、P 变化的解析式，即

$$\left.\begin{array}{c}\dfrac{B(T,P)}{B(0,0)}\\[2ex] \dfrac{\Delta\omega(T,P)}{\Delta\omega(0,0)}\end{array}\right\} \approx \left\{\begin{array}{l}\left(1 + \dfrac{\Delta E_P - \Delta E_T}{E_0}\right)\exp\left\{3\left[-\displaystyle\int_0^T \alpha(t)\,dt + \int_0^P (\beta - \beta' p)\,dp\right]\right\}\\[2ex] \left(1 + \dfrac{\Delta E_P - \Delta E_T}{E_0}\right)^{1/2}\exp\left[-\displaystyle\int_0^T \alpha(t)\,dt + \int_0^P (\beta - \beta' p)\,dp\right]\end{array}\right. \tag{4.18}$$

单向拉伸的情况，从单层石墨烯[83] MoS_2[84] 的拉伸应变数据中可以导出键平均力常数及应变和化学键的相对方向，具体的拉曼频移应变效应[85]表达式为

$$\frac{\omega(z,\varepsilon) - \omega(1,0)}{\omega(z,o) - \omega(1,0)} = \frac{d(0)}{d(\varepsilon)}\left[\frac{E(\varepsilon)}{E(0)}\right]^{1/2} = \frac{\left(1 - d^2\displaystyle\int_0^\varepsilon \kappa\varepsilon\,d\varepsilon/E_x\right)^{1/2}}{1 + \varepsilon}$$
$$\approx \frac{[1 - \kappa'(\lambda\varepsilon')^2]^{1/2}}{1 + \lambda\varepsilon'} \tag{4.19}$$

其中，$\kappa' = \kappa d_x^2/(2E_x) =$ 常数。为表征键与单轴应变之间的取向失配情况，在式(4.19)中引入应变系数 $\lambda(0 \leqslant \lambda \leqslant 1)$。$\varepsilon = \lambda\varepsilon'$ 表示不在施加应变方向的化学键的应变。$\kappa = 2E_x\kappa' d_x^{-2}$ 在有限应变下为常数，表示某原子所有化学键的有效力常数。我们只能获得整个试样的平均应变，无法提取单条化学键的应变，也即不能辨析某条化学键的力常数 κ_0，应用 λ 可以描述多个取向不同化学键构成的基本单元中各定向化学键的实际应变，若施加应变沿化学键方向，则 $\lambda = 1$；若垂直于化学键，$\lambda = 0$；若与化学键成随机角度，则 $0 < \lambda < 1$。$\lambda = 1$ 时，化学键应变最大，发生的声子频移也最大；$\lambda = 0$ 时，化学键应变近似为零；当 $0 < \lambda < 1$ 时，化学键的应力介于两者之间。正因如

此,施加应变可以诱导声子谱发生劈裂现象,程度取决于应变与化学键之间的夹角[73]。宏观可观测量与泰勒级数系数之间的相关性见表4.4。

表4.4　宏观可观测量与泰勒级数系数之间的相关性[72]

泰勒级数系数/微观变量 q	键的性质	宏观可测量 Q
$E_x = U(d)$	键能 E_x	芯能级偏移 ΔE_ν、带隙 E_G
$\frac{dU(r)}{dr}\Big\|_{r=d} = 0 \propto \left[\frac{E}{d}\right]$	键长 d	质量密度 d^3、应变 $\Delta d/d$
$f = -\frac{dU(r)}{dr}$	非平衡态	外力
$P \propto -\frac{dU(r)}{r^2 dr} \propto \frac{U(r)}{r^3}$		压强 $-\frac{\partial U(r)}{\partial r}/\frac{\partial V}{\partial r}$
$k = -\frac{d^2 U(r)}{dr^2}\Big\|_{r=d} \propto \left[\frac{E}{d^2}\right]$	力常数 k	键刚度 Yd、二聚体振动频率 $\omega = k/\mu = (E/\mu d^2)^{1/2} \propto (Yd)^{1/2}$
$B \propto \frac{d^3 U(r)}{dr^3}\Big\|_{r=d} \propto \left[\frac{E}{d^3}\right]$	键能密度 E_D	杨氏模量 $B, Y \propto -V\frac{\partial P}{\partial V}$
$T_C \propto zE_x$	原子结合能 E_C	临界相变温度、能带宽度 $E_{\nu,w} \propto 2zE_x$

第 5 章 BBC 模型

5.1 晶体势能

根据能带理论紧束缚近似得到哈密顿量[86]，即

$$H = H_0 + H'$$

式中

$$\begin{cases} H_0 = -\dfrac{\hbar^2\nabla^2}{2m} + V_{\text{atom}}(\vec{r}) & \text{（原子内相互作用）} \\ H' = V_{\text{cry}}(\vec{r}) & \text{（原子外相互作用）} \end{cases} \tag{5.1}$$

$V_{\text{atom}}(r)$ 和 $V_{\text{cry}}(\vec{r})$分别表示原子势能和晶体势能。哈密顿量和波函数描述理想原子在第 ν 轨道的运动行为

$$E_\nu(k) = \langle \varphi_\nu(\vec{r}) \mid H \mid \varphi_\nu(\vec{r}) \rangle + \sum_j f(k) \langle \phi_\nu(\vec{r}) \mid H \mid \phi_\nu(\vec{r} - \vec{R}_j) \rangle \tag{5.2}$$

$\sum\limits_j f(k) = \sum\limits_j \mathrm{e}^{\mathrm{i}k\vec{R}_j}$，波函数$\psi_k(\vec{r}) = \dfrac{1}{\sqrt{N}} \sum\limits_l \mathrm{e}^{\mathrm{i}k\vec{R}_j} \phi_\nu(\vec{r} - \vec{R}_j)$。晶体波函数$\psi_k(\vec{r})$与原子束缚态波函数 $\phi_i(\vec{r} - \vec{R}_m)$ 两者存在幺正变换。N 个波函数表示为

$$\begin{pmatrix} \psi_{k_1}(\vec{r}) \\ \psi_{k_2}(\vec{r}) \\ \vdots \\ \psi_{k_N}(\vec{r}) \end{pmatrix} = \frac{1}{\sqrt{N}} \begin{pmatrix} \mathrm{e}^{\mathrm{i}\vec{k}_1 \cdot \vec{R}_1}, & \mathrm{e}^{\mathrm{i}\vec{k}_1 \cdot \vec{R}_2} & \cdots & \mathrm{e}^{\mathrm{i}\vec{k}_1 \cdot \vec{R}_N} \\ \mathrm{e}^{\mathrm{i}\vec{k}_2 \cdot \vec{R}_1}, & \mathrm{e}^{\mathrm{i}\vec{k}_2 \cdot \vec{R}_2} & \cdots & \mathrm{e}^{\mathrm{i}\vec{k}_2 \cdot \vec{R}_N} \\ \vdots & & \vdots & \\ \mathrm{e}^{\mathrm{i}\vec{k}_N \cdot \vec{R}_1}, & \mathrm{e}^{\mathrm{i}\vec{k}_N \cdot \vec{R}_2} & \cdots & \mathrm{e}^{\mathrm{i}\vec{k}_N \cdot \vec{R}_N} \end{pmatrix} \begin{pmatrix} \phi_\nu(\vec{r} - \vec{R}_1) \\ \phi_\nu(\vec{r} - \vec{R}_2) \\ \vdots \\ \phi_\nu(\vec{r} - \vec{R}_N) \end{pmatrix} \tag{5.3}$$

联合式(5.1)和式(5.2)写成

$$\langle \phi_\nu(\vec{r}) \mid H \mid \phi_\nu(\vec{r}) \rangle = \langle \phi_\nu(\vec{r}) \mid -\frac{\hbar^2\nabla^2}{2m} + V_{\text{atom}}(\vec{r}) \mid \phi_\nu(\vec{r}) \rangle + \langle \phi_\nu(\vec{r}) \mid V_{\text{cry}}(\vec{r}) \mid \phi_\nu(\vec{r}) \rangle$$

其中

$$\begin{cases} \langle \phi_\nu(\vec{r}) \mid H_0 \mid \phi_\nu(\vec{r}) \rangle = \langle \phi_\nu(\vec{r}) \mid -\dfrac{\hbar^2\nabla^2}{2m} + V_{\text{atom}}(\vec{r}) \mid \phi_\nu(\vec{r}) \rangle \\ \langle \phi_\nu(\vec{r}) \mid H' \mid \phi_\nu(\vec{r}) \rangle = \langle \phi_\nu(\vec{r}) \mid V_{\text{cry}}(\vec{r}) \mid \phi_\nu(\vec{r}) \rangle \end{cases} \tag{5.4}$$

进一步得到

$$E_\nu(k) = E_\nu(0) - \alpha_\nu \tag{5.5}$$

交换积分 $\alpha = -\langle \phi_\nu(\vec{r}) \mid V_{\text{cry}}(\vec{r}) \mid \phi_\nu(\vec{r}) \rangle \propto E_{\text{b}}$ 是一个大于零的正数。考虑相互作用项：

$$H = \langle \phi_\nu(\vec{r}) \mid -\frac{\hbar^2\nabla^2}{2m} + V_{\text{atom}}(\vec{r}-\vec{R}_j) \mid \phi_\nu(\vec{r}-\vec{R}_j) \rangle + \sum_j f(k) \langle \phi_\nu(\vec{r}) \mid V_{\text{cry}}(\vec{r}-\vec{R}_j) \mid \phi_\nu(\vec{r}-\vec{R}_j) \rangle \tag{5.6}$$

右边第一项等于 $E_\nu \langle \phi_\nu(\vec{r}) \mid \phi_\nu(\vec{r}-\vec{R}_j) \rangle$，这是一个很小的量，可以忽略不计。第二项 $\beta = -\langle \phi_\nu(\vec{r}) \mid V_{\text{cry}}(\vec{r}-\vec{R}) \mid \phi_\nu(\vec{r}-\vec{R}_j) \rangle$ 称为重叠积分。交换积分 α_ν 和重叠积分 β_ν 都正比于平衡状态下单键的键能 E_{b}。将交换积分和重叠积分代入式(5.6)中，得到理想原子的电子能级服从能量关系，即

$$E_\nu(k) = E_\nu(0) - \alpha_\nu - \sum_j e^{ik\vec{R}_j} \beta_\nu \tag{5.7}$$

考虑两个最近邻原子，即

$$\begin{aligned} E_\nu(k) &= E_\nu(0) - \alpha_\nu - \beta_\nu \sum_{j=-1}^{1} e^{ik\vec{R}_j} \\ &= E_\nu(0) - \alpha_\nu - 2\beta_\nu \cos ka \end{aligned} \tag{5.8}$$

简便形式可写成

$$E_\nu(k) = E_\nu(x) + 4\beta_\nu \sin^2\left(\frac{ka}{2}\right) \tag{5.9}$$

其中

$$E_\nu(x) = E_\nu(0) - \alpha_\nu - 2\beta_\nu \tag{5.10}$$

$E_\nu(0)$ 表示单原子能级，$E_\nu(\text{B})$ 表示块体内层电子结合能。简单立方，块体原子配位数为 6，能带宽度为 $12\beta_\nu$，能级偏移为 $-\alpha_\nu-6\beta_\nu$。体心立方，块体原子配位数为 8，能带宽度为 $16\beta_\nu$，能级偏移为 $-\alpha_\nu-8\beta_\nu$。面心立方，块体原子配位数为 12，能带宽度为 $24\beta_\nu$，能级偏移为 $-\alpha_\nu-12\beta_\nu$。因此，原子配位数与能带宽度和能级偏移相关。以面心立方(fcc)晶体为标准，有 12 个最近邻原子，可以写成

$$E_\nu(\text{B}) = E_\nu(0) - \alpha_\nu - 12\beta_\nu \tag{5.11}$$

块体原子配位数为 $z_b=12$。考虑交换积分和重叠积分对能级偏移的影响,即

$$\Delta E_\nu(\mathrm{B})=-\alpha_\nu-z_b\beta_\nu=-\alpha_\nu(1+z_b\beta_\nu/\alpha_\nu)\propto E_b(1+E_{\nu W}(z_b)/2E_b) \quad (5.12)$$

重叠积分 β_ν 对芯能级的贡献要远远小于交换积分 α_ν。若单键键能 $E_b=3$ eV,能级宽度 $E_{\nu W}(z_b)=0.2$ eV 时,仅为$\frac{z_b \cdot \beta_\nu}{\alpha_\nu}<3\%$。对于靠近原子核附近的深能级这一比例更小,则

$$E_\nu(\mathrm{B})-E_\nu(0)=-\alpha_\nu-z_b\beta_\nu=-\alpha_\nu\left(1+\frac{z_b\beta_\nu}{\alpha_\nu}\right)\approx\alpha_\nu \quad (5.13)$$

交换积分 α_ν 是决定能级偏移的主要原因。但是,重叠积分 $z_b\beta_\nu$ 的大小决定能级宽度 $E_{\nu W}(z_b)=2z_b\beta_\nu\Phi(k,a)$,其中分布函数 $\Phi(k,a)=\sin^2\left(\frac{ka}{2}\right)\leqslant1$。交换积分正比单键能 E_b,原子间化学键弛豫会引起带宽 $E_{\nu W}$ 的变化和能级偏移。只有单电子体系(如氢原子)中,才有能级的概念,能级的数值和轨道能是一致的。在多电子原子中,并不存在能级的概念。认为轨道能和能级相同是一种错误的认识。在多电子原子中,轨道能依赖于特定的电子组态,轨道能随电子组态变化而变化。因此,本书的能级偏移是指某轨道电子组态的电子结合能偏移,只是使用单原子能级作为参考能级。通常所说的当原子结合成分子时,能量相近原子轨道才能有效地组合成分子轨道,所指的能量才是电子结合能。

图 5.1(a)从单原子形成块体,单原子第 ν 能级 $E_\nu(0)$ 展宽成 $E_\nu(z_b=12)$ 能带,能级偏移$\Delta E_\nu(z_b)=\alpha_\nu+z_b\beta_\nu\propto E_b$,能带宽度 $E_{\nu W}(z_b)=2z_b\beta_\nu\Phi(k,a)$;测量误差和电荷极化都会影响能级偏移和能带宽度。图 5.1(b)XPS 解谱获得钉扎 T、极化 P 和块体 B。芯带电子占据轨道可以近似利用高斯或洛伦兹函数线性展宽得到。

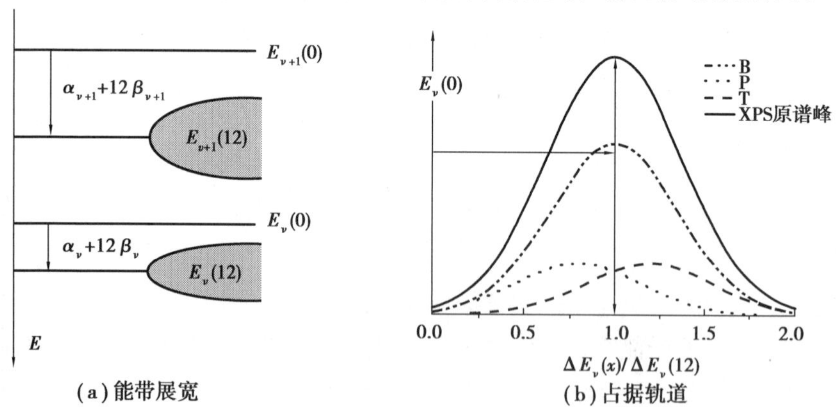

图 5.1 内层电子能级偏移原理图

5.2　能级偏移

双原子势能函数 $u(r)$ 的泰勒级数展开式为

$$u(r)=\frac{\partial^n u(r)}{n!\,\partial r^n}\bigg|_{r=d}(r-d)^n=E_b+\frac{\partial^2 u(r)}{2\partial r^2}\bigg|_{r=d}(r-d)^2+\frac{\partial^3 u(r)}{6\partial r^3}\bigg|_{r=d}(r-d)^3+0((r-d)^{n\geq 4}) \tag{5.14}$$

式(5.14)中,势函数的零阶微分(d,E_b)为平衡状态下,原子间距为 d 时的键能 E_b。二阶微分对应原子对的振动频率。高阶非线性项对应晶格膨胀和热传导等动力学性质。因此,原子在平衡位置时外界环境激励(如压强、温度、配位和化学环境等条件)所作出的响应,即为键弛豫。图 5.2(a)为化学键弛豫双原子势。键长 d 和键能 E 为在外界刺激 x 因素下函数 $f(x)$ 的弛豫,外界激励包括配位、压力、温度等。

晶体势能 $V_{cry}(r)$ 表示所有最邻近原子势能 $u(r)$ 的总和。对于非常规原子配位体系,只考虑晶体势的微扰,不考虑对波函数和高阶项的微扰。那么,晶体势能 $V_{cry}(r)$ 可变为 $V_{cry}(r)(1+\Delta_H)\propto E_b(1+\Delta_H)$。势能 $u(r)$ 对能量的作用可以是正的($\Delta_H>0$),也可以是负的($\Delta_H<0$)。前者为钉扎(T),后者为极化(P)。能级混合偏移由钉扎和极化共同决定。图 5.2(b)为 BOLS-NEP(非键电子极化)原理。纳米晶体表皮或缺陷等位置配位缺失引起的化学键的弛豫,导致局域成键能密度增加,芯电子量子钉扎 T 和非键电子极化 P。

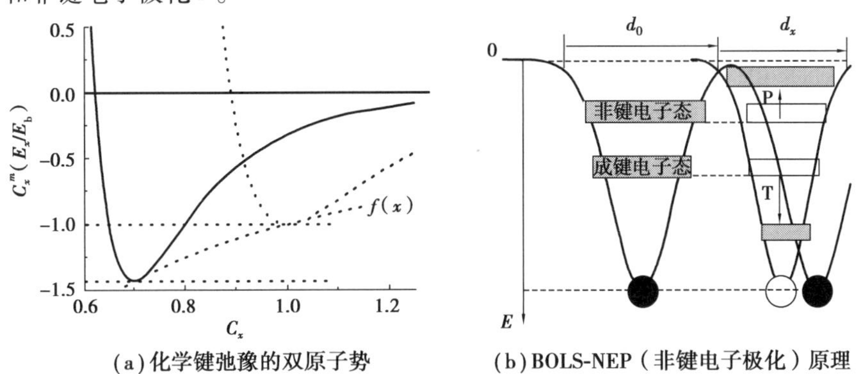

(a)化学键弛豫的双原子势　　(b)BOLS-NEP(非键电子极化)原理

图 5.2　化学键弛豫的双原子势和 BOLS-NEP(非键电子极化)原理

考虑晶体势能 $V_{cry}(\vec{r})$ 的微扰 Δ_H 影响,得到

$$V'_{cry}(\vec{r})=V_{cry}(\vec{r})(1+\Delta_H)=\gamma V_{cry}(\vec{r}) \tag{5.15}$$

其中 γ 表示电子结合能比,也叫键能比。考虑晶体势能的微扰 Δ_H 时,能级偏移写成

$$E_\nu(x)-E_\nu(0)=\langle\phi_\nu(\vec{r})\mid V'_{\text{cry}}(\vec{r})\mid\phi_\nu(\vec{r})\rangle+\sum_j f(k)\langle\phi_\nu(\vec{r})\mid V'_{\text{cry}}(\vec{r}-\vec{R}_j)\mid\phi_\nu(\vec{r}-\vec{R}_j)\rangle$$

$$=\langle\phi_\nu(\vec{r})\mid V'_{\text{cry}}(\vec{r})\mid\phi_\nu(\vec{r})\rangle\left[1+\frac{\sum_j f(k)\langle\phi_\nu(\vec{r})\mid V'_{\text{cry}}(\vec{r}-\vec{R}_j)\mid\phi_\nu(\vec{r}-\vec{R}_j)\rangle}{\langle\phi_\nu(\vec{r})\mid V'_{\text{cry}}(\vec{r})\mid\phi_\nu(\vec{r})\rangle}\right]$$

$$=-\gamma\alpha_\nu\left(1+\frac{\sum_j f(k)\cdot\beta_\nu}{\alpha_\nu}\right)\approx-\gamma\alpha_\nu\propto E_x \tag{5.16}$$

X 射线衍射或“初-末”态电荷的效应会引起原子电离。因此,需要将原子电离效应包括在晶体势能贡献之中。原子核与除价电子之外的芯电子形成原子实。原子实是相对稳定的结构,不容易被激发。原子实的有效电荷数为 $Z=+1$,结构与氢原子类似。受到价电子的作用,原子实正负电荷中心分离,成为电偶极子,原子实会极化,导致系统能量降低。价电子可以进入原子实内部,轨道贯穿,对价电子而言,有效电荷数 Z' 增大,导致系统能量降低,价电子轨道不同,能量降低幅度也不同。图 5.3 为原子实示意图。

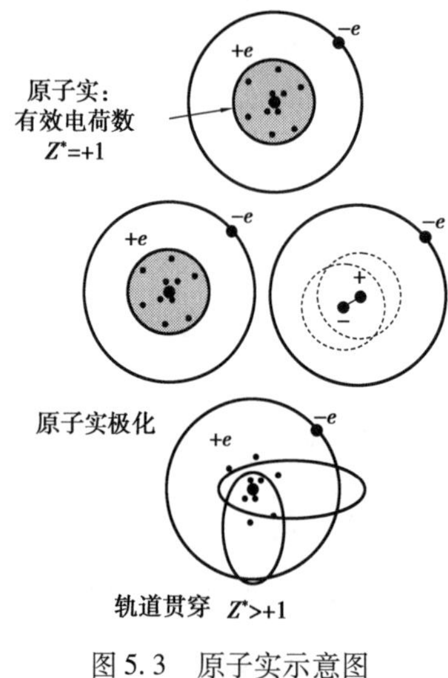

图 5.3　原子实示意图

中心力场法是将原子中其他电子对 i 个电子的排斥作用看成是球对称的,只与径向有关的立场。这样,第 i 个原子受其余电子的排斥作用被看成相当于 σ_i 个电子在原子中心与之排斥。因此,第 i 个电子的势能函数为[87]

$$V_i=-\frac{Z}{\vec{r}_i}+\frac{\sigma_i}{\vec{r}_i}=-\frac{Z-\sigma_i}{\vec{r}_i}=-\frac{Z'_i}{\vec{r}_i} \tag{5.17}$$

式(5.17)在形式上和单电子原子的势能相似。式中 Z'_i 为对 i 电子的有效核电荷;其中 σ 为电荷屏蔽常数,其意义是除 i 电子外,其他电子对 i 电子的排斥作用,使有效核电荷减小。所以,多电子原子中第 i 个电子的单电子的薛定谔方程可写成

$$\left(-\frac{1}{2}\nabla_i^2-\frac{Z-\sigma_i}{\vec{r}_i}\right)\psi_i=E_i\psi_i \tag{5.18}$$

式(5.18)中,ψ_i 称为单电子波函数,它近似地表示原子中第 i 个电子的运动状态,也称为单电子轨道方程。E_i 近似地为这个状态的能量,即单电子原子轨道能。解上述方程,只需要将单电子薛定谔方程中的 Z 换成 Z'_i,即可得到 ψ_i 和 E_i。原子中总能量近似地由各个电子的能量 E_i 加和得到,也可以通过实验测得全部电子电离

所需要的能量。原子中全部电子电离能之和等于单电子原子轨道能总和的负值。

屏蔽作用是某一指定电子,受到其他电子(内层电子或者其他电子)负电荷的排斥,这种球壳状负电荷像一个屏蔽罩,部分阻隔了核对该电子的吸引力。单电子的轨道能可以利用屏蔽常数近似计算。斯莱特归纳了一些实验数据,提出估算屏蔽常数 σ 的经验方法:

①将电子按内外次序分组:1s|2s,2p|3s,3p|3d|4s,4p|4d|4f|5s,5p 等;

②外层电子对内层电子无屏蔽作用,$\sigma=0$;

③同一组电子 $\sigma=0.35$(1s 内电子间的 $\sigma=0.30$);

④对于 s,p 电子,相邻内层一组的电子对它的屏蔽常数是 0.85;对于 d,f 电子,相邻内层一组电子对它的屏蔽常数均为 $\sigma=1.00$;

⑤更内层的各组 $\sigma=1.00$

这个方法可以用于主量子数为 1 ~4 的轨道,主量子数更高轨道的准确性较差。对于芯能级电子,结合中心场方法和紧束缚近似原理,单原子势能 $V_{\text{atom}}(r)$ 和晶体势能 $V_{\text{cry}}(\vec{r})$,可以写成

$$\begin{cases} V_{\text{atom}}(\vec{r})=-\dfrac{1}{4\pi\varepsilon_0}\dfrac{Z'e^2}{\vec{r}_i} \\ V_{\text{cry}}(\vec{r})=-\sum\limits_{i,j,\vec{R}_j\neq 0}\dfrac{1}{4\pi\varepsilon_0}\dfrac{Z'e^2}{|\vec{r}_i-\vec{R}_j|} \end{cases} \tag{5.19}$$

对芯电子,它不仅要受到核电荷的吸引作用,它还受到其他电子的排斥作用,电子的排斥作用将减小原子核对电子的吸引作用。有效核电荷 $Z'=Z-\sigma$ 是考虑电荷屏蔽效应,其中 σ 为电荷屏蔽常数,Z 为核电荷数。当 $\sigma=|\vec{r}_i-\vec{R}_j|/|\vec{r}_i-\vec{r}_j|$时,上式写成具有电子相互作用的哈密顿量。核电荷数 Z 与原子核内质子数相关。有效核电荷 Z'是可变化的,如图 5.4 所示。

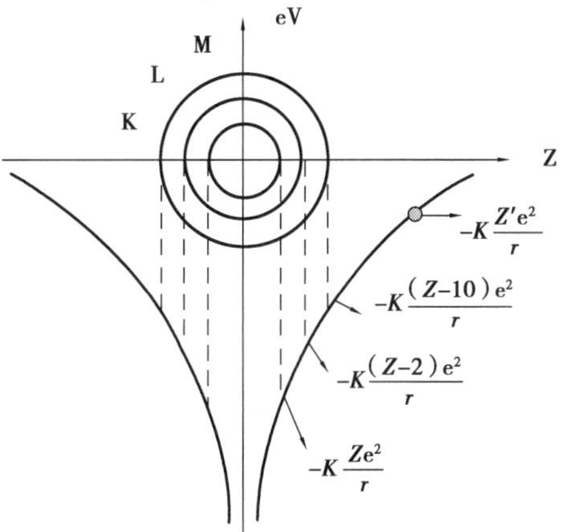

图 5.4 孤立原子势能示意图$\left(K=\dfrac{1}{4\pi\varepsilon_0}\right)$

有效核电荷的增加和减少与电荷屏蔽因子 σ 相关。电子轨道靠近原子核,离子实的正电荷数 Z'增加,电荷屏蔽因子 σ 减少,电离能增大。电子轨道远离原子核,有效核电荷 Z'减少,电荷屏蔽因子 σ 增大,电离能减少。

取有效核电荷 $Z'=1$，令 $\frac{e^2}{|\vec{r}-\vec{R}_j|}$ 为单离子势能。那么，单离子的晶体势能可写成

$$V_{cry}(\vec{r}) = -\sum_{j,\vec{R}_j\neq 0} \frac{1}{4\pi\varepsilon_0} \frac{e^2}{|\vec{r}-\vec{R}_j|} \tag{5.20}$$

内层电子受晶体势能 $V_{cry}(\vec{r})$ 变化的影响，会导致芯能级偏移。由能带理论得到

$$\Delta E_\nu(x) = E_\nu(x) - E_\nu(0) = -\langle \phi_\nu(\vec{r}) \mid V_{cry}(\vec{r})(1+\Delta_H) \mid \phi_\nu(\vec{r})\rangle \tag{5.21}$$

结合式(5.19)，能级偏移写成

$$\Delta E_\nu(x) = E_\nu(x) - E_\nu(0) = -\langle \phi_\nu(r) \mid V_{cry}(\vec{r})(1+\Delta_H) \mid \phi_\nu(r)\rangle = -\gamma\langle \phi_\nu(r) \mid V_{cry}(\vec{r}) \mid \phi_\nu(r)\rangle \tag{5.22}$$

表面原子相对于块体原子的能级偏移，结合式(5.19)和式(5.20)

$$E'_\nu(x) = E_\nu(x) - E_\nu(\mathrm{B}) = \delta\gamma\langle \phi_\nu(\vec{r}) \mid \sum_{i,j,\vec{R}_j\neq 0} \frac{1}{4\pi\varepsilon_0} \frac{Z'e^2}{|\vec{r}_i-\vec{R}_j|} \mid \phi_\nu(\vec{r})\rangle \propto E_x \tag{5.23}$$

$E_\nu(\mathrm{B})$ 为块体原子的电子结合能。式(5.23)为电子结合能-键-电荷(BBC)模型的能级偏移与晶体势能关系表达式。

通过X射线光电子能谱实验，获得 $\Delta E'_\nu(x) = E_\nu(x) - E_\nu(\mathrm{B})$，$\Delta E_\nu(\mathrm{B}) = E_\nu(\mathrm{B}) - E_\nu(0)$ 和 $\Delta E_\nu(x) = E_\nu(x) - E_\nu(0)$。计算可以得到相对电子结合能 $\delta\gamma$（相对键能比），即

$$\delta\gamma = \gamma - 1 = \frac{\Delta E'_\nu(x)}{\Delta E_\nu(\mathrm{B})}, \tag{5.24}$$

其中，相对电子结合能比 $\delta\gamma = \gamma - 1$。

考虑晶体势能 $V_{cry}(\vec{r})$ 微扰情况的能级偏移，联合式(5.19)和式(5.20)得

$$\delta\gamma = -1, \Delta E_\nu(x) = \Delta E_\nu(0) = 0\text{（单原子，原子之间无电子转移）} \tag{5.25}$$

$$\delta\gamma = 0, \Delta E_\nu(x) = \Delta E_\nu(\mathrm{B}) = -\langle \phi_\nu(\vec{r}) \mid V_{cry}(\vec{r}) \mid \phi_\nu(\vec{r})\rangle > 0\text{（块体原子，芯能级失去电子）} \tag{5.26}$$

$$\delta\gamma > 0\begin{cases}\delta\gamma > 1, \Delta E_\nu(x) = -\langle \phi_\nu(\vec{r}) \mid (1+\delta\gamma)V_{cry}(\vec{r}) \mid \phi_\nu(\vec{r})\rangle > 0\text{（势阱加深）}\\ 0 < \delta\gamma \leqslant 1, \Delta E_\nu(x) = -\langle \phi_\nu(\vec{r}) \mid (1+\delta\gamma)V_{cry}(\vec{r}) \mid \phi_\nu(\vec{r})\rangle > 0\text{（芯能级失去电子）}\end{cases} \tag{5.27}$$

$$\delta\gamma < 0\begin{cases}-1 \leqslant \delta\gamma < 0, \Delta E_\nu(x) = -\langle \phi_\nu(\vec{r}) \mid (1+\delta\gamma)V_{cry}(\vec{r}) \mid \phi_\nu(\vec{r})\rangle > 0\text{（芯能级得到电子）}\\ \delta\gamma < -1, \Delta E_\nu(x) = -\langle \phi_\nu(\vec{r}) \mid (1+\delta\gamma)V_{cry}(\vec{r}) \mid \phi_\nu(\vec{r})\rangle < 0\text{（势阱变浅或势垒形成）}\end{cases} \tag{5.28}$$

需要关注的是芯电子与价电子不同,芯电子由于受到原子核力的束缚,电子是不容易发生转移的。只有原子配位环境发生变化或者化学反应时,晶体势能 $V_{cry}(\vec{r})$ 才会发生变化。块体原子的晶体势能和表面原子的晶体势能是不同的,晶体势能的大小与离子实的正电荷数 Z' 和格点距离 $|\vec{r}_i-\vec{R}_j|$ 有关。对于能级偏移,考虑整体晶体势能的变化,而不单独考虑离子实的正电荷数和原子格点距离的影响。

芯能级偏移方向决定着能级的电子转移。$\delta\gamma$ 的正负表示芯能级正偏移和负偏移。对于单质元素,芯能级获得电子($\delta\gamma<0$),芯能带变宽,原子配位数增加(到块体配位数为止),键能减弱。芯能级失去电子($\delta\gamma>0$),芯能带变窄,原子配位数减少,键能增强。

对于化合物,混配位体系,一般不使用原子配位数来描述晶体势能的变化。当 $\delta\gamma<0$ 时,芯能级负偏移,芯带出现杂质能级,芯能级得到电子,微扰后的势能($\gamma V_{cry}(\vec{r})$)减弱,化学键变弱。当 $\delta\gamma>0$ 时,芯能级正偏移,芯带出现杂质能级,芯能级失去电子,微扰后的势能($\gamma V_{cry}(\vec{r})$)增强,化学键增强。当 $\delta\gamma>1$ 时,外场对势能的贡献 $\delta\gamma V_{cry}(\vec{r})$ 要大于晶体势能本身 $V_{cry}(\vec{r})$($\delta\gamma V_{cry}(\vec{r})>V_{cry}(\vec{r})$),芯带形成杂质能级,形成新势阱(化合物)。当 $\delta\gamma<-1$ 时,微扰后的势能 $\gamma V_{cry}(\vec{r})$ 要小于0,芯带形成杂质能级,形成新势阱(化合物)或势垒。

5.3 键-电子态

通过相对电子结合能比 $\delta\gamma$,可判断原子间成键类型

$$\begin{cases}\delta\gamma \geqslant 0, \text{成键} \\ \delta\gamma < 0 \begin{cases} -1 < \delta\gamma < 0, \text{非键或者弱键} \\ \delta\gamma \leqslant -1, \text{反键} \end{cases}\end{cases} \tag{5.29}$$

相比键弛豫之前,如果 $\delta\gamma<0$,芯能级获得电子(极化),电子结合能降低,势能 $\gamma V_{cry}(\vec{r})$ 和键能减弱。如果 $\delta\gamma\geqslant0$,则芯能级失去电子(钉扎),电子结合能增加,势能 $\gamma V_{cry}(\vec{r})$ 和键能增强。因此,电子结合能比 γ 是描述键能强弱的描述符。图5.5为结合电子轨道排布得到电子结合能比(键能比)γ,势能 $\gamma V_{cry}(\vec{r})$ 与成键(Bonding)、反键(Antibonding)和非键(Nonbonding)之间的关系图。从图5.5可知,反键状态时势能 $\gamma V_{cry}(\vec{r})$ 为正或为零,非键和成键状态时势能 $\gamma V_{cry}(\vec{r})$ 为负,单原子时势能 $\gamma V_{cry}(\vec{r})$ 为零。此外,晶体势能变化与能级轨道相对应,势能 $\gamma V_{cry}(\vec{r})$ 为负越多,芯

能级失去电子，电子结合能向深能级偏移（相对于费米能级 E_f）。化学键弛豫容易受到外界环境激励的影响，组分、配位、尺寸、应变、温度和结构等变化都会引起芯能级偏移。

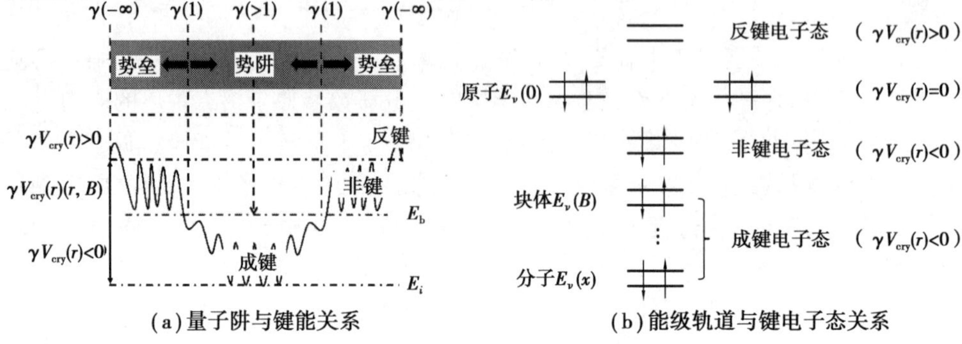

图 5.5　量子阱与键能关系和能级轨道与键电子态关系

图 5.5(a)为电子结合能比 γ、势能 $\gamma V_{cry}(\vec{r})$ 与成键（Bonding）、反键（Antibonding）和非键（Nonbonding）之间的关系。图 5.5(b)为能级轨道、势能 $\gamma V_{cry}(\vec{r})$ 与成键电子（Bonding-electron）态、非键电子（Nonbonding-electron）态和反键电子（Antibonding-electron）态之间的关系[88]。

5.4　二次键能

基态密度作为参考密度 ρ_0，考虑其扰动作用：$\rho(\vec{r})=\rho_0(\vec{r})+\delta\rho(\vec{r})$。$\delta\rho(\vec{r})$ 表示密度涨落。总能量 $E[\rho_0+\delta\rho]$ 写为二阶泰勒级数展开项为

$$E[\rho_0+\delta\rho]=E^0[\rho_0]+E^1[\rho_0+\delta\rho]+E^2[\rho_0,(\delta\rho)^2] \tag{5.30}$$

$$E^0[\rho_0]=\sum_i^N \varepsilon_i-\frac{1}{2}\iint\frac{\rho_0(\vec{r})\rho_0(\vec{r'})}{|\vec{r}-\vec{r'}|}\mathrm{d}\vec{r}\mathrm{d}\vec{r'}-\int V^{XC}[\rho_0]\rho_0(\vec{r})\mathrm{d}\vec{r}+E^{XC}[\rho_0] \tag{5.31}$$

式中，
$$\sum_i^N\varepsilon_i=\sum_i\langle\phi_i|-\frac{1}{2}\nabla^2+V_{\mathrm{eff}}(\vec{r})|\phi_i\rangle$$

$$E^1[\rho_0+\delta\rho]=T_r(\rho\hat{H}[\rho_0])=\sum_i f_i\varepsilon_i \tag{5.32}$$

$$E^2[\rho_0,(\delta\rho)^2]=\frac{1}{2}\iint\left\{\frac{1}{|\vec{r}-\vec{r'}|}+\left.\frac{\delta^2E^{XC}}{\delta\rho(\vec{r})\delta\rho(\vec{r'})}\right|_{\rho_0}\right\}\delta\rho(\vec{r})\delta\rho(\vec{r'})\mathrm{d}\vec{r}\mathrm{d}\vec{r'} \tag{5.33}$$

式(5.31)中，$E^0[\rho_0]$ 称为“排斥能”，它决定能带色散。V^{XC} 和 E^{XC} 分别是势能和交换相关能，第一性原理计算的自恰参数。式(5.32)中，ε_i 表示电子能级，f_i 表

示电子占据数。在非自恰 DFTB 的情况[89]下，$T_r(\rho\hat{H}[\rho_0]) = \sum_i f_i\varepsilon_i$ 为紧束缚近似方法。式(5.33)忽略二阶交换相关能 E^{XC} 的影响

$$E^2[\rho_0,(\delta\rho)^2] \approx \frac{1}{2}\iint \frac{1}{|\vec{r}-\vec{r'}|}\delta\rho(\vec{r})\delta\rho(\vec{r'})\mathrm{d}\vec{r}\mathrm{d}\vec{r'} \tag{5.34}$$

在式(5.34)中乘以 $\frac{\mathrm{e}^2}{4\pi\varepsilon_0}$，由于原子单位制换算成国际单元制，得到密度涨落 $\delta\rho(\vec{r})$ 和二次键能 ΔV_{bc} 的关系，即

$$\Delta V_{\mathrm{bc}}(\vec{r}-\vec{r}') = \frac{\mathrm{e}^2}{8\pi\varepsilon_0}\int \mathrm{d}^3 r \int \mathrm{d}^3 r' \frac{\delta\rho(\vec{r})\delta\rho(\vec{r}')}{|\vec{r}-\vec{r}'|} \tag{5.35}$$

式(5.35)为 BBC 模型二次键能与电荷密度涨落关系的表达式[90]。其中 ε_0 表示真空介电常数。在 BBC 模型中，密度涨落分为 4 种键电子态，分别是空穴电子态、反键电子态、非键电子态和成键电子态。不同键电子态对应不同的密度涨落 $\delta\rho$，并满足以下关系：

$$\delta\rho_{\text{Hole-electron}} \leqslant \delta\rho_{\text{Antibonding-electron}} < 0 < \delta\rho_{\text{Nonbonding-electron}} \leqslant \delta\rho_{\text{Bonding-electron}} \tag{5.36}$$

式(5.36)通过密度涨落的正负和大小，作为判据分析原子成键状态。原子成键状态判据为

$$\delta\rho_{\text{Hole-electron}}(\vec{r})\delta\rho_{\text{Bonding-electron}}(\vec{r}') < 0(\text{成键}) \tag{5.37}$$

原子非键或弱键判据为

$$\begin{cases} \delta\rho_{\text{Hole-electron}}(\vec{r})\delta\rho_{\text{Nonbonding-electron}}(\vec{r}') < 0(\text{非键或者弱键}) \\ \delta\rho_{\text{Antibonding-electron}}(\vec{r})\delta\rho_{\text{Bonding-electron}}(\vec{r}') < 0(\text{非键或者弱键}) \\ \delta\rho_{\text{Antibonding-electron}}(\vec{r})\delta\rho_{\text{Nonbonding-electron}}(\vec{r}') < 0(\text{非键}) \end{cases} \tag{5.38}$$

原子反键判据为

$$\begin{cases} \delta\rho_{\text{Nonbonding-electron}}(\vec{r})\delta\rho_{\text{Bonding-electron}}(\vec{r}') > 0(\text{反键}) \\ \delta\rho_{\text{Hole-electron}}(\vec{r})\delta\rho_{\text{Antibonding-electron}}(\vec{r}') > 0(\text{反键}) \\ \delta\rho_{\text{Hole-electron}}(\vec{r})\delta\rho_{\text{Hole-electron}}(\vec{r}') > 0(\text{反键}) \\ \delta\rho_{\text{Antibonding-electron}}(\vec{r})\delta\rho_{\text{Antibonding-electron}}(\vec{r}') > 0(\text{反键}) \\ \delta\rho_{\text{Nonbonding-electron}}(\vec{r})\delta\rho_{\text{Nonbonding-electron}}(\vec{r}') > 0(\text{反键}) \\ \delta\rho_{\text{Bonding-electron}}(\vec{r})\delta\rho_{\text{Bonding-electron}}(\vec{r}') > 0(\text{反键}) \end{cases} \tag{5.39}$$

因此，我们得到原子成键状态与密度涨落 $\delta\rho$ 相关的结论。

5.5 库仑排斥能

由 Hubbard 模型可得

$$\hat{V}_{ee}=\frac{1}{2}\int d^3r\int d^3r'\alpha_{\zeta}^{\dagger}(\vec{r})\alpha_{\zeta}(\vec{r})V_{ee}(\vec{r}-\vec{r}')\alpha_{\zeta'}^{\dagger}(\vec{r}')\alpha_{\zeta'}(\vec{r}')$$
$$=\frac{1}{2|\vec{r}-\vec{r}'|}\int d^3r\int d^3r'\rho(\vec{r})\rho(\vec{r}') \tag{5.40}$$

其中 $\alpha_{\zeta}(\vec{r})$ 和 $\alpha_{\zeta}^{\dagger}(\vec{r})$ 为粒子湮灭算符和产生算符。其中，下标 ζ 赋予电子自旋向上和向下的指数，$\zeta=\uparrow/\downarrow$。密度可写成湮灭算符和产生算符的形式 $\rho(\vec{r})=\alpha_{\zeta}^{\dagger}(\vec{r})\alpha_{\zeta}(\vec{r})$。式(5.40)中，$V_{ee}(\vec{r}-\vec{r}')=\dfrac{1}{2|\vec{r}_i-\vec{r}'_j|}$是电子势能，将 $\alpha_{\zeta}^{\dagger}(\vec{r})$ 进行变换，即

$$\alpha_{\zeta}^{\dagger}(\vec{r})=\sum_{\vec{R}}\psi_{\vec{R}}^{*}(\vec{r})a_{\vec{R}\zeta}^{\dagger}\equiv\sum_{i}\psi_{\vec{R}i}^{*}(\vec{r})a_{i\zeta}^{\dagger} \tag{5.41}$$

将式(5.41)代入式(5.40)整理得到 $\hat{V}_{ee}=\sum_{ii'jj'}U_{ii'jj'}a_{i\zeta}^{\dagger}a_{i'\zeta'}^{\dagger}a_{j\zeta}a_{j'\zeta'}$，其中

$$U_{ii'jj'}=\frac{1}{2}\int d^3r\int d^3r'\psi_{\vec{R}i}^{*}(\vec{r})\psi_{\vec{R}j}(\vec{r})V_{ee}(\vec{r}-\vec{r}')\psi_{\vec{R}i'}^{*}(\vec{r}')\psi_{\vec{R}j'}(\vec{r}') \tag{5.42}$$

是库仑相互作用能。

因此，电子密度涨落也可用 Hubbard 模型来表示，即

$$\Delta V_{bc}=\pm\frac{1}{2}\int d^3r\int d^3r'\alpha_{\zeta}^{\dagger}(\vec{r})\alpha_{\zeta}(\vec{r})V_{ee}(\vec{r}-\vec{r}')\alpha_{\zeta'}^{\dagger}(\vec{r}')\alpha_{\zeta'}(\vec{r}')$$
$$=\frac{1}{2|\vec{r}-\vec{r}'|}\int d^3r\int d^3r'\delta\rho(\vec{r})\delta\rho(\vec{r}') \tag{5.43}$$

二次键能 ΔV_{bc} 与库仑排斥能 $\hat{V}_{ee}$ 不同。二次键能考虑电子和空穴的相互作用，存在成键、反键和非键的情况。因此，ΔV_{bc} 有正负的情况。如果是反键状态，二次键能 ΔV_{bc} 是一个正值。如果要进一步得二次键能电子密度涨落的原因，需要使用电子气的模型进行二次量子化。最终，可以得电荷屏蔽是造成电子密度涨落的原因。

5.6 差分电荷密度

理论上，BBC 模型密度涨落 $\delta\rho(r)$ 是密度泛函理论计算得到的差分电荷密度。

密度泛函理论计算差分电荷密度和电荷密度分布位置，获得成键电子（Bonding-electron）态、非键电子（Nonbonding-electron）态、反键电子（Antibonding-electron）态和空穴电子（Hole-electron）态。图 5.6 为通过密度泛函理论计算差分电荷密度 $\delta\rho(r)$ 获得的二维 $Sb/MoTe_2$ 异质结界面成键电子态、非键电子态、反键电子态和空穴电子态。差分电荷密度代入式（5.33），计算得到相应的成键、非键与反键数值，见表 5.1。电荷密度的单位与 CASTEP 软件计算的单位相同，这些值被归一化为每晶胞的电子数，归一化的单位为 $e/Å^3$。

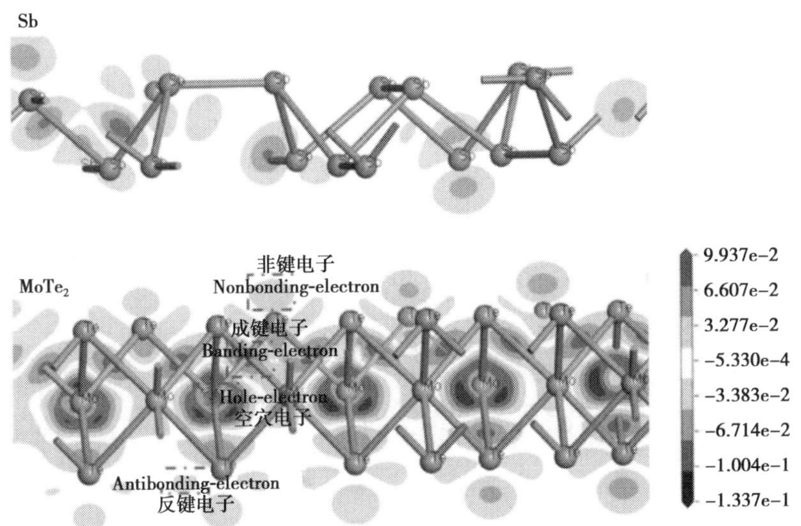

图 5.6　二维 $Sb/MoTe_2$ 异质结界面成键电子（Bonding-electron）态、非键电子（Nonbonding-electron）态、反键电子（Antibonding-electron）态和空穴电子（Holes-electron）态[91]

表 5.1 为差分电荷密度 $\delta\rho(r)$ 和二次键能 $\Delta V_{bc}(r_{ij})$（真空介电常数 $\varepsilon_0=8.85\times10^{-12}$ $C^2\cdot N^{-1}\cdot m^{-2}$，电荷 $e=1.60\times10^{-19}$ C，键长 $d_{ij}=2r_{ij}=2.725$ Å。

表 5.1　$Sb/MoTe_2$ 异质结的差分电荷密度与二次键能

相关物理量	$Sb/MoTe_2$
$\delta\rho^{\text{Hole-electron}}(r_{ij})/(e\cdot Å^{-3})$	-1.337×10^{-1}
$\delta\rho^{\text{Bonding-electron}}(r_{ij})/(e\cdot Å^{-3})$	9.937×10^{-2}
$\delta\rho^{\text{Nonbonding-electron}}(r_{ij})/(e\cdot Å^{-3})$	3.277×10^{-2}
$\delta\rho^{\text{Antibonding-electron}}(r_{ij})/(e\cdot Å^{-3})$	-3.383×10^{-2}
$\Delta V_{bc}^{\text{Nonbonding}}(r_{ij})/eV$	-0.296
$\Delta V_{bc}^{\text{Bonding}}(r_{ij})/eV$	-0.897
$\Delta V_{bc}^{\text{Antibonding}}(r_{ij})/eV$	0.305

密度泛函理论计算46种金属和半金属元素差分电荷密度。考虑到重金属元素复杂电子结构体系,周期表中没有计算重金属元素差分电荷密度密度。密度泛函理论计算得到不同原子差分电荷密度代入式(5.35),可得到原子成键状态。同族金属和半金属元素二次键能从表的顶部到底部逐渐减小(除碳元素外),如图5.7所示。密度泛函理论计算结果显示具有相同晶体结构(fcc结构、bbc结构、hcp结构和diamond结构)的元素具有相似的键合状态。

原子序数 47;元素符号 Ag;原子半径(Å) 1.44;二次键能(×10) -1.254

1	2		3	4	5	6	7	8	9	10	11	12	13	14	15	16	17	18
1 H ---																		2 He ---
3 Li 1.54 -2.328	4 Be 1.13 -8.386												5 B ---	6 C 0.86 -1.886	7 N ---	8 O ---	9 F ---	10 Ne ---
11 Na 1.91 -4.543	12 Mg 1.60 -1.163												13 Al 1.43 -0.423	14 Si 1.34 -5.710	15 P ---	16 S ---	17 Cl ---	18 Ar ---
19 K 2.34 -0.313	20 Ca 1.97 -10.672		21 Sc 1.64 -2.436	22 Ti 1.45 -3.151	23 V 1.35 -3.100	24 Cr 1.27 -8.230	25 Mn ---	26 Fe 1.27 -5.226	27 Co 1.26 -3.202	28 Ni 1.24 -7.469	29 Cu 1.28 -2.838	30 Zn 1.39 -1.046	31 Ga ---	32 Ge 1.40 -3.451	33 As ---	34 Se ---	35 Br ---	36 Kr ---
37 Rb 2.50 -0.138	38 Sr 2.15 -2.930		39 Y 1.80 -1.136	40 Zr 1.60 -1.568	41 Nb 1.48 -4.406	42 Mo 1.40 -9.849	43 Tc 1.35 -6.723	44 Ru 1.32 -4.999	45 Rh 1.34 -8.286	46 Pd 1.37 -7.215	47 Ag 1.44 -1.254	48 Cd 1.57 -3.389	49 In 1.66 -0.244	50 Sn 1.58 -2.780	51 Sb ---	52 Te ---	53 I ---	54 Xe ---
55 Cs 2.71 -0.074	56 Ba 2.24 -1.086	57-70 *	71 Lu 1.73 -4.585	72 Hf 1.59 -5.442	73 Ta 1.48 -1.642	74 W 1.41 -7.380	75 Re 1.46 -2.558	76 Os 1.34 -2.538	77 Ir 1.36 -3.626	78 Pt 1.39 -5.519	79 Au 1.44 -3.600	80 Hg ---	81 Tl 1.73 -0.631	82 Pb 1.75 -0.594	83 Bi ---	84 Po ---	85 At ---	86 Rn ---
87 Er ---	88 Ra ---	89-102 **	103 Lr ---	104 Rf ---	105 Db ---	106 Sg ---	107 Bh ---	108 Hs ---	109 Mt ---	110 Ds ---	111 Rg ---	112 Cn ---	113 Unt ---	114 Unq ---	115 Unp ---	116 Uuh ---	117 Unh ---	118 Uuo ---

图5.7 差分电荷密度计算46种金属和半金属的二次键能 $\Delta V_{\mathrm{bc}}(\vec{r}-\vec{r}')$

二次键能可以写成以下 $\vec{r}_{ij}$ 的形式,即

$$\Delta V_{\mathrm{bc}}(\vec{r}_{ij})=\frac{1}{8\pi\varepsilon_0}\int \mathrm{d}^3 r_i \int \mathrm{d}^3 r_j \frac{\delta\rho(\vec{r}_i)\delta\rho(\vec{r}_j)}{r_{ij}} \tag{5.44}$$

键长可近似写成 $d_{ij}\approx 2r_{ij}$,电荷密度距离2倍表示原子键长,进一步得到

$$\Delta V_{\mathrm{bc}}(\vec{r}_{ij}) \approx \Delta E_x=\int \mathrm{d}^3 r \int \mathrm{d}^3 r' \frac{\delta\rho(\vec{r})\delta\rho(\vec{r}')}{4\pi\varepsilon_0 d_{ij}} \tag{5.45}$$

DFT计算差分电荷密度得到密度涨落的 $\delta\rho(r)$,还可进一步计算,即

$$\begin{cases} \Delta E_{\mathrm{C}}=z_x\Delta E_x=\dfrac{z_x}{4\pi\varepsilon_0 d_{ij}}\displaystyle\int \mathrm{d}^3 r_i \int \mathrm{d}^3 r_j \delta\rho(\vec{r}_i)\delta\rho(\vec{r}_j) \\ \Delta E_{\mathrm{D}}=\dfrac{\Delta E_i}{d_{ij}^3}=\dfrac{1}{4\pi\varepsilon_0 d_{ij}^4}\displaystyle\int \mathrm{d}^3 r_i \int \mathrm{d}^3 r_j \delta\rho(\vec{r}_i)\delta\rho(\vec{r}_j) \end{cases} \tag{5.46}$$

式(5.46)中,z_x 为原子配位数,对于完美晶体块体配位数为12,d_x 为键长。图5.8按原子序数排列计算的周期表中46个元素的二次结合能 ΔE_{C} 和二次键能密度 ΔE_{D} 的数值。原子结合能与材料热稳定性能相关。图5.8(a)比较周期表中46个

元素的二次原子结合能和实验测量的结合能。二次键能密度 ΔE_D 与材料力学性能相关。图 5.8(b)比较周期表中 46 个元素的二次键能密度和实验测量的原子浓度。结果显示理论计算和实验测量结果总体变化趋势是一致的。使用 $d_{ij}/2$ 来近似 r_{ij} 会有 10% ~30% 的误差。如果 r_{ij} 值是根据试验测量得到,原子结合能会与实测数据一致。

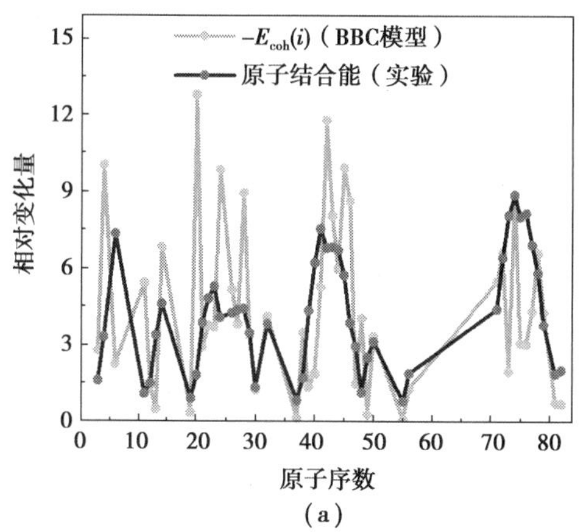

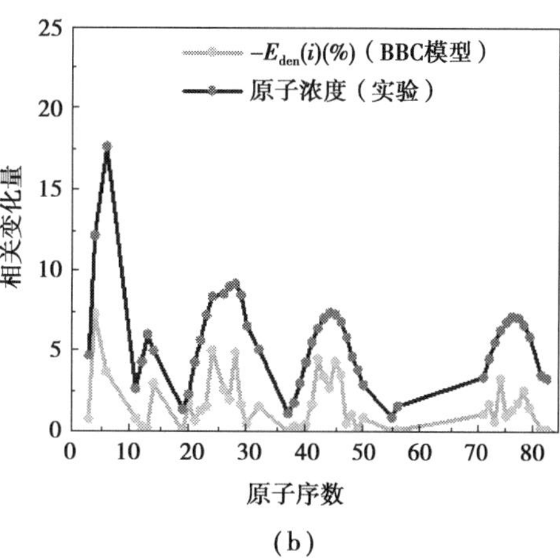

图 5.8　(a)二次原子结合能 $-\Delta E_C$(eV)和原子结合能(eV/atom),(b)二次键能密度 $-\Delta E_D$(e/Å^{-3})和原子浓度(10^{28} m^{-3})。原子浓度和结合能值来自参考文献[92]

5.7　相干态粒子数涨落

相干态粒子数涨幅为[93]

$$\begin{cases}\langle\alpha|\hat{N}|\alpha\rangle = |\alpha|^2 \\ \langle\alpha|\hat{N}^2|\alpha\rangle = \langle\alpha|\ \hat{a}^\dagger\hat{a}\ \hat{a}^\dagger\hat{a}|\alpha\rangle = |\alpha|^4 + |\alpha|^2\end{cases} \tag{5.47}$$

$\hat{N}$ 为粒子数算符,$\hat{N}=\hat{a}^\dagger\hat{a}$。对于相干态 $\alpha=|\alpha|e^{i\phi}$ 其粒子数涨落满足$\langle(\Delta\hat{N})^2\rangle = |\alpha|^2=\langle\hat{N}\rangle$。其中,$\dfrac{\langle\Delta\hat{N}\rangle}{\langle\hat{N}\rangle}=\dfrac{1}{|\alpha|}$。相位算符的期望值满足:

$$\begin{aligned}\langle\alpha|\hat{C}|\alpha\rangle &= \frac{1}{2}\exp(-|\alpha|^2)\sum_{n=0}^{\infty}\frac{(\alpha^{\dagger *})^{n+1}\alpha^n + (\alpha^{\dagger *})^n\alpha^{n+1}}{\sqrt{(n+1)!\ n!}} \\ &= |\alpha|\cos\phi\ \exp(-|\alpha|^2)\sum_{n=0}^{\infty}\frac{|\alpha|^{2n}}{n!\ \sqrt{n+1}}.\end{aligned}$$

$$\left(\hat{C}\equiv\frac{1}{2}[(\hat{N}+1)^{-1/2}\hat{a}+\hat{a}^\dagger(\hat{N}+1)^{-1/2}]\right) \tag{5.48}$$

可见算符 $\hat{C}$ 的期望值正比于 cos ϕ,ϕ 正对应了相干本征值 α 的辐角。同理,可

求得

$$\langle\alpha|\hat{C}^2|\alpha\rangle=\frac{1}{2}-\frac{1}{4}\exp(-|\alpha|^2)+$$

$$|\alpha|^2\left(\cos^2\phi-\frac{1}{2}\right)\exp(-|\alpha|^2)\sum_{n=0}^{\infty}\frac{|\alpha|^{2n}}{n!\sqrt{(n+1)(n+2)}}. \tag{5.49}$$

在一般情况下,我们无法采用解析的表达式化简上述方程中的求和项,$|\alpha|^2\gg1$时,则可采取如下渐进形式,即

$$\sum_{n=0}^{\infty}\frac{|\alpha|^{2n}}{n!\sqrt{n+1}}=\frac{\exp(|\alpha|^2)}{|\alpha|}\left(1-\frac{1}{8|\alpha|^2}+\cdots\right),$$

$$\sum_{n=0}^{\infty}\frac{|\alpha|^{2n}}{n!\sqrt{(n+1)(n+2)}}=\frac{\exp(|\alpha|^2)}{|\alpha|}\left(1-\frac{1}{2|\alpha|^2}+\cdots\right), \tag{5.50}$$

从而得到

$$\langle\alpha|\hat{C}|\alpha\rangle=\cos\phi\left(1-\frac{1}{8|\alpha|^2}+\cdots\right)\simeq\cos\phi,\quad |\alpha|^2\gg1$$

$$\langle\alpha|\hat{C}^2|\alpha\rangle=\cos\phi-\frac{\cos^2\phi-1/2}{2|\alpha|^2}+\cdots, \tag{5.51}$$

由此得出相位的不确定关系,即

$$\langle\Delta\hat{C}^2\rangle=\langle\hat{C}^2\rangle-\langle\hat{C}\rangle^2\simeq\frac{\sin^2\phi}{8|\alpha|^2},|\alpha|^2\gg1. \tag{5.52}$$

类似地,我们可以得到另一个相位算符的涨落为

$$\langle\alpha|\hat{S}|\alpha\rangle=\sin\phi\left(1-\frac{1}{8|\alpha|^2}+\cdots\right)$$

$$\left(\hat{S}\equiv\frac{1}{2i}\left((\hat{N}+1)^{-1/2}\hat{a}-\hat{a}^{\dagger}(\hat{N}+1)^{-1/2}\right)\right). \tag{5.53}$$

从$\langle(\Delta\hat{N})^2\rangle/\langle\hat{N}\rangle$和$\langle\Delta\hat{C}^2\rangle$的形式可以看出,随着$|\alpha|^2$的增加,相干态的振幅和相位的期望值趋于更精确。

5.8 键能标度与键势能面

能量标度因子 L 引入到键能可得

$$L=\left|\frac{V_i}{V_0}\right|=\mathrm{e}^{-\lambda r_{ij}} \tag{5.54}$$

其中,V_0 表示成键键能,V_i 表示反键键能和非键键能。根据式(5.54),可得到反键键能 $V_{\mathrm{bc}}^{\mathrm{Antibonding}}(\overrightarrow{r_{ij}})$、非键键能 $V_{\mathrm{bc}}^{\mathrm{Nonbonding}}(\overrightarrow{r_{ij}})$和成键键能 $V_{\mathrm{bc}}^{\mathrm{Bonding}}(\overrightarrow{r_{ij}})$的之间关系,即

$$V_{\mathrm{bc}}^{\mathrm{Nonbonding}}(\overrightarrow{r_{ij}}) = V_{\mathrm{bc}}^{\mathrm{Bonding}}(\overrightarrow{r_{ij}})\mathrm{e}^{-\lambda_{\mathrm{A}} r_{ij}} \tag{5.55}$$

$$V_{\mathrm{bc}}^{\mathrm{Antibonding}}(\overrightarrow{r_{ij}}) = -V_{\mathrm{bc}}^{\mathrm{Bonding}}(\overrightarrow{r_{ij}})\mathrm{e}^{-\lambda_{\mathrm{B}} r_{ij}} \tag{5.56}$$

式(5.46)中 λ_A 的值与静电屏蔽 σ 和电子极化 p 有关。λ_A 的值与静电屏蔽 σ 成反比,λ_A 的值越大,静电屏蔽效应 σ 减小。与此同时,电子极化 p 的值随着 λ_A 增加而减小,并且非键键能会减小(相比于成键键能)。式(5.47)中 λ_B 的值与反键键能相关。λ_B 值的增大,会导致反键键能减小(相比于成键键能)。键标度 λ_A 和 λ_B 的值,只适用于相同组分材料键性能的对比。

为表示键势能面变化相位涨落[94],使用以下公式

$$\widetilde{V}_{\mathrm{b}}(\overrightarrow{r_{\mathrm{s}}}) = \frac{1}{2}\left(V_{\mathrm{bc}}^{\mathrm{Bonding}}(\overrightarrow{r_{ij}}) + V_{\mathrm{bc}}^{\mathrm{Antibonding}}(\overrightarrow{r_{ij}})\right) - \frac{1}{4}\left(V_{\mathrm{bc}}^{\mathrm{Bonding}}(\overrightarrow{r_{ij}}) - V_{\mathrm{bc}}^{\mathrm{Antibonding}}(\overrightarrow{r_{ij}})\right)(\sin x + \cos y) \tag{5.57}$$

其中,$\sin x = \frac{1}{2\mathrm{i}}(\mathrm{e}^{\mathrm{i}x} - \mathrm{e}^{-\mathrm{i}x})$ 和 $\cos y = \frac{1}{2}(\mathrm{e}^{\mathrm{i}y} + \mathrm{e}^{-\mathrm{i}y})$。如果不考虑反键作用,可使用以下公式

$$V_{\mathrm{b}}(\overrightarrow{r_{ij}}) = \frac{1}{2}V_{\mathrm{bc}}^{\mathrm{Bonding}}(\overrightarrow{r_{ij}}) - \frac{1}{4}V_{\mathrm{bc}}^{\mathrm{Bonding}}(\overrightarrow{r_{ij}})(\sin x + \cos y) \tag{5.58}$$

x 和 y 与波函数相关。

对于三维势能面的相位涨落,由式(5.55)可以写成

$$\widetilde{V}_{i}(\overrightarrow{r_{\mathrm{s}}}) = V_0(\overrightarrow{r_{\mathrm{s}}})(\mathrm{e}^{-\lambda_x r_s}\cos x + \mathrm{e}^{-\lambda_y r_s}\cos y + \mathrm{e}^{-\lambda_z r_s}\cos z) \tag{5.59}$$

x,y 和 z 表示波函数相位。

5.9　拓扑与成键

每个原子都有自己独特的拓扑结构,并且每个拓扑结构都提供有关化学键和几何结构的信息。将相位引入原子结构,可以得到原子拓扑成键。

①z 为垂直方向

$$\begin{cases} f(x_i) = x_i + (r_i\mathrm{e}^{-\lambda r_i} + A\sin[\nu]) * \cos[u] \\ f(y_i) = y_i + (r_i\mathrm{e}^{-\lambda r_i} + A\sin[\nu]) * \sin[u] \\ f(z_i) = z_i + B\cos[\nu] \end{cases} \tag{5.60}$$

②y 为垂直方向

$$\begin{cases} f(x_i) = x_i + (r_i\mathrm{e}^{-\lambda r_i} + A\sin[\nu]) * \cos[u] \\ f(y_i) = y_i + B\cos[\nu] \\ f(z_i) = z_i + (r_i\mathrm{e}^{-\lambda r_i} + A\sin[\nu]) * \sin[u] \end{cases} \tag{5.61}$$

③x 为垂直方向

$$\begin{cases} f(x_i) = x_i + B\cos[\nu] \\ f(y_i) = y_i + (r_i e^{-\lambda r_i} + A\sin[\nu]) * \sin[u] \\ f(z_i) = z_i + (r_i e^{-\lambda r_i} + A\sin[\nu]) * \cos[u] \end{cases} \tag{5.62}$$

x_i,y_i 和 z_i 表示原子位置坐标,r_i 表示原子半径,λ 为电子屏蔽参数,A 和 B 表示波的振幅,u 和 v 表示波的相位。图 5.9 为 CdTe 的化学键拓扑图。

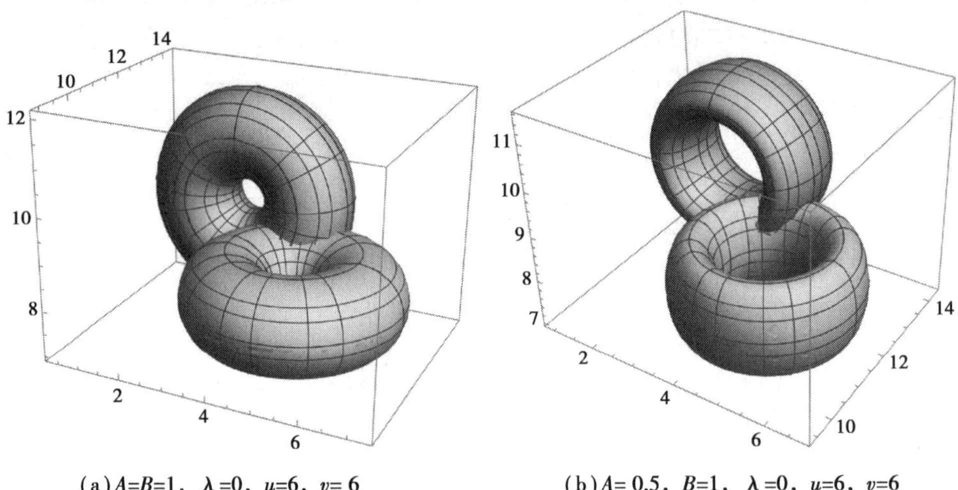

(a)$A=B=1$, $\lambda=0$, $u=6$, $v=6$　　(b)$A=0.5$, $B=1$, $\lambda=0$, $u=6$, $v=6$

图 5.9　CdTe 原子拓扑键

5.10　势函数动力学过程

考虑动力学过程,可以将势函数写成

$$V_i(\vec{r},t) = (1 + x(t))V_i(\vec{r}) \tag{5.63}$$

$x(t)$是时间响应函数。对于外场控制势函数的动力学过程,我们可以将时间响应函数近似等同于外场控制下势能作用项。$x(t)$时间响应函数主要有以下三类:

(1)时间响应一阶系统

①微分方程:$\dfrac{dx(t)}{dt}+ax(t)=au(t)$.

②传递函数:$G(s)=\dfrac{X(s)}{U(s)}=\dfrac{a}{s+a}$.

③单位阶跃函数:$u(t)=\begin{cases}1, & t\geqslant 0 \\ 0, & t<0\end{cases}$.

④单位阶跃响应的时域表达:$x(t)=1-e^{-at}$.

(2)时间响应二阶系统

①微分方程：$\frac{d^2x(t)}{dt^2}+2\zeta\omega_n\frac{dx(t)}{dt}+\omega_n^2x(t)=\omega_n^2u(t)$.

②传递函数：$G(s)=\frac{X(s)}{U(s)}=\frac{\omega_n^2}{s^2+2\zeta\omega_n s+\omega_n^2}$.

③单位阶跃函数：$u(t)=\begin{cases}1, & t\geqslant 0\\ 0, & t<0\end{cases}$.

④单位阶跃响应：

欠阻尼系统$(0<\zeta<1)$：$x(t)=1-e^{-\zeta\omega_n t}\left[\cos\omega_d t+\frac{\zeta}{\sqrt{1-\zeta^2}}\sin\omega_d t\right]$

无阻尼系统$(\zeta=0)$：$x(t)=1-\cos\omega_n t$

临界阻尼系统$(\zeta=1)$：$x(t)=1-e^{-\omega_n t}(1+\omega_n t)$

阻尼系统$(\zeta>1)$：

$$x(t)=1-\frac{1}{2\sqrt{\zeta^2-1}(\zeta-\sqrt{\zeta^2-1})}e^{(-\zeta\omega_n+\omega_n\sqrt{\zeta^2-1})t}+\frac{1}{2\sqrt{\zeta^2-1}(\zeta+\sqrt{\zeta^2-1})}e^{(-\zeta\omega_n-\omega_n\sqrt{\zeta^2-1})t}$$

(3)Bessel 方程时间响应函数

$$t^2\frac{d^2x(t)}{dt^2}+t\frac{dx(t)}{dt}+(t^2-n^2)x(t)=0 \tag{5.64}$$

第一类 Bessel 函数(表示为 $J_n(t)$ 和 $J_{-n}(t)$)构成了 Bessel 方程的一组基本解。$J_n(t)$通过以下方式定义，即

$$J_n(t)=\left(\frac{t}{2}\right)^n\sum_{(k=0)}^{\infty}\frac{\left(\frac{-t^2}{2}\right)^k}{k!\ \Gamma(n+k+1)}\Gamma(n+k+1)=\int_0^{\infty}t^{n+k}e^{-n}dt \tag{5.65}$$

第二类 Bessel 函数(表示为 $Y_n(t)$)构成了 Bessel 方程的另一个解，与 $J_n(t)$线性无关。$Y_\nu(z)$通过以下方式定义，即

$$Y_n(t)=\frac{J_n(t)\cos n\pi-J_{-n}(t)}{\sin(n\pi)} \tag{5.66}$$

Bessel 函数与 Hankel 函数相关，也称为第三类 Bessel 函数，

$$\begin{cases}H_n^1(t)=J_n(t)+iY_n(t)\\ H_n^2(t)=J_n(t)-iY_n(t)\end{cases} \tag{5.67}$$

$H_n^k(t)$是 besselh，$J_n(t)$是 besselj，$Y_n(t)$是 bessely. Hankel 函数同样构成 Bessel 方程的一组基本解。

无时间响应控制的含时势函数，可以写成

$$
\begin{cases}
V_0(\overrightarrow{r},t) = V_0(\overrightarrow{r})f(t) \\
\xi(f(t)) = F(s) = \int_0^{\infty} f(t)\mathrm{e}^{-st}\mathrm{d}t \\
f(t) = \xi^{-1}(F(s))
\end{cases}
\tag{5.68}
$$

ξ 是拉普拉斯变换。$s=\sigma+\mathrm{j}w$ 是一个复数。当 $\sigma=0$ 时，函数 $f(t)$ 为傅里叶变换。表 5.2 是常用函数 Laplace 变换表。

表 5.2　常用函数 Laplace 变换表

原函数	拉普拉斯变换	收敛域
$f(t)=\xi^{-1}[F(s)]$	$F(s)=\xi[f(t)]$	
$\delta(t)$	1	$\infty>s>-\infty$
1	$\frac{1}{s}$	$s>0$
e^{-at}	$\frac{1}{s+a}$	$s>-a$
$\sin(at)$	$\frac{a}{s^2+a^2}$	$s>0$
$\cos(at)$	$\frac{s}{s^2+a^2}$	$s>0$
$\sinh(at)$	$\frac{a}{s^2-a^2}$	$s>\lvert a\rvert$
$\cosh(at)$	$\frac{s}{s^2-a^2}$	$s>\lvert a\rvert$
$\mathrm{e}^{at}\sin(bt)$	$\frac{b}{(s-a^2)+b^2}$	$s>a$
$\mathrm{e}^{at}\cos(bt)$	$\frac{s-a}{(s-a^2)+b^2}$	$s>a$
$\mathrm{e}^{at}\sinh(bt)$	$\frac{b}{(s-a^2)-b^2}$	$s-a>\lvert b\rvert$
$\mathrm{e}^{at}\cos(bt)$	$\frac{s-a}{(s-a^2)-b^2}$	$s-a>\lvert b\rvert$

应用实例：

我们分析差分电荷密度 $\delta\rho(r)$ 得到 Pb、Sb-α、Sb-β 和 Sn 二维金属材料电荷转移和键电子态。图 5.10 显示二维金属 Pb、Sb-α、Sb-β 和 Sn 材料的差分电荷密度 $\delta\rho(r)$，不同数值表示电子密度不同。负能量区电子倾向于发散，而正能量区域电子倾向于聚集。数值为正表示电子聚集，电子数量增加。数值为负表示电子的发散，电子数量减少。空穴电子和反键电子表示该区域电子密度降低，而成键电子和非键电子表示该区域电子密度增加。从分析二维 Pb、Sb-α、Sb-β 和 Sn 结构中差分电荷密度，我们得到了原子键合的空穴电子态、非键电子态、反键电子态和成键电子态。

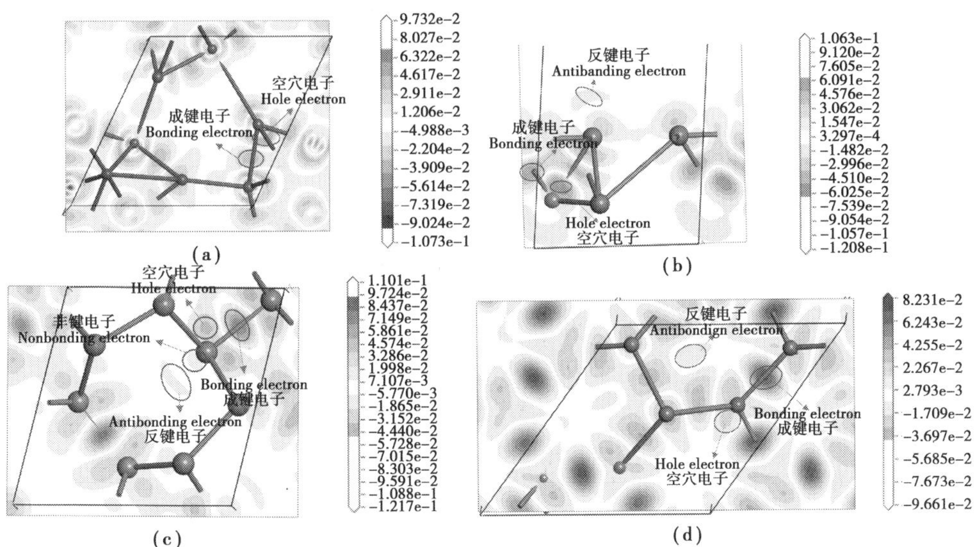

图 5.10　二维 Pb, Sb-α, Sb-β 和 Sn 金属的成键电子(bonding electron)态、非键电子(nonbonding electron)态、反键电子(antibonding electron)态和空穴电子(hole electron)态

差分电荷密度代入式(5.33)可以计算二次键能。二次成键键能 Pb 是−0.272 eV。二次成键键能和二次反键键能 Sb-α 分别是−0.137 和 0.033 eV。二次成键键能和二次反键键能 Sb-β 分别是−0.140 和 0.031 eV。二次成键键能和二次反键键能 Sn 分别是−0.114 和 0.024 eV。二维结构 Pb, Sb-α, Sb-β 和 Sn 二次成键键能大小：Pb>Sb-β>Sb-α>Sn，负得越多表示键能越大。因此，计算电荷密度涨落获得二次成键键能。使用式(5.55)和式(5.56)，计算出二维 Pb, Sb-α, Sb-β 和 Sn 金属的键标度 λ_A 和 λ_B，见表 5.3。键标度 λ_B 增大，反键键能将减小(相比于成键键能)。例如，Sb-α 与 Sb-β 相比，Sb-α 键标度 λ_B 为 1.024，小于 Sb-β 键标度 λ_B(1.085)，Sb-α 反键二次键能 0.033 eV 大于 Sb-β 反键二次键能 0.031 eV。使用式(5.57)计算获得二维 Pb, Sb-α, Sb-β 和 Sn 金属键势能面变化。图 5.11 为计算的四种二维金属键势能面二维图和三维图。

表 5.3　差分电荷密度 $\delta\rho(\vec{r}_s)$，键标度 λ_A, λ_B 和二次键能 $\Delta V_{bc}(\vec{r}_s)$

$$\left(\varepsilon_0=8.85\times10^{-12}\ \mathrm{C^2N^{-1}m^{-2}},\ e=1.60\times10^{-19}\ \mathrm{C},\ \vec{r}_{ij}=|\vec{r}-\vec{r}'|\approx\frac{d_{ij}}{2}\text{Å}\right)$$

物理量	Pb	Sb-α	Sb-β	Sn
r_s/Å	1.46	1.39	1.39	1.39
$\delta\rho^{\text{hole electron}}(\vec{r}_s)/(\mathrm{e\cdot Å^{-3}})$	−0.090 2	−0.060 3	−0.044 4	−0.037 0
$\delta\rho^{\text{Bonding electron}}(\vec{r}_s)/(\mathrm{e\cdot Å^{-3}})$	0.063 2	0.060 9	0.084 4	0.082 3

续表

物理量	Pb	Sb-α	Sb-β	Sn
$\delta\rho^{\text{Antibonding electron}}(\vec{r}_s)/(e\cdot Å^{-3})$	—	−0.014 8	−0.018 7	−0.017 1
$\delta\rho^{\text{Nonbonding-electron}}(\vec{r}_s)/(e\cdot Å^{-3})$	—	—	0.020	—
$\Delta V_{bc}^{\text{bonding}}(\vec{r}_s)/eV$	−0.272	−0.137	−0.140	−0.114
$\Delta V_{bc}^{\text{Antibonding}}(\vec{r}_s)/eV$	—	0.033	0.031	0.024
$\Delta V_{bc}^{\text{Nonbonding}}(\vec{r}_s)/eV$	—	—	−0.033	—
λ_A	—	—	1.040	—
λ_B	—	1.024	1.085	1.131

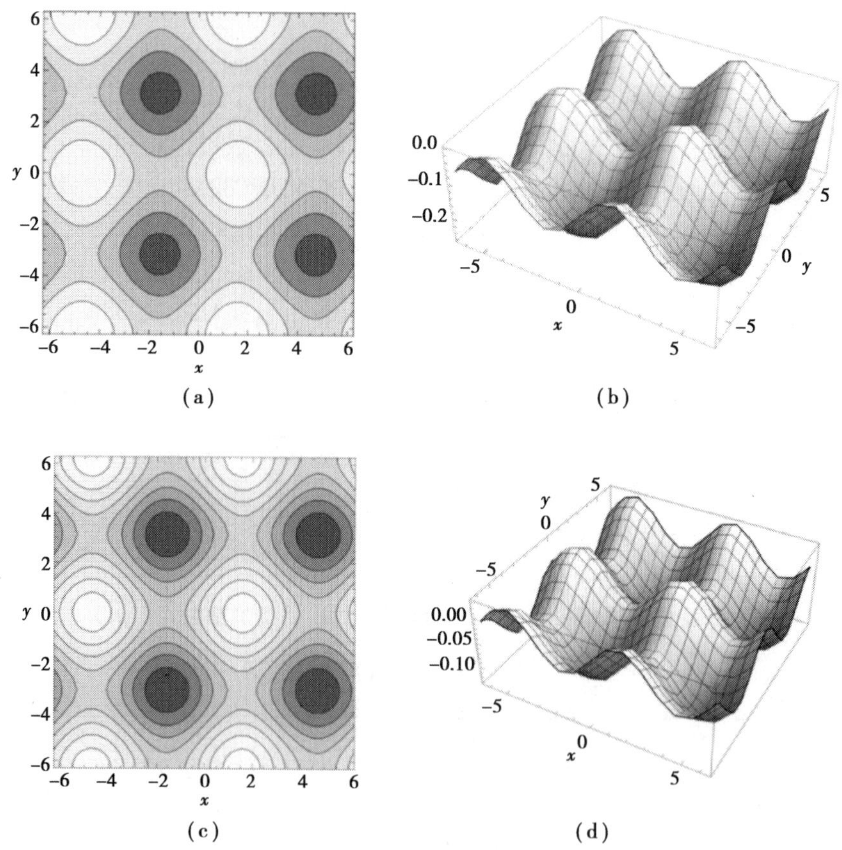

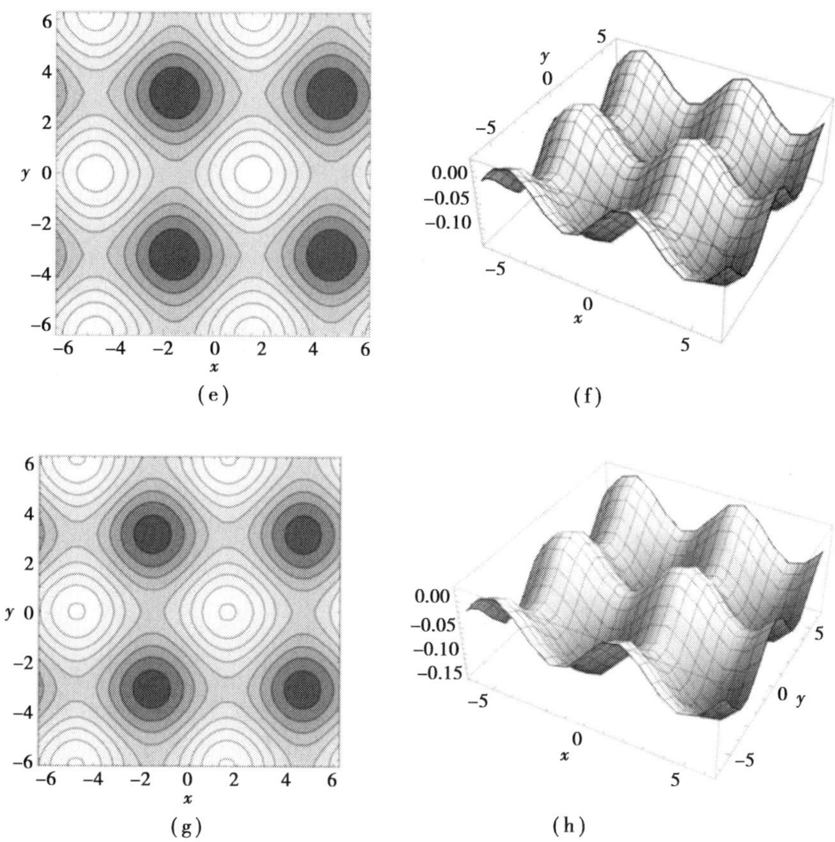

图 5.11　二维 Pb,Sb-α,Sb-β 和 Sn 金属键势能面(a)二维图,(b)三维图
($x \in (-2\pi, 2\pi)$,$y \in (-2\pi, 2\pi)$)

第6章 固体表面芯能级偏移

6.1 芯能级偏移

表面原子的芯能级偏移相比块体原子的芯能级偏移，按照不同化学位移理论，解析光电子能谱成分峰的组分电子结合能移动方向，会得到正偏移、负偏移和混合偏移的情况。按照“初-末”态理论的观点，初态是指中性未被离子化的含 n 个电子的样品，末态表示的是被辐射离子化的含 $n-1$ 个电子的样品。这一模型定义芯能级偏移是指从表面和块体中各移除一个芯电子所需能量之差。表面原子被假定为原子序数 Z 的金属表面上增加原子序数为 $Z+1$ 的杂质能级。通常认为，随着颗粒尺寸的减小，块体原子初态能级降低/增加时，完整或存在缺陷表面的原子能级也随之增加/降低。这种机制可得出能级正、负与混合偏移的情况。BOLS 理论认为 XPS 测量过程中，X 射线衍射或“初-末”态电荷的效应可能引起原子电离，这将改变晶体势能的大小，一般处理为背景能量予以扣除。能级劈裂与原子配位相关，表面原子配位与块体原子配位不同是造成能级劈裂的主要原因。原子配位减少增强芯能级劈裂，键能增强，引起正偏移。晶体势能屏蔽与电子极化相联系，晶体势能屏蔽会使芯能级电子极化作用增强，键能减弱，发生负偏移。此外，缺陷产生、原子吸附、组分变化、温度、压力和尺寸等外场的变化都会引起芯能级劈裂与能级偏移。两种原理对表面芯能级偏移内在机理解释不同，BBC 模型结合上述两种理论的思想，使用原子势能模型和中心力场法，将芯能级偏移 X 射线衍射或“初-末”态电荷的效应引起的原子电离，包含晶体势能贡献之中，给出能级偏移哈密顿量的表达形式。

6.2　BOLS-TB 光谱解析方法

由 BOLS-TB 模型,芯能级偏移与晶体势能的关系为

$$\begin{cases} E_\nu(\mathrm{B}) - E_\nu(0) = -\langle \phi_\nu(\vec{r}) \mid V_{\mathrm{cry}}(\vec{r}) \mid \phi_\nu(\vec{r}) \rangle \propto E_{\mathrm{b}} \\ E_\nu(x) - E_\nu(0) = -\langle \phi_\nu(\vec{r}) \mid (1+\Delta_{\mathrm{H}}) V_{\mathrm{cry}}(\vec{r}) \mid \phi_\nu(\vec{r}) \rangle \propto E_x = E_{\mathrm{b}}(1+\Delta_{\mathrm{H}}) \end{cases} \tag{6.1}$$

由式(6.1)可得:

$$\frac{E_\nu(x) - E_\nu(0)}{E_\nu(\mathrm{B}) - E_\nu(0)} = \frac{-\langle \phi_\nu(\vec{r}) \mid (1+\Delta_{\mathrm{H}}) V_{\mathrm{cry}}(\vec{r}) \mid \phi_\nu(\vec{r}) \rangle}{-\langle \phi_\nu(\vec{r}) \mid V_{\mathrm{cry}}(\vec{r}) \mid \phi_\nu(\vec{r}) \rangle} \propto \frac{E_x}{E_{\mathrm{b}}} = C_x^{-m} \tag{6.2}$$

$C_x = \dfrac{d_x}{d_{\mathrm{b}}}$为键收缩系数。进一步可得原子配位数 z 和结合能 $E_\nu(x)$ 的关系,其关系遵循如下表达式,即

$$\begin{cases} E_\nu(x) = E_\nu(0) + (E_\nu(\mathrm{B}) - E_\nu(0)) C_x^{-m} \\ E_\nu(0) = [C_{x'}^m E_\nu(x') - C_x^m E_\nu(x)]/(C_{x'}^m - C_x^m) \end{cases} \quad (x' \neq x) \tag{6.3}$$

其中,m 是键性质参数。

上述原理,可由 BBC 模型得到,将 $V_{\mathrm{cry}}(\vec{r}) = -\sum\limits_{l,\vec{R}_l \neq 0} \dfrac{1}{4\pi\varepsilon_0} \dfrac{Z'e^2}{|\vec{r} - \vec{R}_l|}$ 代入式(6.1),假设内层电子的布洛赫波函数不变,比值的布洛赫波函数约去,考虑局域键平均近似(LBA),由此得到

$$\frac{E_\nu(x) - E_\nu(0)}{E_\nu(\mathrm{B}) - E_\nu(0)} = \frac{-\langle \phi_\nu(\vec{r}) \mid (1+\Delta_{\mathrm{H}}) V_{\mathrm{cry}}(\vec{r}) \mid \phi_\nu(\vec{r}) \rangle}{-\langle \phi_\nu(\vec{r}) \mid V_{\mathrm{cry}}(\vec{r}) \mid \phi_\nu(\vec{r}) \rangle} \approx \frac{Z'_x}{Z'_{\mathrm{b}}} \frac{d_{\mathrm{b}}}{d_x} = \frac{Z'_x}{Z'_{\mathrm{b}}} C_x^{-1} \tag{6.4}$$

进一步写成

$$\frac{E_\nu(x) - E_\nu(0)}{E_\nu(\mathrm{B}) - E_\nu(0)} = \frac{-\langle \phi_\nu(\vec{r}) \mid \gamma V_{\mathrm{cry}}(\vec{r}) \mid \phi_\nu(\vec{r}) \rangle}{-\langle \phi_\nu(\vec{r}) \mid V_{\mathrm{cry}}(\vec{r}) \mid \phi_\nu(\vec{r}) \rangle} = \frac{-\langle \phi_\nu(\vec{r}) \mid (1+\Delta_{\mathrm{H}}) V_{\mathrm{cry}}(\vec{r}) \mid \phi_\nu(\vec{r}) \rangle}{-\langle \phi_\nu(\vec{r}) \mid V_{\mathrm{cry}}(\vec{r}) \mid \phi_\nu(\vec{r}) \rangle} = 1 + \Delta_{\mathrm{H}} \tag{6.5}$$

有效核电荷 $Z' = Z - \sigma$。$Z'_{\mathrm{b}} = Z_{\mathrm{b}} - \sigma$ 为块体的有效核电荷。$Z'_x = Z'_{\mathrm{b}} - \sigma' = Z_{\mathrm{b}} - \sigma - \sigma'$ 为电子弛豫后的有效核电荷。令$\dfrac{Z'_{\mathrm{b}} - \sigma'}{Z'_{\mathrm{b}}} = C_x^{-m+1}$,可得

$$\frac{E_\nu(x)-E_\nu(0)}{E_\nu(\mathrm{B})-E_\nu(0)}=\frac{Z'_x}{Z'_\mathrm{b}}C_x^{-1}=\left(\frac{Z'_\mathrm{b}-\sigma'}{Z'_\mathrm{b}}\right)C_x^{-1}=C_x^{-m+1}C_x^{-1}=C_x^{-m}=\left(\frac{d_\mathrm{b}}{d_x}\right)^{-m}=\frac{E_x}{E_\mathrm{b}} \tag{6.6}$$

其中,σ'为表面能级相比块体能级的电荷屏蔽因子。键性质参数 m 和电荷屏蔽因子 σ'相关,$m=1-\frac{\ln\frac{Z'_\mathrm{b}-\sigma'}{Z'_\mathrm{b}}}{\ln C_x}$。式(6.6)是一个近似,不同物质电荷屏蔽不同,内层电子屏蔽大小的数量级在 10^{-2} 左右。不同物质键性质参数 m 不同,比如对于金、银和铜等金属元素,$m=1$;碳,$m=2.56$;硅,$m=4.88$。m 数值越大,共价性能越强。上述公式也可推广到合金体系,考虑电荷屏蔽因子的 $m'=m\left(1-\frac{Z_n\frac{z'_\mathrm{b}-b'}{z'_\mathrm{b}}}{Z_nC_x}\right)$ 根据式(6.5)和式(6.6),进一步可得表面原子低配位对晶体势能哈密顿的微扰 $\Delta_\mathrm{H}=C_x^{-m}-1$。图 6.1 为能级偏移和原子配位数的关系图。

键性能参数 m 的值也可通过计算材料熔点获得。已知形状因子 τ 和尺寸 K 时,熔点 $T_m(K)$ 与键性质参数 m 的关系为

$$\frac{T_m(K)-T_m(\mathrm{B})}{T_m(\mathrm{B})}=\tau K^{-1}\sum_{x\leqslant 3}C_x(z_{x\mathrm{b}}C_x^{-m}-1) \tag{6.7}$$

其中,$T_m(\mathrm{B})$是块体的熔点。归一化原子配位数 $z_{x\mathrm{b}}=z_x/12$,块体原子的配位数为 12。

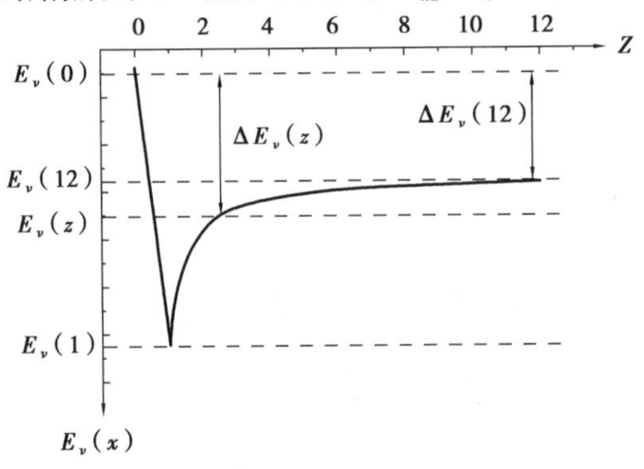

图 6.1　能级偏移和原子配位数的关系图

将 m 与 $E_\nu(x)$值代入式(6.3)中,方差 σ 的范围限制控制在 10^{-3} 以内,计算求得 $E_\nu(0)$值,其表达式为

$$\begin{cases}E_\nu(x)=\langle E_\nu(0)\rangle\pm\sigma+\Delta E_\nu(\mathrm{B})C_x^{-m}\\ \langle E_\nu(0)\rangle=\sum_N E_\nu(0)/N\\ \sigma=\sqrt{\sum_{C(l,2)}[E_\nu(0)-\langle E_\nu(0)\rangle]^2/N(N+1)}\end{cases} \tag{6.8}$$

表达式(6.8)为 BOLS-TB 方法的解谱规则。其中 $N=C(l,2)=l!/[(l-2)!\,2!]$，组分 $l>2$。N 的值越大,计算出的 $\langle E_\nu(0)\rangle$ 也就越精确。值得注意的是,由于受到 XPS 实验测量精度的影响,测量得到的键长并不一定精确遵循 BOLS-TB 关系。芯带电子无极化时,表面原子的芯能级偏移始终为正,即 $\Delta_H>0$。

6.3　表面芯能级偏移解析

表面原子与块体原子化学键是不同的。真实材料表面存在一定数目原子吸附和缺陷。将式(6.5)代入式(6.1)可得表面原子化学键与芯能级偏移关系为

$$\frac{\Delta E_\nu(x)}{\Delta E_\nu(\mathrm{B})}=(1+\Delta_\mathrm{H})=\frac{E_x}{E_\mathrm{b}}=C_x^{-m}$$

$$\Delta E_\nu(x)=\Delta E_\nu(\mathrm{B})(1+\Delta_\mathrm{H})=[E_\nu(\mathrm{B})-E_\nu(0)]C_x^{-m}(z_x\geqslant 2) \tag{6.9}$$

式(6.9)中,x 表示第 x 原子层。如图 6.2 所示,XPS 中的各成分峰的组分,包含吸附和缺陷的三个表面原子层结构。根据 BOLS-NEP 理论,吸附或缺陷原子(A)、表皮(S_1,S_2,…)、块体(B)和电子极化(P)对结合能的偏移大小顺序分别为:$\Delta E_\nu(\mathrm{A})>\Delta E_\nu(\mathrm{S_1})>\Delta E_\nu(\mathrm{S_2})>\Delta E_\nu(\mathrm{B})>\Delta E_\nu(\mathrm{P})$。最小配位吸附原子($z=2$)组分相对于$\Delta E_\nu(0)$的能级偏移最多。每个组分能级偏移在平衡条件下正比于单键键能,如果极化效应不明显遵循如下关系:$\Delta E_\nu(x)/\Delta E_\nu(\mathrm{B})=E_x/E_\mathrm{b}=C_x^{-m}$($x=\mathrm{A},\mathrm{S_1},\mathrm{S_2}$)。否则,可由 pC_x^{-m} 代替式中的 C_x^{-m},其中 p 为极化参数。对于平整表面,电子极化表示表面低配位原子对块体原子作用。因此,在电子极化时表面原子结合能相比块体原子是负能级偏移。

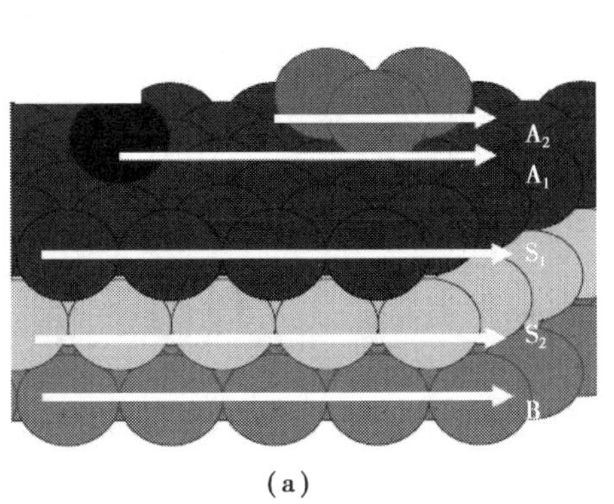

(a)

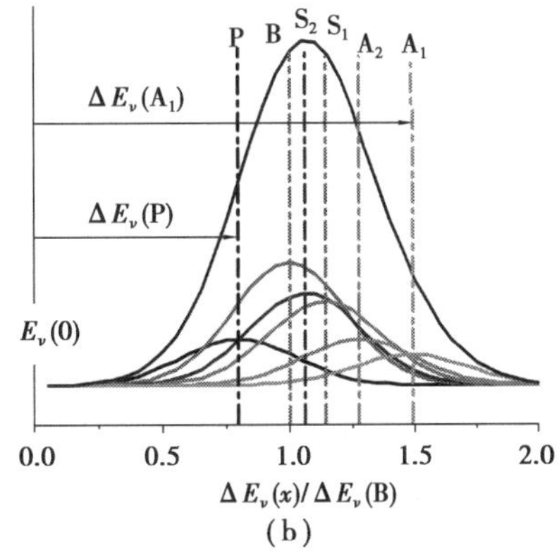

(b)

图 6.2　(a)块体 B 晶体上形成吸附或缺陷空位(A_i)会在 XPS 光谱(b)上形成对应的组分。除主峰 B、S_2 和 S_1,还有 A_i 和 P 分别对应于低配位原子的量子钉扎(T)和电子极化(P)

Barrett 等人由 XPS 实验测得 Ir(100),(111)和(210)面能谱。解谱过程先要将

实验收集到的数据，使用 Shirley 方法扣除其背底。图 6.3 为 Shirley 方法扣除 XPS 的背底图，曲线背底（Background）是 Shirley 方法扣除的背底。XPS 测量过程中，(100)，(110) 和 (210) 面总组分用 l 表示，包含块体组分在内，共有 3×2+1＝7 种不同组分。考虑 $N=C(7,2)=21$ 种组合，对应不同的 21 个 $E_\nu(0)$ 的值。利用式(6.8) 最小均方根近似，求得 $E_\nu(0)$ 平均值。将 $E_\nu(0)$ 平均值代入式(6.9)，得到块体结合能 $E_\nu(12)$ 的值。我们通过 BOLS-TB 方法分解 XPS 组分，得到不同原子层组分的电子结合能（Binding Energy）。

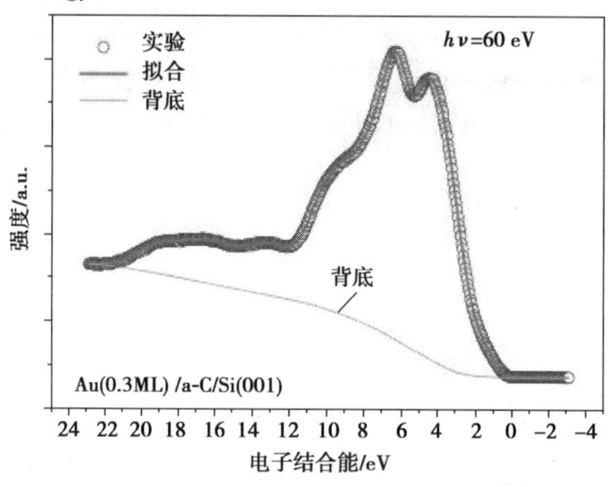

图 6.3　Shirley 方法扣除 XPS 的背底[95]

图 6.4 为 Ir(100)、(110) 和 (210) 面的分峰图。图 6.4 中，B，S_1，S_2，S_D 分别表示块体、表面一层、表面二层和原子缺陷层。通过式(6.3) 和式(6.4)，计算出不同原子层组分的原子配位数，结果显示表面原子配位数要小于块体原子配位数。同时，表面原子内层电子的结合能要大于块体原子内层电子的结合能。

原子配位数减少会引起量子钉扎。图 6.4(c) 中 Ir(210) 面 XPS 显示高能级部分有缺陷峰 S_D 出现。由于表面原子的低配位效应，(210) 面比 (100) 面和 (111) 面能级偏移量大。另外，由于 (111) 面最外层的原子有效配位数比 (210) 和 (100) 面要大，(111) 面的能级偏移量最小。

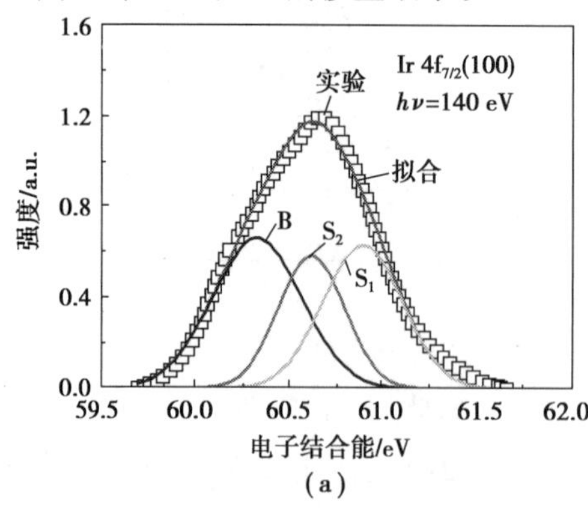

(a)

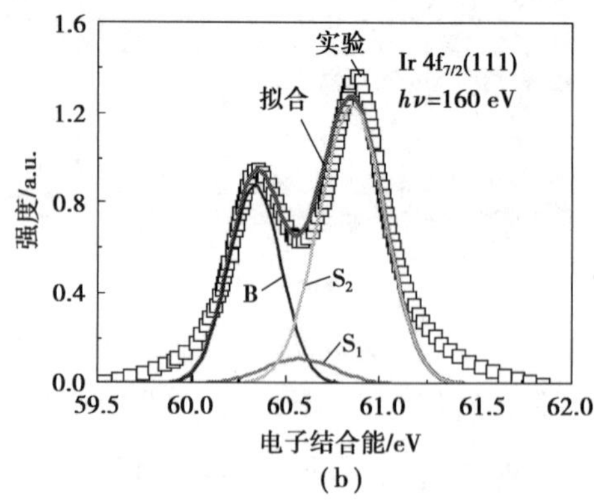

(b)

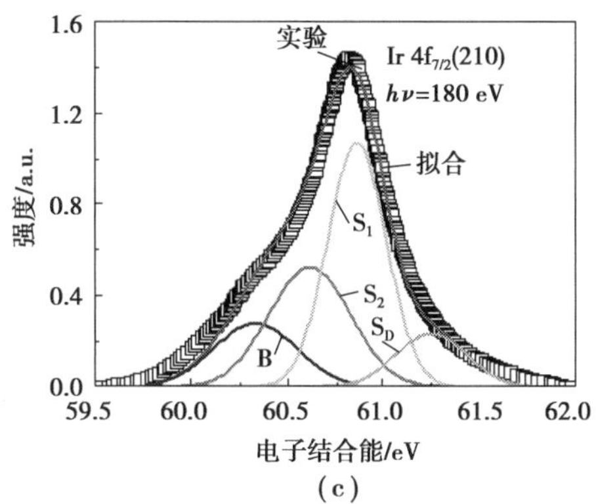

(c)

图6.4　fcc结构(a)Ir(100)面,(b)Ir(111)面和(c)Ir(210)面的XPS分峰[96]

对于bcc结构,原子配位数可使用式 $z=12(CN_{bcc})/8$ 对bcc晶体结构的原子配位数进行转换。直接使用fcc结构的块体原子有效配位数12来替换实际bcc块体原子有效配位数8,也可以拟合成分峰组分。对于六角密排结构和金刚石结构可使用配位数公式进行转换。图6.5为bcc结构Li(110)和Na(110)面以配位数为12的XPS分峰图,B,S_1,S_2 分别表示块体、表面一层和表面二层,获得的键性能参数见表6.1。

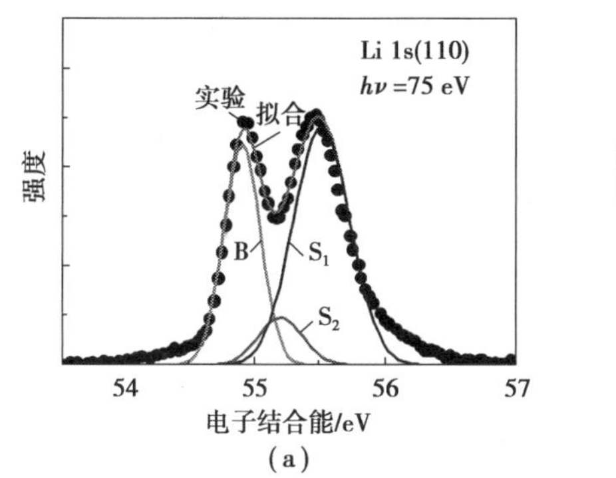

(a)

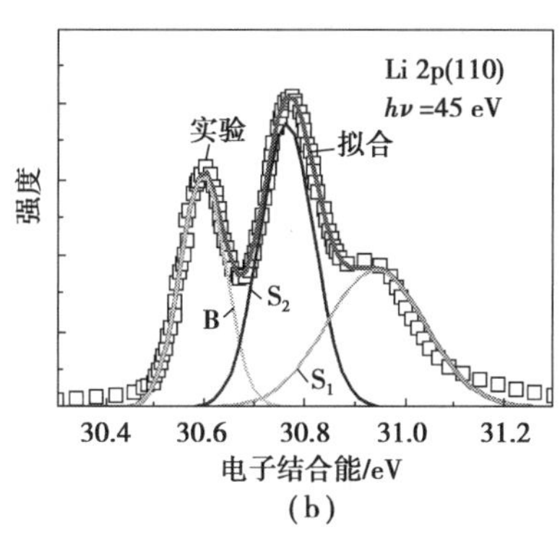

(b)

图6.5　bcc结构的(a)Li(110)面[97](b)Na(110)面[98]的XPS解谱

表6.1　Li(110)面和Na(110)面不同原子配位数 z_x 下的结合能 $E_\nu(x)$,单原子能级 $E_\nu(0)$,块体偏移量 $\Delta E_\nu(\mathrm{B})$,局域键应变 ε_x,能级偏移 δE_ν,原子结合能 δE_C 和键能密度 δE_D

物理量	x	z_x	Li 1s	Na 2p	$-\varepsilon_x/\%$	$\delta E_\nu/\%$	$\delta E_\mathrm{D}/\%$	$-\delta E_\mathrm{C}/\%$
$E_\nu(0)$	—	0	50.673	28.194	—	—	—	—
σ	—	—	0.001	0.006	—	—	—	—
$\Delta E_\nu(\mathrm{B})$	—	—	4.233	2.401	—	—	—	—
$E_\nu(\mathrm{B})$	B	12	54.906	30.595	0	0	0	0

续表

物理量	x	z_x	Li 1s	Na 2p	$-\varepsilon_x/\%$	$\delta E_\nu/\%$	$\delta E_D/\%$	$-\delta E_C/\%$
(110)	S_2	5.83	55.205	30.764	6.61	5.97	31.43	47.98
	S_1	3.95	55.520	30.943	12.67	12.75	71.92	62.31

BOLS-TB 方法得到金属和半金属表面键收缩引起的能级偏移[70]，即

$$
\begin{cases}
E_{1s}(x)=\langle E_{1s}(0)\rangle \pm\sigma+\Delta E_{1s}(B)C_x^{-1}=50.673\pm0.001+4.233C_x^{-1} & (\text{Li 1s})\\
E_{2p}(x)=\langle E_{2p}(0)\rangle \pm\sigma+\Delta E_{2p}(B)C_x^{-1}=28.194\pm0.006+2.365C_x^{-1} & (\text{Na 2p})\\
E_{3p}(x)=\langle E_{3p}(0)\rangle \pm\sigma+\Delta E_{3p}(B)C_x^{-1}=15.595\pm0.003+2.758C_x^{-1} & (\text{K 3p})\\
E_{4p}(x)=\langle E_{4p}(0)\rangle \pm\sigma+\Delta E_{4p}(B)C_x^{-1}=13.654\pm0.003+1.286C_x^{-1} & (\text{Rb p})\\
E_{5p}(x)=\langle E_{5p}(0)\rangle \pm\sigma+\Delta E_{5p}(B)C_x^{-1}=10.284\pm0.005+1.546C_x^{-1} & (\text{Cs 5p})\\
E_{3d_{5/2}}(x)=\langle E_{3d_{5/2}}(0)\rangle \pm\sigma+\Delta E_{3d_{5/2}}(B)C_x^{-1}=330.261\pm0.003+4.359C_x^{-1} & (\text{Pd 3d}_{5/2})\\
E_{3d_{5/2}}(x)=\langle E_{3d_{5/2}}(0)\rangle \pm\sigma+\Delta E_{3d_{5/2}}(B)C_x^{-1}=302.163\pm0.004+4.367C_x^{-1} & (\text{Rh 3d}_{5/2})\\
E_{4f_{7/2}}(x)=\langle E_{4f_{7/2}}(0)\rangle \pm\sigma+\Delta E_{4f_{7/2}}(B)C_x^{-1}=56.367\pm0.002+3.965C_x^{-1} & (\text{Ir 4f}_{7/2})\\
E_{2p_{3/2}}(x)=\langle E_{2p_{3/2}}(0)\rangle \pm\sigma+\Delta E_{2p_{3/2}}(B)C_x^{-1}=72.146\pm0.003+0.499C_x^{-1} & (\text{Al 2p}_{3/2})\\
E_{4f_{7/2}}(x)=\langle E_{4f_{7/2}}(0)\rangle \pm\sigma+\Delta E_{4f_{7/2}}(B)C_x^{-1}=80.726\pm0.002+2.866C_x^{-1} & (\text{Au 4f}_{7/2})\\
E_{3d_{5/2}}(x)=\langle E_{3d_{5/2}}(0)\rangle \pm\sigma+\Delta E_{3d_{5/2}}(B)C_x^{-1}=363.022\pm0.003+4.628C_x^{-1} & (\text{Ag 3d}_{5/2})\\
E_{4f_{7/2}}(x)=\langle E_{4f_{7/2}}(0)\rangle \pm\sigma+\Delta E_{4f_{7/2}}(B)C_x^{-1}=28.899\pm0.002+2.194C_x^{-1} & (\text{W 4f}_{7/2})\\
E_{3d_{5/2}}(x)=\langle E_{3d_{5/2}}(0)\rangle \pm\sigma+\Delta E_{3d_{5/2}}(B)C_x^{-1}=224.868\pm0.002+2.699C_x^{-1} & (\text{Mo 3d}_{5/2})\\
E_{4f_{7/2}}(x)=\langle E_{4f_{7/2}}(0)\rangle \pm\sigma+\Delta E_{4f_{7/2}}(B)C_x^{-1}=19.368\pm0.003+2.282C_x^{-1} & (\text{Ta 4f}_{7/2})\\
E_{4f_{7/2}}(x)=\langle E_{4f_{7/2}}(0)\rangle \pm\sigma+\Delta E_{4f_{7/2}}(B)C_x^{-1}=40.015\pm0.003+2.629C_x^{-1} & (\text{Re 4f}_{7/2})\\
E_{3d_{5/2}}(x)=\langle E_{3d_{5/2}}(0)\rangle \pm\sigma+\Delta E_{3d_{5/2}}(B)C_x^{-1}=275.883\pm0.003+3.694C_x^{-1} & (\text{Ru 3d}_{5/2})\\
E_{1s}(x)=\langle E_{1s}(0)\rangle \pm\sigma+\Delta E_{1s}(B)C_x^{-1}=106.416\pm0.003+3.694C_x^{-1} & (\text{Be 1s})\\
E_{1s}(x)=\langle E_{1s}(0)\rangle \pm\sigma+\Delta E_{1s}(B)C_x^{-2.56}=282.57\pm0.01+1.32C_x^{-2.56} & (\text{C 1s})\\
E_{2p}(x)=\langle E_{2p}(0)\rangle \pm\sigma+\Delta E_{2p}(B)C_x^{-4.88}=96.089\pm0.008+2.461C_x^{-4.88} & (\text{Si 2p})\\
E_{3d_{5/2}}(x)=\langle E_{3d_{5/2}}(0)\rangle \pm\sigma+\Delta E_{3d_{5/2}}(B)C_x^{-5.27}=27.579\pm0.003+1.381C_x^{-5.27} & (\text{Ge 3d}_{5/2})
\end{cases}
$$

BOLS-TB 方法计算可得键性能参数，如键应变 ε_x、能级偏移 δE_ν、原子结合能 δE_C 和键能密度 δE_D，即

$$\begin{cases}\varepsilon_x = C_x - 1 & (\text{键应变}) \\ \Delta E_\nu(x) = \Delta E_\nu(\mathrm{B})C_x^{-m} & (\text{能级偏移}) \\ \delta E_\mathrm{C} = z_{xb}C_x^{-m} - 1 & (\text{原子结合能}) \\ \delta E_\mathrm{D} = C_x^{-(m+\tau)} - 1 & (\text{键能密度})\end{cases} \tag{6.10}$$

其中,$z_{xb}=z/12$ 是归一化原子配位数。τ为材料维度,$\tau=1$ 为纳米薄层;$\tau=2$ 为纳米线或棒;$\tau=3$ 为纳米固体。上述键参数信息见表 6.2—表 6.5。以 fcc 结构为例,fcc(100)面各层的原子配位数为 $z_1=4$,$z_2=5.73$ 和 $z_{x\geqslant3}=12$,键的收缩分别为 $C_1=0.88$,$C_2=0.92$ 和 $C_x\geqslant_3=1$。不同物质键性质参数 m 会有所不同,比如对于金、银和铜等金属,$m=1$;碳,$m=2.56$[99];硅,$m=4.88$[67]。给定 m 值,计算得到铜(4.39 eV/atom)、金刚石(7.37 eV/atom)和硅(4.63 eV/atom)的键能[82],见表 6.6。

表 6.2　面心立方结构(fcc)的 Pd、Rh、Ir、Al、Au 和 Ag 不同取向表层各原子层的 z_x、$E_\nu(0)$、$E_\nu(\mathrm{B})$、$\Delta E_\nu(\mathrm{B})$、ε_x、δE_ν、δE_C 和 δE_D

fcc	i	z	Pd $3d_{5/2}$	Rh $3d_{5/2}$	Ir $4f_{7/2}$	Al $2p_{3/2}$	Au $4f_{7/2}$	Ag $3d_{5/2}$	$-\varepsilon_x$ /%	δE_x /%	δE_D /%	$-\delta E_\mathrm{C}$ /%
m	—	—	1[100]	1[101]	1[102-104]	1[105]	1[106]	1[107]	—	—	—	—
$E_\nu(0)$	—	0	330.261	302.163	56.367	72.146	80.726	363.022	—	—	—	—
σ	—	—	0.003	0.004	0.002	0.003	0.002	0.003	—	—	—	—
$E_\nu(12)$	B	12	334.620	306.530	60.332	72.645	83.692	367.650	0	0	0	0
$\Delta E_\nu(12)$	—	—	4.359	4.367	3.965	0.499	2.866	4.628	—	—	—	V
(111)	S_2	6.31	334.88	306.79	60.571	72.675	84.057	367.93	5.63	5.97	26.08	44.28
	S_1	4.26	335.18	307.08	60.84	72.709	83.863	368.24	11.31	12.75	61.60	59.97
	D	3.14	—	—	—	—	—	368.63	17.45	21.15	115.39	68.30
(100)	S_2	5.73	334.94	306.85	60.624	72.682	84.099	367.99	6.83	7.33	72.70	48.75
	S_1	4.00	335.24	307.15	60.898	72.716	83.902	368.31	12.44	14.20	70.09	61.93
(110)	S_2	5.40	334.98	306.89	—	—	84.122	—	7.62	8.25	37.33	51.29
	S_1	3.87	335.28	307.18	—	—	83.929	—	13.05	15.02	74.99	62.91
(210)	S_3	5.83	—	—	60.613	—	—	—	6.60	7.07	31.43	47.98
	S_2	4.16	—	—	60.861	—	—	—	11.72	13.28	64.68	60.73
	S_1	2.97	—	—	61.251	—	—	—	18.78	23.12	129.77	69.53

表 6.3　体心立方结构(bcc)的 W、Mo 和 Ta 不同取向表层各原子层的 z_x、$E_\nu(0)$、$E_\nu(B)$、$\Delta E_\nu(B)$、ε_x、δE_ν、δE_C 和 δE_D

bcc	i	z	W $4f_{7/2}$	Mo $3d_{5/2}$	Ta $4f_{7/2}$	$-\varepsilon_x$/%	δE_ν/%	$-\delta E_C$/%	δE_D/%
m	—	—	1[108-110]	1[111,112]	1[113,114]	—	—	—	—
$E_\nu(0)$	—	0	28.889	224.868	19.368	—	—	—	—
$E_\nu(12)$	B	12	31.083	227.567	21.650	0	0	0	0
$\Delta E_\nu(12)$	—	—	2.194	2.699	2.282	—	—	—	—
σ	—	—	0.002	0.002	0.002	—	—	—	—
(100)	S_2	5.16	31.293	227.813	21.855	8.27	9.01	53.13	41.21
	S_1	3.98	31.398	227.957	21.977	12.53	14.32	62.08	70.81
(110)	S_2	5.83	31.240	227.761	21.811	6.60	7.07	47.98	31.43
	S_1	3.95	31.402	227.962	21.981	12.67	14.51	62.31	71.92
(111)	S_2	5.27	31.275	—	21.847	7.96	8.65	52.28	39.37
	S_1	4.19	31.370	—	21.949	11.60	13.12	60.50	63.73

表 6.4　金刚石结构的 Si 和 Ge 的不同取向表皮各原子层的 z_x、$E_\nu(0)$、$E_\nu(B)$、$\Delta E_\nu(B)$、ε_x、δE_ν、δE_C 和 δE_D

diamond	i	z	Si 2p	Ge 3d	$-\varepsilon_x$/%	δE_ν/%	$-\delta E_C$/%	δE_D/%
m	—	—	4.88[115]	5.47[116]	—	—	—	—
$E_\nu(0)$	—	0	96.089	27.579	—	—	—	—
$E_\nu(12)$	B	12	98.550	28.960	0	0	0	0
$\Delta E_\nu(12)$	—	—	2.461	1.381	—	—	—	—
σ	—	—	0.008	0.002	—	—	—	—
(100)	S_2	6.76	99.224	29.391	4.84	31.18	26.10	52.24
	S_1	5.08	99.884	29.823	8.49	62.50	31.21	112.08
(111)	S_2	7.08	99.143	29.339	4.34	27.47	24.79	45.62
	S_1	5.39	99.719	29.713	7.65	54.54	30.58	96.22

表 6.5　六角密排结构(hcp)的 Be、Re 和 Ru 的不同取向表皮各原子层的 z_x、$E_\nu(0)$、$E_\nu(B)$、$\Delta E_\nu(B)$、ε_x、δE_ν、δE_C 和 δE_D

hcp	i	z	Re $4f_{7/2}$	Ru $3d_{5/2}$	Be 1s	$-\varepsilon_x/\%$	$\delta E_\nu/\%$	$-\delta E_C/\%$	$\delta E_D/\%$
m	—	—	1[117]	1[118]	1[119]	—	—	—	—
$E_\nu(0)$	—	0	40.015	275.883	106.416	—	—	—	—
σ	—	—	0.003	0.003	0.003	—	—	—	—
$E_\nu(12)$	B	12	42.645	279.544	110.110	0	0	0	0
$\Delta E_\nu(12)$	—	—	2.629	4.661	3.694	—	—	—	—
(0001)	S_3	6.50	42.794	279.749	111.370	5.28	5.58	42.81	24.25
	S_2	4.39	42,965	279.749	111.680	10.79	12.10	58.99	57.90
	S_1	3.50	43.110	280.193	111.945	15.06	17.73	65.66	92.14
$(10\bar{1}0)$	S_4	6.97	—	279.719	111.330	4.51	4.72	39.18	20.26
	S_3	4.80	—	279.921	111.590	9.35	10.31	55.88	48.08
	S_2	3.82	—	280.105	111.830	13.30	15.35	63.28	77.01
	S_1	3.11	—	280.329	112.122	17.68	21.47	68.52	117.74
$(11\bar{2}0)$	S_4	6.22	—	—	111.200	5.80	6.16	44.97	27.01
	S_3	4.53	—	—	111.650	10.27	11.45	57.93	54.26
	S_2	3.71	—	—	111.870	13.88	16.11	64.10	81.76
	S_1	2.98	—	—	112.190	18.70	22.99	69.46	128.84
$(12\bar{3}1)$	S_4	6.78	42.779	—	—	4.81	5.05	40.65	21.79
	S_3	4.88	42.910	—	—	9.09	10.00	55.27	46.43
	S_2	3.55	42.100	—	—	14.77	17.33	65.29	89.49
	S_1	2.84	43.305	—	—	19.89	24.83	70.46	142.80

注:基于最优的配位数和已知的 m 值,推导出键应变 $\varepsilon_x = C_x - 1$、能级偏移 $\delta E_\nu = C_x^{-m} - 1$、键能密度 $\delta E_D = C_x^{-(m+\tau)} - 1$、各原子层的原子结合能 $\delta E_C = z_{xb} C_x^{-m} - 1$。能量单位为 eV。

表 6.6　键性质参数 m 与表面和块体 E_D、E_C 的关系[120]

m	E_D(块体)(eV/nm^3)	E_D(表面)(eV/nm^3)	E_D(表面)(eV/块体)	E_C(块体)(eV/原子)	E_C(表面)(eV/原子)	E_C(表面)(eV/块体)
1(Cu)	155.04	198.60	1.468	4.39	2.00	0.455
2.56(金刚石)	1 307.12	2 262.63	1.713	7.37	3.86	0.524
4.88(Si)	164.94	357.09	2.165	4.63	3.00	0.649

图 6.6 给出不同晶面键能密度 E_D(eV/nm^3)和原子结合能 E_C(eV/atom)。其中,原子结合能 E_C 决定材料的热稳定性,而键能密度 E_D 决定材料的弹性模量。从图 6.6 中可知,表面的键能密度 E_D 比块体的要高,而表面的原子结合能 E_C 总是比块体要低。图 6.6 为理论预测配位数 z 与局域键应变 ε_x,能级偏移$\Delta E_\nu(x)$,原子结合能 E_C 和键能密度 E_D 关系。上述键性能参数将为材料设计提供重要的理论依据。

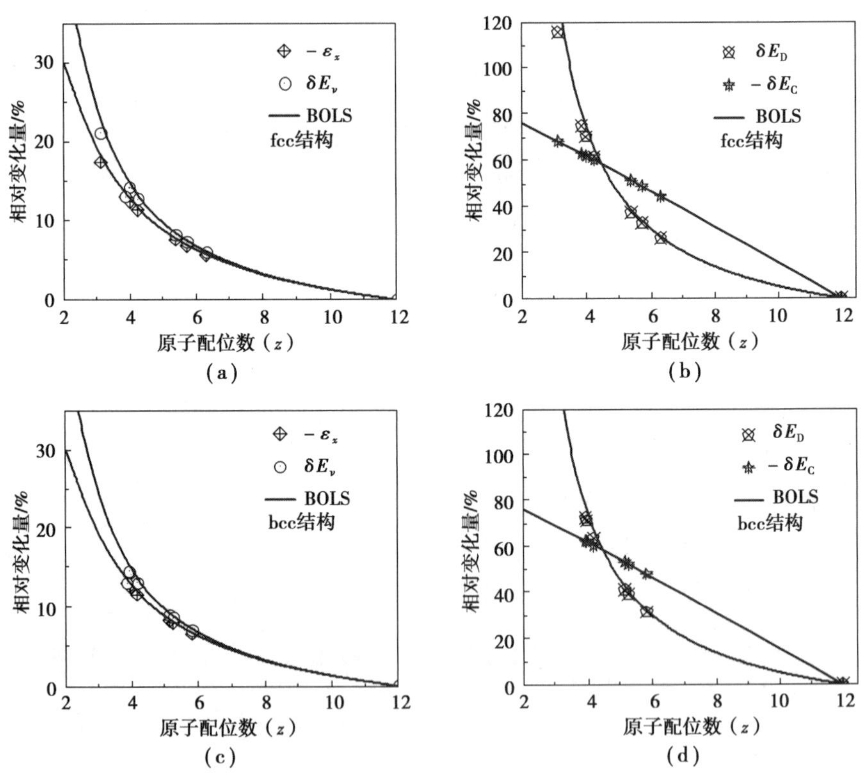

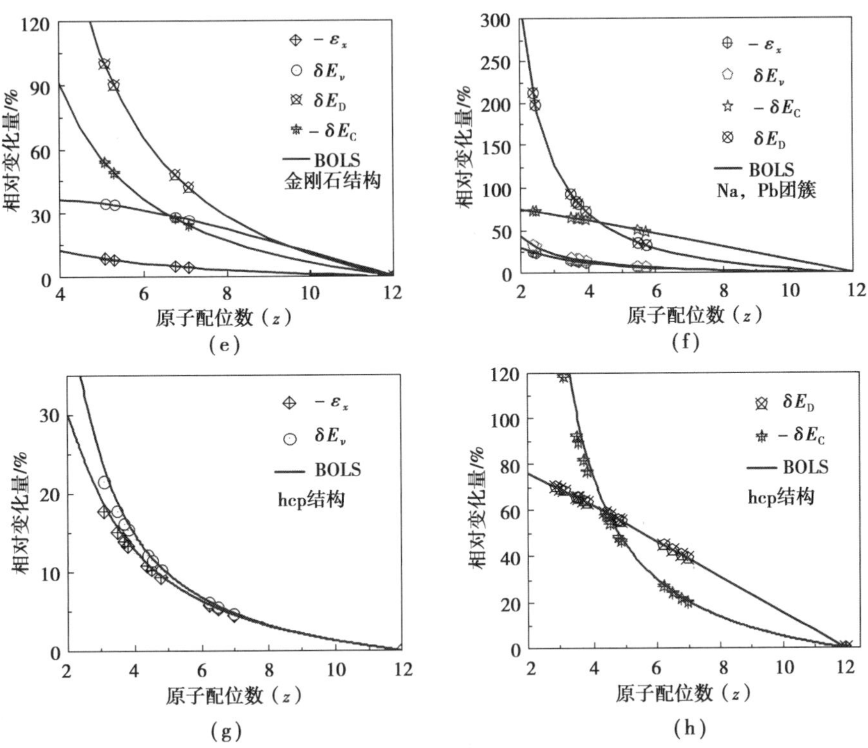

图6.6　理论预测的原子配位数 z_x 与键应变 ε_x、能级偏移 δE_ν、原子结合能 δE_C 和键能密度 δE_D 关系(a),(b)fcc 结构,(c),(d)bcc 结构,(e),(f)diamond 结构和(g),(h)hcp 结构[70]。理论推导出键应变 $\varepsilon_x = C_x - 1$、能级偏移 $\delta E_\nu = C_x^{-m} - 1$、键能密度 $\delta E_D = C_x^{-(m+\tau)} - 1$、各原子层的原子结合能 $\delta E_C = z_{xb} C_x^{-m} - 1$

6.4　温度效应能级偏移

当温度升高时,原子的键长和键能将发生变化。BOLS-TB 方法拓展到温度变化的情况,键能 E_x、键长 d_x 及原子结合能 E_C 的函数表达式为

$$\begin{cases} d_x = d_b\left[(1 + (C_z - 1))\left(1 + \int_{T_0}^{T} \alpha(t)\,\mathrm{d}t\right)\right] \\ E_x = E_b\left[1 + \dfrac{\int_{T_0}^{T} \eta(t)\,\mathrm{d}t}{E_C}\right] \end{cases} \tag{6.11}$$

T_0 是不同环境下的参考温度,$\alpha(t)$ 是热膨胀系数。$\eta(t) = C_\nu(T/\theta_D)/z$ 是单键比热,z 和 θ_D 分别是原子配位数和德拜温度。考虑到晶体的熔点正比于结合能,$T_{mx} \propto zE_x$。式(6.11)中,$T_{mx}/T_m = zE_x/z_b E_b = z_{xb} C_x^{-m} = 1 + \Delta_T$,$\Delta_T$ 是温度对结合能的

微扰。z_{xb} 是归一化原子配位数。

从经典热力学角度，固液态相变所需要的热能 E_T 通过计算比热积分获得，即

$$\frac{\Delta E_T(K)}{E_T(B)}=\frac{\int_0^{T_m(K)}C_p(K,T)\,dT}{\int_0^{T_m(\infty)}C_p(B,T)\,dT}-1\approx\frac{\Delta T_m(K)}{T_m(B)}=\Delta_T \tag{6.12}$$

其中，K 表示纳米颗粒的尺寸，B 表示块体材料。在式(6.12)的温度积分中，$C_p(K,T)\approx C_p(B,T)\approx C_\nu(B,T)=$常数，虽然 $C_p(K_j,T)\neq C_p(B,T)\neq C_\nu(B,T)\neq$常数，但德拜温度和比热 C_p 的大小会受尺寸和温度的影响，会使比热 C_p 有 3%～5% 的偏差；由于纳米固体的尺寸与形状对温度的影响，偏差可以忽略不计。实验表明在测量温度范围内，比热 C_p 并没有随着尺寸的变化而发生明显的变化，可将 C_p 看作常数。简单化处理后，式(6.12)中的积分得到的结果与实际值相差无几。

根据德拜近似，温度作用热扰动 Δ_T 的原子结合能 E_C 满足以下关系为

$$\begin{aligned}\Delta_T&=\frac{\int_0^T\eta(T)\,dt}{E_C}=\int_0^T\frac{C_\nu(T/\theta_D)}{zE_x}dt\\&=\frac{\tau^2R}{E_C}\left(\frac{T}{\theta_D}\right)^\tau\int_0^T\int_0^{\theta_D/T}\frac{x^{\tau+1}e^x}{(e^x-1)^2}dx\,dt\quad(\tau=1,2,3)\end{aligned} \tag{6.13}$$

其中，τ是材料的形状因子，原子结合能 $E_C=zE_x$ 决定式中热扰动哈密顿量 Δ_T。$\eta(T)=C_\nu/z$，是单键比热。在高温极限时，热容 C_ν 的数值近似等于τR（R 是理想气体常数）。

$$\frac{\Delta E_\nu(I)}{\Delta E_\nu(B)}=\gamma=\frac{E_I}{E_b}=1+\Delta_T$$

图 6.7 是内能和比热容 C_v（以 R 为单位）与温度三者之间的关系图。当温度大于德拜温度即 $T>\theta_D$ 时，比热近似为一个常数，并且比热容对温度的积分（或是温度

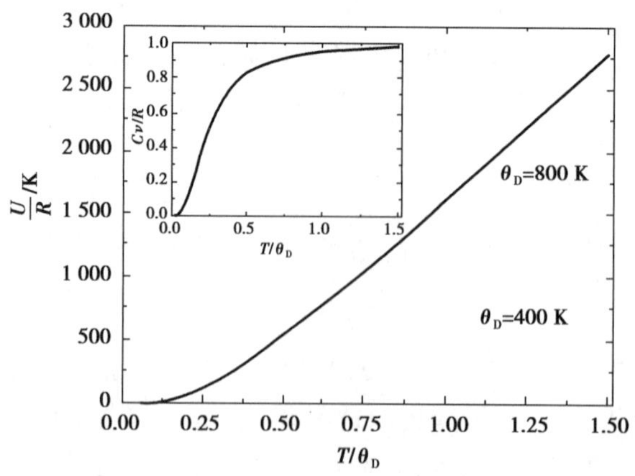

图 6.7　温度引起内能的变化（插图为比热容 C_ν 与温度 T 关系）

引起的内能变化）与温度 T 成线性关系，而在低温部分，内能的变化与温度的4次方成线性关系，从积分式得出这个关系的范围严格依赖德拜温度 θ_D 的大小。

图6.8为XPS实验Li(110)面不同温度的能级偏移。利用式(6.13)对Li(110)面不同温度的电子结合能的曲线进行拟合，得到原子结合能 E_C 和单键键能 E_x。从图6.8中，我们得到在温度400 ℃时，电子结合能发生明显的变化。温度升高，原子配位数从12变成9。温度升高，原子配位数减少，单键键能升高，原子结合能减少，电子结合能增大。上述式(6.13)中，温度的曲线在拟合时没有考虑热膨胀效应，即化学键的伸长。图6.8中，德拜温度(θ_D)来自文献[121-123]。当 $T<\theta_D/3$ 时，$\eta(t)$ dt 正比于温度的3次方 T^3 能量的偏移缓慢，$\eta(t)$ 对温度积分值较小。当 $T>\theta_D/3$ 时，能级偏移和温度曲线从非性关系向线性关系转化。结果表明 θ_D 决定低温部分的宽度，结合能的倒数 $[zE_x]^{-1}$ 决定高温部分能量的斜率。原子结合能（或原子键能）决定材料的热稳定性和能级偏移的趋势。上述方法也可以预测在不同温度作用下的拉曼频移和杨氏模量的变化。

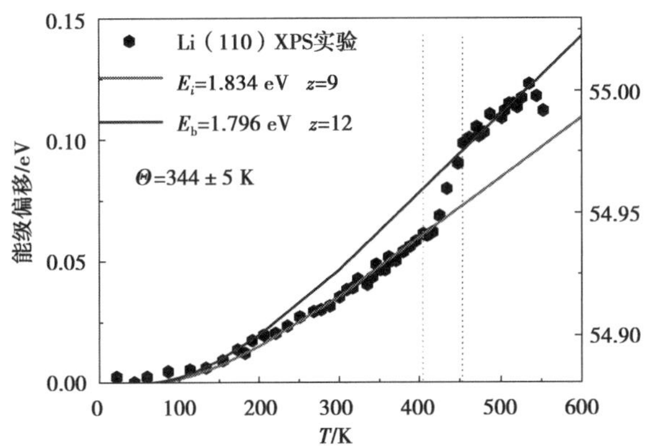

图6.8 Li(110)面不同温度变化下的能级偏移[96]

6.5 原子缺陷Si表面能级偏移

CASTEP软件包对Si表面断键引起的能级偏移进行计算。计算选用超软赝势，考虑相对论效应。在计算中，把Si(100)和(210)表面底部的一层原子固定，其他三层原子作为材料的自由表面，真空层的厚度为12 Å。Si(100)和(210)晶格参数分别是 a=5.431 Å、b=10.861 Å、c=16.073 Å($\alpha=\beta=\gamma=90.0°$)和 a=5.431 Å、b=13.302 Å、c=18.679 Å ($\alpha=\beta=90.0°,\gamma=114.1°$)。表面结构的优化选用GGA-PW91泛函和截断能为240 eV。计算采用的 k 点(100)面为6×4×2和(210)面为7×3×2，选取布里渊区采样的间隔不小于0.05 Å^{-1}。

图6.9(a)中原子E和邻近的原子通过单键相连，优化计算后，原子E单键会变成双键，原子的键能增强。结果显示原子E和近邻原子1、2、3的距离分别是2.577 Å、3.572 Å、3.394 Å，相对应块体的距离分别是3.840 Å、4.503 Å、3.840 Å。由此说明，原子的键长出现收缩的现象，原子E的距离和原子1、2、3分别收缩32.89%、21.68%和11.61%。根据能量最低原理，任何自发弛豫的过程都会伴随体系总能的降低。键的自发收缩引起晶体势阱加深或是单键键能增加。图6.9(b)是台阶Si(210)表面和平整Si(100)表面四层原子情形下能级偏移的对比。结果显示，Si(210)比(100)面的能级偏移更多(相对于费米面$E_F=0$)。结果显示化学键的收缩和表面结合能增强。上述结论与BOLS理论预测的键长收缩，键能增强的结论是一致的。

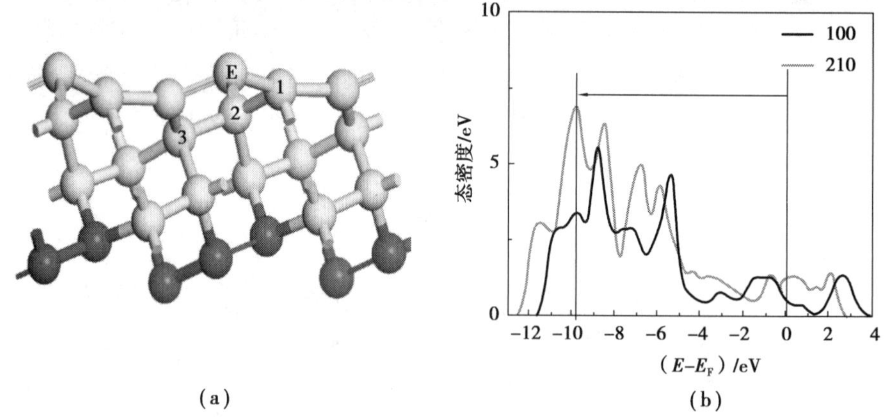

图6.9 (a)几何优化Si(210)台阶表面的结构；(b)Si(210)的能级偏移比Si(100)的能级偏移要更多(以费米面$E_F=0$作为参考)[115]

6.6 原子缺陷$CuCrO_2$表面电子输运

使用CASTEP软件包对$CuCrO_2$表面几何结构和电子性质进行计算。DFT计算使用超软赝势PBE泛函。为避免层与层之间的相互作用，真空层高度为14 Å。能量的收敛标准设置为1×10^{-6} eV，平面波的截断能为400 eV和$4\times4\times1$的k点。电子传输的性能计算使用的Atomistix Tool Kit(ATK)软件包，电子传输的计算是基于密度泛函理论(DFT)的非格林平衡函数(NEGFs)。电子传输计算使用相同的PBE泛函。k点为4×4×150。密度网格使用的截止能是125 Hartree。能量的收敛标准设置为10^{-5}eV。原子为弛豫应力小于0.02 eV/Å。

图6.10(a)、(b)中，Cr(Ⅰ)，Cr(Ⅱ)，O(Ⅲ)，Cu(Ⅳ)和Cu(Ⅴ)表示缺陷位置的原子。数字Ⅰ—Ⅴ表示不同位置的原子，Cu原子是Ⅳ，Cr原子是Ⅰ、Ⅱ，O原子是Ⅲ、Ⅴ。从几何结构的优化结果中，我们发现存在O缺陷的$CrCuO_2$，Cr和Cu原子会形成金属键。与在没有氧缺陷情况下，Cr—O和Cu—O形成共价键的情况不同。相比共价

键,金属键的键能比共价键的键能要小。图 6.10(c)、(d)是差分电荷密度图。对比图 6.10(c)、(d),我们得到存在缺陷 $CrCuO_2$,会出现电子集聚的“库仑”岛。图中差分电荷密度 A 部分表示电子集聚区,B 部分表示电子发散区。原子上的数字表示的是密里布居的电荷,正数表示得到电子,负数表示失去电子。从差分电荷密度和密里布居电荷知道,在缺陷处原子位置得失电子的情况。在没有氧缺陷的情况下,Cu 原子和 Cr 原子是失去电子,O 原子是得到电子,如图 6.10(c)所示。在有氧缺陷的情况下,Cu 原子和 O 原子是得到电子,Cr 原子是失去电子,如图 6.10(d)所示。出现 O 原子缺陷时,O 原子(5 原子)得到的部分电子会转移到 Cr 原子(1,2)和 Cu(3)原子上面。同时,没有缺陷处的 O(4)原子电荷变化不大。图 6.10(e)、(f)是 ATK 计算的电子传输谱图。从图 6.10(e)、(f)中可看出,没有缺陷的 $CrCuO_2$,电子左边传输到右边;而存在缺陷的 $CrCuO_2$,电子不能从左边传输到右边。

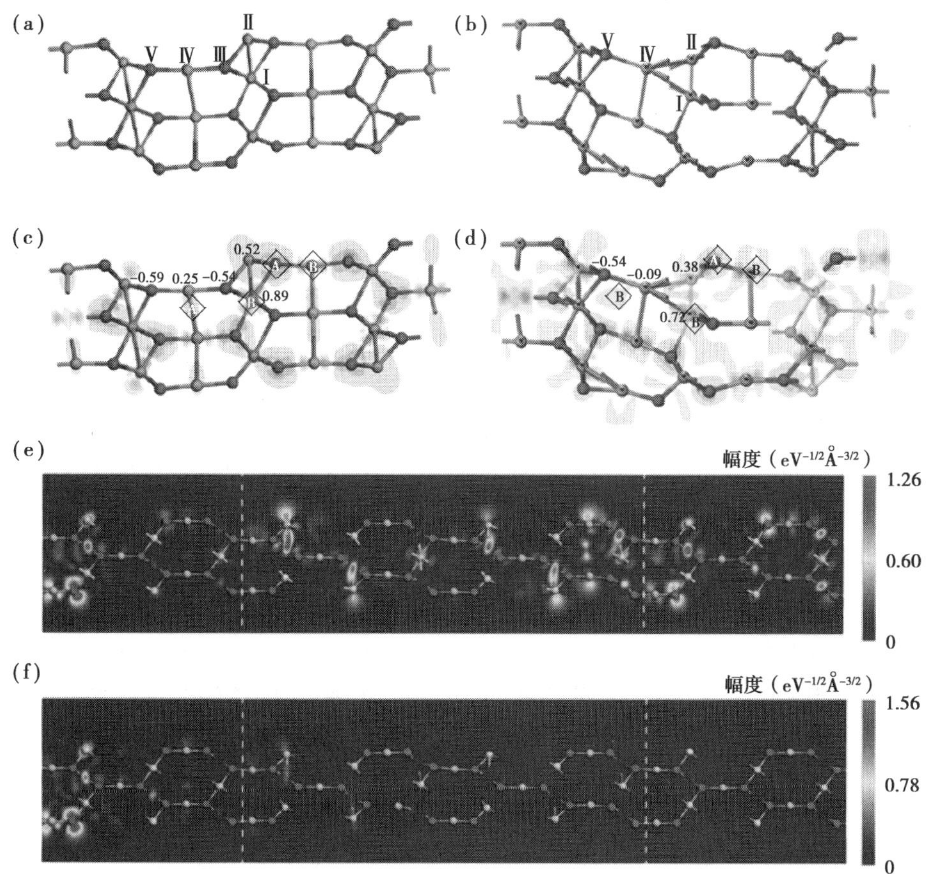

图 6.10　(a)无 O 原子缺陷的 CCO 几何结构;(b)有 O 原子缺陷的有 O 原子缺陷;(c)无 O 原子缺陷的差分电荷密度图;(d)有 O 原子缺陷的差分电荷密度图;(e)无 O 原子缺陷的电子传输谱图;(f)有 O 原子缺陷的电子传输谱图[124]

第7章 纳米团簇

7.1 团簇表面能级偏移解析

团簇是由几个乃至上千个原子、分子或离子通过物理或化学结合力组成的相对稳定的微观或亚微观聚集体，其物理和化学性质随所含的原子数目而变化。原子团簇独特的性质源于其结构上的特点，因其尺寸小，处于表面的原子比例极高，而表面原子的几何构型、自旋状态以及原子间作用力都完全不同于块体原子。图7.1为不同原子数量纳米团簇 Na[125] 2p 和 Pb[126] $5d_{5/2}$ 能级 XPS 分峰。团簇与固体表面相同每个成分峰能谱可分解成块体(B)和表面(S_x，$x=1,2$)的组分。表面芯能级偏移公式，可计算不同原子数量纳米团簇的原子配位数。结果表明，原子数目越少，纳米团簇原子配位数越少，能级偏移量越大。团簇表面能级偏移与固体表面能级偏移机制是相同的。原子低配位引起了表面原子的芯能级偏移，能级偏移取决于表面的原子配位数。理论计算可得键应变 ε_x、能级偏移 δE_ν、原子结合能 δE_C 和键能密度 δE_D 等键性能参数，见表7.1。

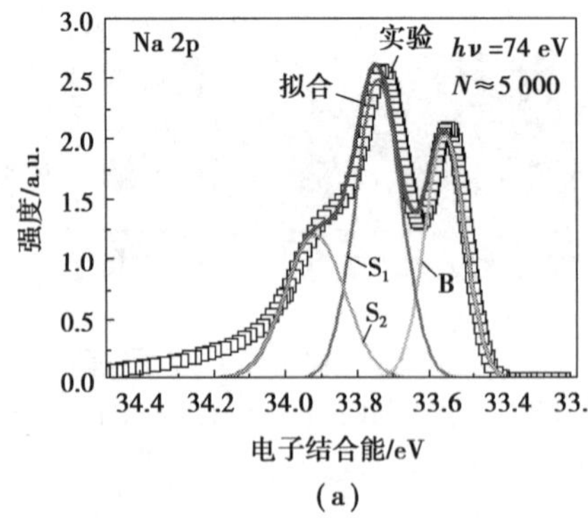

(a)

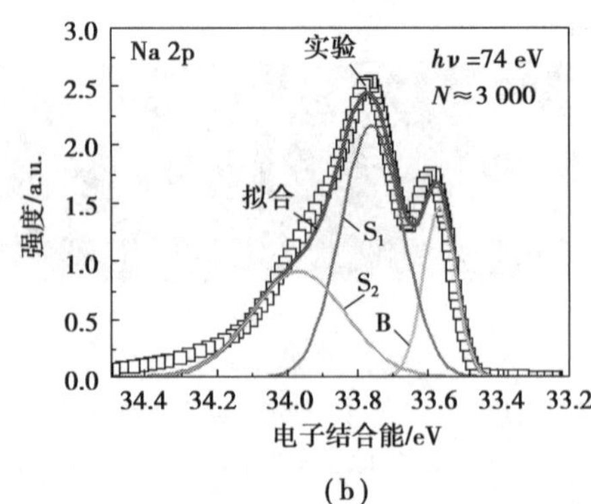

(b)

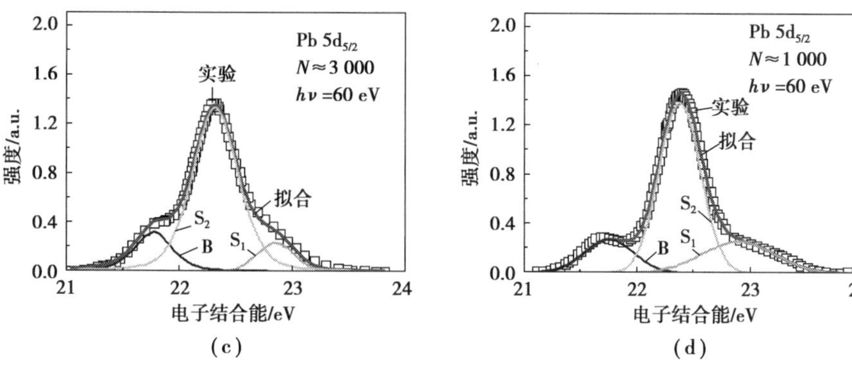

图 7.1　原子配位分辨不同原子数量团簇(a)(b)Na 2p 和(c)(d)Pb $5d_{5/2}$ 表面 S_1、表面 S_2 和块体 B[126]

表 7.1　不同原子数量 Na 和 Pb 团簇电子结合能 $E_\nu(x)$、单原子能级 $E_\nu(0)$、块体偏移量$\Delta E_\nu(B)$、键应变 ε_x、能级偏移 δE_ν、原子结合能 δE_C 和键能密度 δE_D

物理量	组分	z	Na 2p	Pb $5d_{3/2}$	$-\varepsilon_x$/%	δE_ν/%	δE_D/%	$-\delta E_C$/%
$E_\nu(0)$	—	0	31.167	18.283	—	—	—	—
σ	—	-	0.006	0.002	—	—	—	—
$E_\nu(12)$	B	12	33.568	21.761	0	0	0	0
$\Delta E_\nu(12)$	—	—	2.401	3.478	—	—	—	—
5000 (Na)	S_2	5.71	33.745	—	6.87	7.38	32.96	48.90
	S_1	3.91	33.921	—	12.86	14.76	73.43	62.61
3000 (Na)	S_2	5.46	33.762	—	7.47	8.08	36.43	50.83
	S_1	3.63	33.968	—	14.31	16.70	85.49	64.70
3000 (Pb)	S_2	3.69	—	22.325	13.97	16.24	82.56	64.26
	S_1	2.45	—	22.855	23.93	31.46	198.64	73.16
1000 (Pb)	S_2	3.47		22.387	15.27	18.02	94.02	65.87
	S_1	2.37	—	22.910	24.84	33.05	213.37	73.72

7.2　DFT 计算表面能级偏移

VASP 软件对 Na 团簇的能级偏移进行了 DFT 计算。DFT 计算采用 LDA 和 GGA 交换关联泛函，截断能是 400 eV，能量和力的收敛标准分别是 10^{-5} 和 0.01 eV/Å。

晶格参数是 $a=b=c=26$ Å,($\alpha=\beta=\gamma=90.0°$)。对纳米团簇,$k$ 点可采用 1×1×1。计算 DOS 中得到不同原子位置的能量偏移。DFT 计算原子配位计算公式为[98]

$$\begin{cases} z_x = 12/\left\{8\ln\left(\dfrac{2\Delta E_\nu(x) - \Delta E_\nu(\mathrm{B})}{\Delta E_\nu(\mathrm{B})}\right) + 1\right\} \\ E_\nu(x) = \Delta E'_\nu(x) + E_\nu(\mathrm{B}) \text{ 或者 } \Delta E_\nu(x) = \Delta E'_\nu(x) + \Delta E_\nu(\mathrm{B}) \end{cases} \tag{7.1}$$

式中,$\Delta E_\nu(x)=E_\nu(x)-E_\nu(0)$ 和 $\Delta E'_\nu(x)=E_\nu(x)-E_\nu(\mathrm{B})$ 分别是相对单原子能级和块体原子能级的偏移量。DOS 得到能级偏移量,代入式(7.1),计算出原子配位数。

从图 7.2 和表 7.2 中可知,原子的位置决定原子能级轨道能量密度的分布,具有相同配位数的原子,能级偏移量相同。例如,Na_{44} 和 Na_{46} 具有相同近邻原子数,它们的能级偏移量相同。边缘原子的能级偏移总是比内部原子的要大(相对于费米能级 E_F),而边缘原子的原子配位数要小于内部原子。因此,低配位原子引起了能级的正向偏移。原子配位数越低,能量偏移越大,键能也就越强。考虑到势函数可能对计算的结果影响,比较 LDA 和 GGA 两种泛函计算的结果,如图 7.3 所示。结果表明,当原子配位数大于 4 的情况,LDA 和 GGA 两种泛函计算能级偏移量是相同。因此,一般情况下,交换关联泛函对计算结果的影响可以被忽略。

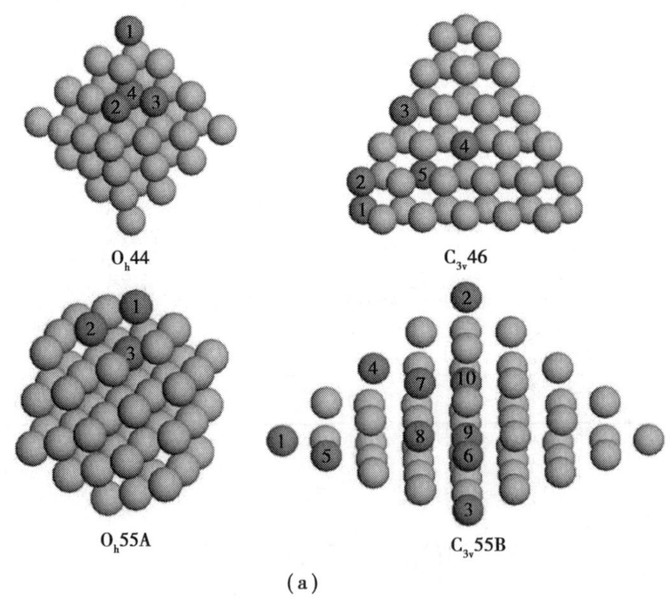

(a)

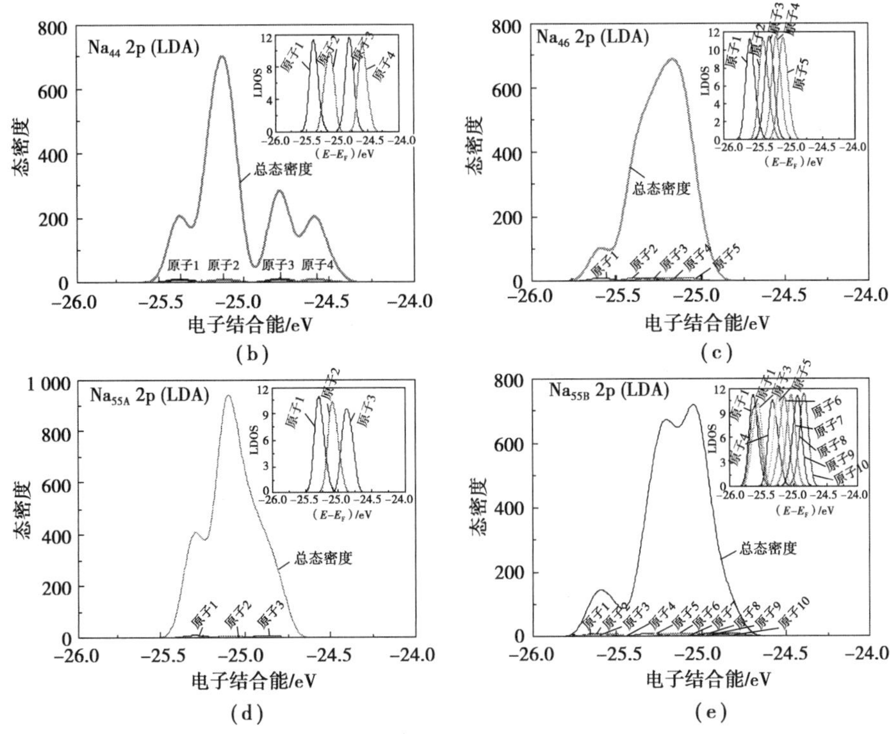

图 7.2　(a)计算优化 Na 团簇结构，(b)—(e)优化结构对应的 DOS[98]

表 7.2　GGA 和 LDA 交换关联两种不同泛函，不同原子位置的配位数 z 和能量偏移 $\Delta E'_\nu(x)$ 的比较

团簇	原子位置	LDA			GGA		
		$E_\nu(z)$	z	$\Delta E'_\nu(z)$	$E_\nu(z)$	z	$\Delta E'_\nu(z)$
Na_{44}	1	25.382	2.37	0.794	25.407	2.58	0.697
	2	25.084	3.19	0.496	25.208	3.18	0.498
	3	24.787	5.39	0.199	24.909	5.39	0.199
	4	24.588	12	0	24.710	12	0
Na_{46}	1	25.395	3.65	0.398	25.488	3.63	0.401
	2	25.295	4.33	0.298	25.387	4.31	0.300
	3	25.196	5.39	0.199	25.286	5.39	0.199
Na_{55A}	1	25.304	3.65	0.397	25.386	3.64	0.399
	2	25.106	5.39	0.199	25.187	5.37	0.200
	3	24.907	12	0	24.987	12	0

续表

团簇	原子位置	LDA			GGA		
		$E_\nu(z)$	z	$\Delta E'_\nu(z)$	$E_\nu(z)$	z	$\Delta E'_\nu(z)$
Na_{55B}	1	25.626	2.37	0.796	25.642	2.56	0.703
	2	25.597	2.42	0.767	25.593	2.68	0.654
	3	25.542	2.54	0.712	25.568	2.75	0.629
	4	25.328	3.18	0.498	25.351	3.57	0.412
	5	25.228	3.65	0.398	25.340	3.63	0.401
	6	25.129	4.32	0.299	25.240	4.30	0.301
	7	25.029	5.39	0.199	25.140	5.36	0.201
	8	25.029	5.39	0.199	25.140	5.36	0.201
	9	24.930	7.32	0.100	25.039	7.32	0.100
	10	24.830	12	0	24.939	12	0

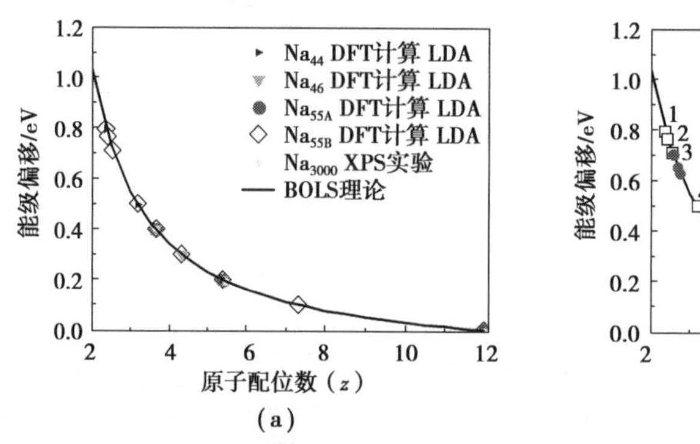

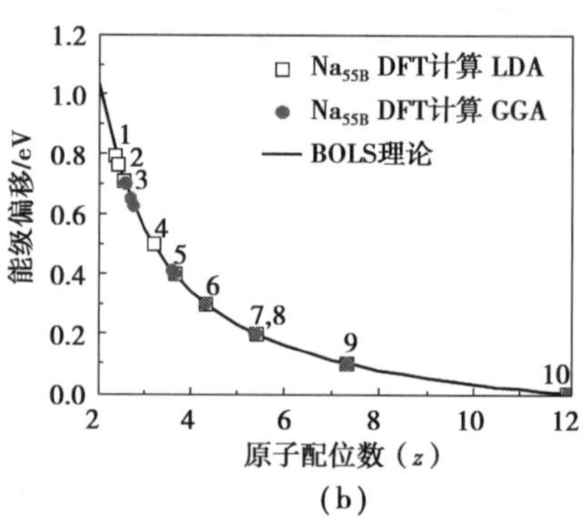

图 7.3 (a)不同原子位置的 Na 2p 能级的能级偏移;(b)采用 GGA 和 LDA 交换联泛函计算 $\Delta E'_\nu(x)$ 的对比[98]

DFT 计算发现 Be 纳米团簇相同原子配位,不仅电子结合能相同,而且 Mulliken 电荷大小也相同(图 7.4)。团簇表面原子电荷转移到内部芯原子,表面原子电荷减少,表面原子失去电子,内部芯原子得到电子,表面原子离子性增强。图 7.4 中,电荷为正表示失去电子,正得越多说明离子性越强。表 7.3 中,理论计算获得了键应变 ε_x、能级偏移 $\Delta E_{1s}(x)$、原子结合能 δE_C 和键能密度 δE_D 等键性能参数。

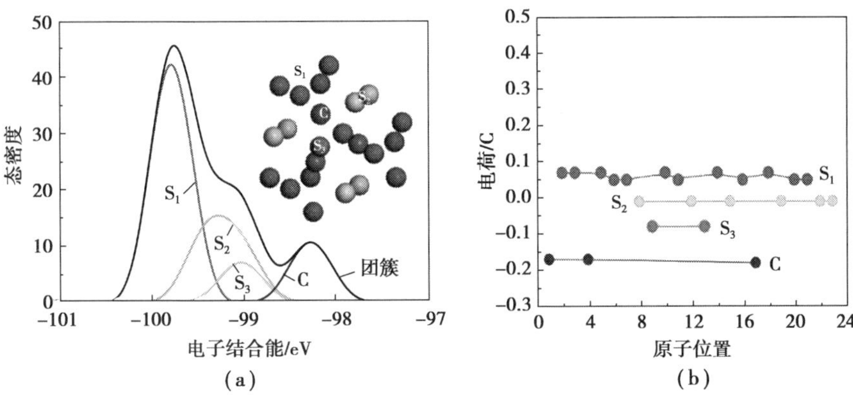

图 7.4　Be_{23} 纳米团簇(a)DOS 能谱分解的芯原子 C、表面 S_3、表面 S_2 和表面 S_1 组分；(b)芯原子 C、表面 S_3、表面 S_2 和表面 S_1 的 Mulliken 电荷[127]

表 7.3　Be_{23} 团簇的电子结合能 $E_{1s}(x)$，原子配位数 z_x，归一化原子配位数 z_{xb}，能级偏移 $\Delta E_{1s}(x)$，键应变 ε_x，原子结合能 δE_C 和键能密度 δE_D

团簇	组分	$E_{1s}(i)$	z	$z_{ib}/\%$	$\Delta E_{1s}(i)$	$-\varepsilon_x/\%$	$-\delta E_C/\%$	$\delta E_D/\%$
Be_{23}	S_1	99.788	1.814	15.113	7.083	33.730	77.194	418.488
Be_{23}	S_2	99.273	2.107	17.556	6.568	28.536	75.434	283.401
Be_{23}	S_3	99.029	2.299	19.160	6.324	25.776	74.187	229.471
Be_{23}	core	98.271	3.402	28.350	5.566	15.666	66.384	97.693

7.3　表面键收缩和电荷转移

尺寸效应是指当尺寸缩小到纳米尺度时，一些物理量不再保持常量而是随着晶体尺寸发生改变。例如，在尺寸减少时，无磁性的金属在纳米级出现磁性、纳米金属表面出现等离子体、金的 CO 催化能力增强。其应用包括 RNA 传送、拉曼光谱的等离子体共振、激光药物治疗、光致发光增强等。实验研究发现 Ti 和 Zr 二聚物的表面键长相比与块体会自发收缩 30%，V 二聚物的表面键长会收缩 40%[128]。金刚石(111)面的键长相比于块体内部键长收缩 30%[129]。DFT 计算结果表明 Ag、Cu、Ni 和 Fe 原子链键收缩 12.5% ~18.5%，相应的键能增加 0.5 ~2.0 eV。而 Ag、Au、C、Cu、Ni、Pd、Si 及它们的化合物显示尺寸效应会导致能级偏移[130]。实验观察和理论计算结果都说明尺寸减少会引起表面原子键长收缩和能量变化。图 7.5 为 Au 纳米颗粒的键长自发收缩。

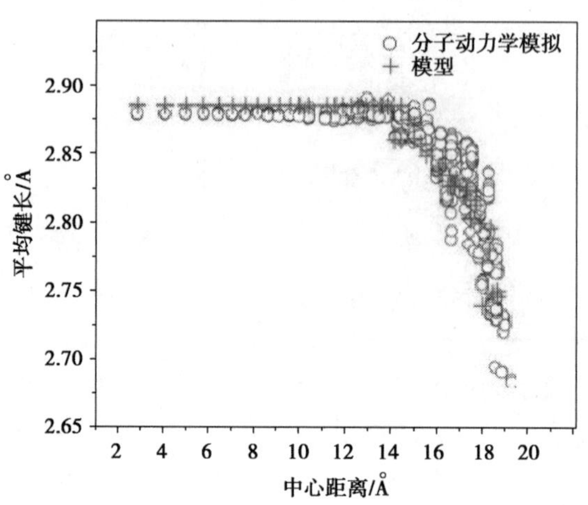

图 7.5　Au 纳米颗粒中原子键长的自发收缩[131]

低配位原子会使得最近邻原子之间键自发收缩。键自发收缩会导致键能增强,引起局域电荷密度升高。表 7.4 为计算对称性 Ih_{13} 和 Ih_{55} 两种结构的 Na 和 K 团簇在不同原子位置的电荷转移和表面键收缩。表 7.4 中,负号表示获得电荷,负得越多说明共价性越强。1、2、3 分别表示表面一层、二层和块体。DFT 计算 Mulliken 电荷分析表明电荷会从团簇内部原子转移到表面原子,团簇表面原子从内部芯原子得到电子,表面原子的电荷增加,团簇表面原子有极化的现象。尽管表面原子的极化会加大电荷的屏蔽效应,对晶体势能产生一定的影响,但是,表面原子的低配位效应,引起第一、二层原子间距减少了 8% ~10%,导致整体晶体势能的增加,引起芯能级正偏移,如图 7.6 所示。因此,单单从原子电子的得与失角度,不能说明芯能级偏移的方向是正偏移或者负偏移。在形成新的化合物时候,芯能级偏移的正负方向也只能说明芯电子的得失情况,与价带电子得失转移并没有直接的联系。相比芯电子,价电子的电子性质比较活跃,原子的价带 s,p,d 电子轨道会处杂化状态。图 7.7(a)显示 Sc_{55} 团簇芯带 DOS 解析表面和块体原子的芯带电子结合能分布图。图 7.7(b)为 Sc_{55} 团簇的 DOS 解析表面和块体原子的电子轨道的分布。图 7.7(c)显示芯带 DOS,$Sc_{12}Zr_{43}$合金形成时两种原子之间芯电子轨道混合,芯带 DOS 解析表面和块体原子芯带电子结合能。图 7.7(d)显示价带 DOS 时,$Sc_{12}Zr_{43}$ 合金形成时两种组分表面和块体原子电子轨道的分布。不同于价带电子比较活跃,芯电子受到原子核的束缚,芯电子能级偏移只有在配位环境或发生化学反应时才会发生明显变化。

表 7.4　不同位置下 Na 和 K 的键收缩 C_x-1 和电荷转移[132]

团簇	C_x-1/%(1—2 层)	C_x-1/%(1—3 层)	e(1—2 层)	e(1 原子)	e(2 原子)	e(3 原子)
Na_{13}	−8.32	—	−0.072	−0.006	0.075	—
Na_{55}	−10.04	−6.65	−0.510	−0.052	−0.011	0.051

续表

团簇	$C_x-1/\%$ (1—2层)	$C_x-1/\%$ (1—3层)	e(1—2层)	e(1原子)	e(2原子)	e(3原子)
K_{13}	-7.814	—	-0.324	-0.027	0.323	—
K_{55}	-8.335	-5.188	-1.186	-0.059	-0.009	0.097

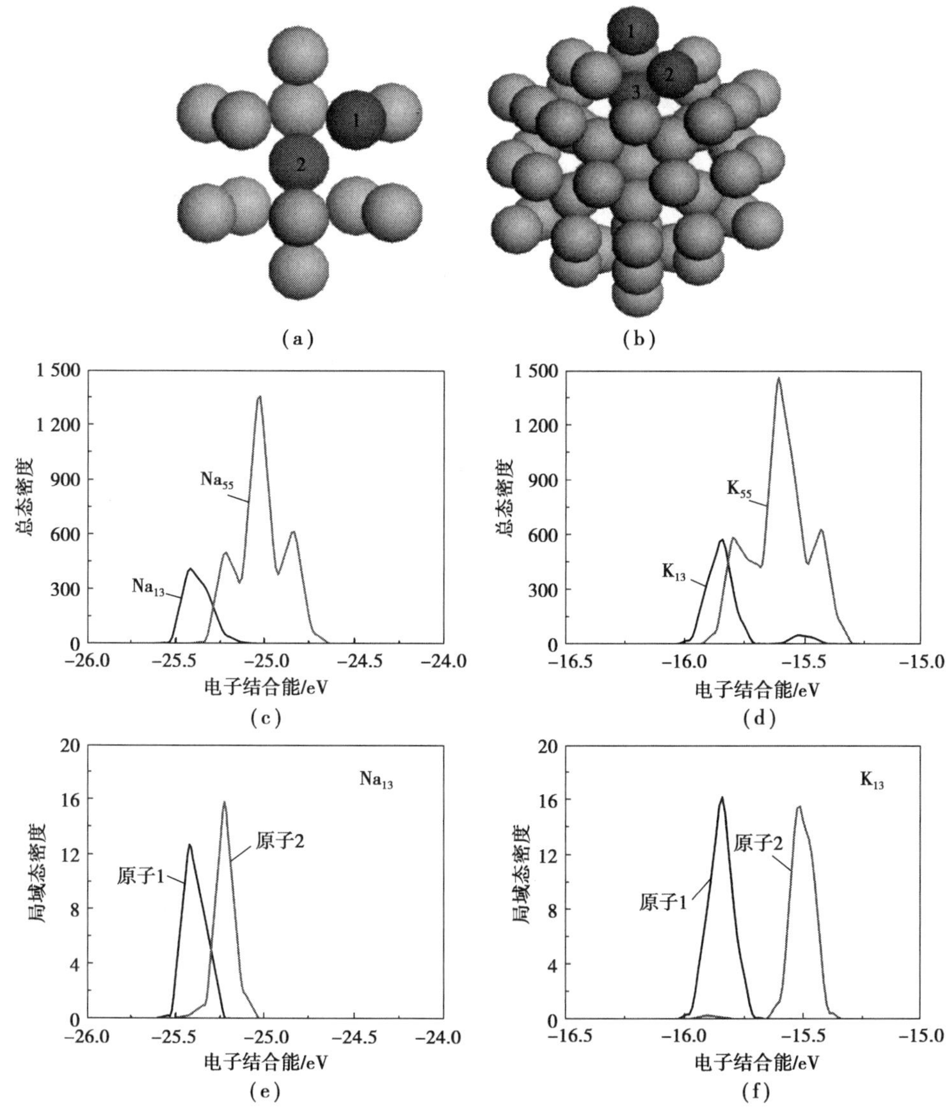

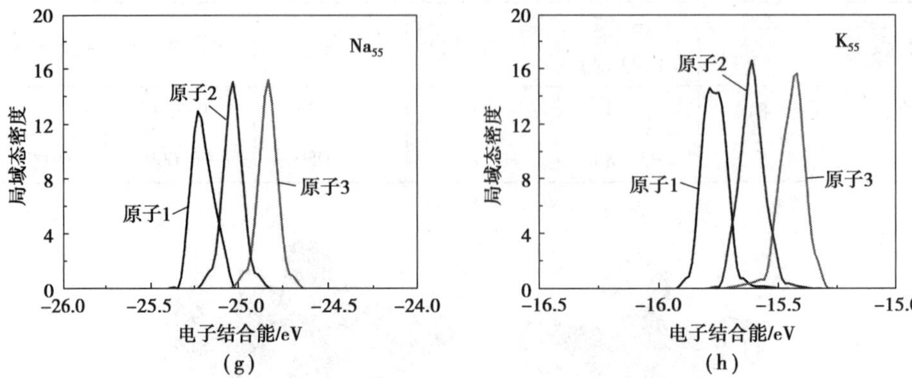

图 7.6 Na 和 K 团簇 (a)Ih_{13} 结构和(b)Ih_{55} 结构的 DOS 解析[132]。(c)Na 团簇,(d) K 团簇。LDOS 解析边缘原子 1 和芯原子 2(e)Na_{13} 和(f) K_{13} 团簇。LDOS 解析边缘原子 1、边缘原子 2 和芯原子 3 (g) Na_{55} 和 (h) K_{55} 团簇

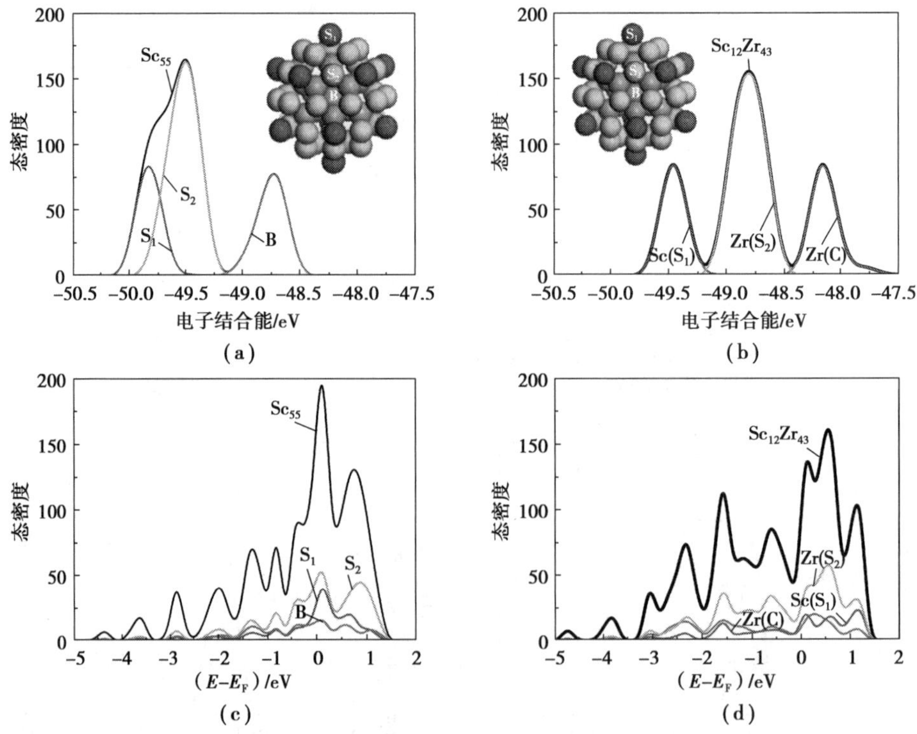

图 7.7 LDOS 解析 Sc_{55} 团簇和 $Sc_{12}Zr_{43}$ 合金团簇表面和块体原子电子轨道分布[133]

7.4　价带电子极化

图7.8(a)为STM/S的实验结果,结果显示Ag(111)表面上的Ag原子出现了局域致密势阱电子极化,极化的范围随着团簇尺寸的减小而增大[134,135]。图7.8(b)为PES的实验结果,结果显示Ag团簇随着尺寸减少价带出现能级的负偏移,即价带电子极化。实验结果表明,尺寸减少会增强电子的极化作用,这可解释小尺寸Ag纳米颗粒有拉曼信号增强的现象[136]。

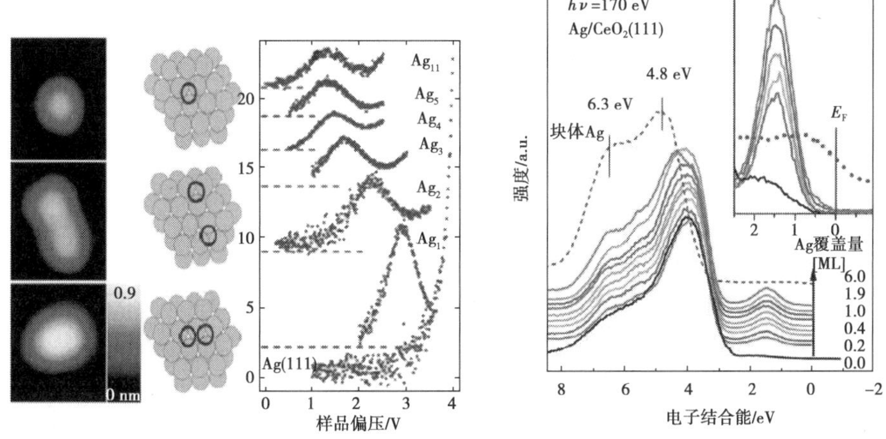

图7.8　(a)Ag(111)表面上的Ag团簇的STS光谱和STM图;(b)PES测量在300K时CeO_2(111)表面上Ag粒子,价带随尺寸的变化

与STM/S和PES实验结果一样,DFT计算发现Ag和Mo纳米团簇也显示出电子极化现象。计算采用DMol3软件,LDA交换关联泛函。能量和力的收敛标准分别是10^{-5}和0.01 eV/Å。图7.9显示,随着尺寸的减少,价带从深层能级向浅层能级移动。被极化价带电子,会占据在价带或价带以上的位置。DOS显示纳米团簇的电子结合能会向费米面E_F(=0)以上的位置移动,原子数量最小的团簇能级偏移会更大。

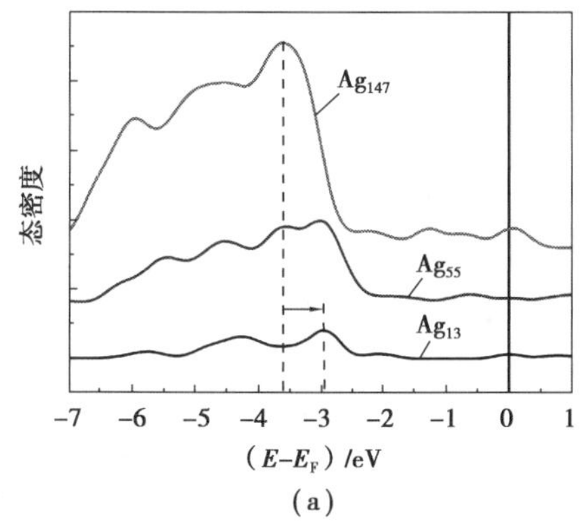

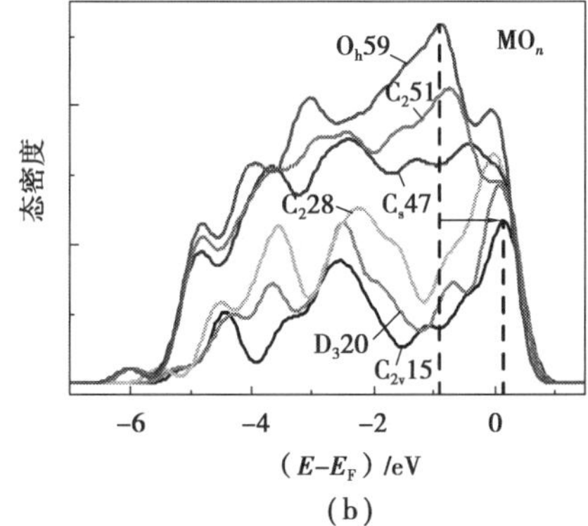

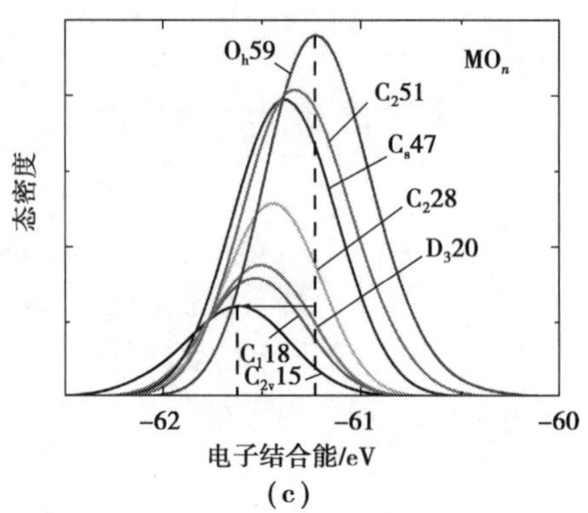

图 7.9 团簇尺寸大小决定(a)Ag[137]和(b)Mo 纳米团簇价带电子极化程度 (c)Mo 纳米团簇芯带量子钉扎程度[138]

7.5 尺寸效应能级偏移

不同尺寸纳米颗粒或原子团簇,根据局域键近似方法(LBA)[67]和核壳构型[71],只考虑样品的表面最外三原子层。一个样品无论它是晶体、非晶体还是是否有缺陷,在没有相变发生的情况下,样品化学键的总数保持不变。但是,键长和键能会随外界环境激励 x 作出改变。局域键近似方法认为化学键的弛豫,只需要关注有代表性的局域化学键对外界刺激所作出的反应和它在整个块体材料中能量的影响。

由此可得到第 ν 能级,能级偏移尺寸效应公式为

$$\frac{E_\nu(K)-E_\nu(\mathrm{B})}{E_\nu(\mathrm{B})-E_\nu(0)}=\begin{cases}\Delta_{\mathrm{H}}(\tau,m,K) & (\text{理论})\\ B_\nu/K & (\text{测量})\end{cases} \tag{7.2}$$

$$\begin{cases}\Delta_{\mathrm{H}}(\tau,m,K)=\sum\limits_{i\leqslant 3}Y_i\Delta_{x_i}=\tau K^{-1}\sum\limits_{i\leqslant 3}C_{x_i}\Delta_{x_i}=\tau K^{-1}\sum\limits_{i\leqslant 3}C_{x_i}(C_{x_i}^{-m}-1) & (\text{纳米团簇})\\ Y_i=\tau C_{x_i}K^{-1} & (\text{表体比})\\ \Delta_{x_i}=\dfrac{E_{x_i}}{E_{\mathrm{b}}}-1=C_{x_i}^{-m}-1 & (\text{固体表面})\end{cases} \tag{7.3}$$

纳米颗粒的核-壳模型,表体比 $Y_i=N_i/N_0=V_i/V_0\approx\tau C_{x_i}/K$。$K=R/d_{\mathrm{b}}$ 为无量纲半径,表示某一固体沿着半径的原子数。τ是形状因子,$\tau=$ 1、2、3 代表层状、圆柱状和球状固体,如图 7.10 所示。N_i 和 V_i 分别为第 i 层的原子数和体积。$E_\nu(K)$ 为 K 尺寸下材料的第 v 能级电子结合能。E_{x_i} 为第 i 层中原子间单键的键能。Y_i 代表 K 尺寸和τ形状的纳米固体第 i 壳层低配位原子的权重因数。下角标 i 为从最外向内 3

层原子的层数，当 $i>3$，其化学键键序 z 与块体值相当。Δ_H 表示最外三层原子的权重。Δ_H 取决于键性质参数 m、颗粒的尺寸 K 和形状因子 τ。B_ν 是芯能级偏移随尺寸变化线性关系的斜率。$C_{x_i}^{-m}-1$ 表示具有不同原子配位的固体表面纳米颗粒的结构可以认为是点缺陷，曲率不同表面的形成的核-壳结构。对于点缺陷，单原子链和单层原子层的化学键，不考虑其加权求和。

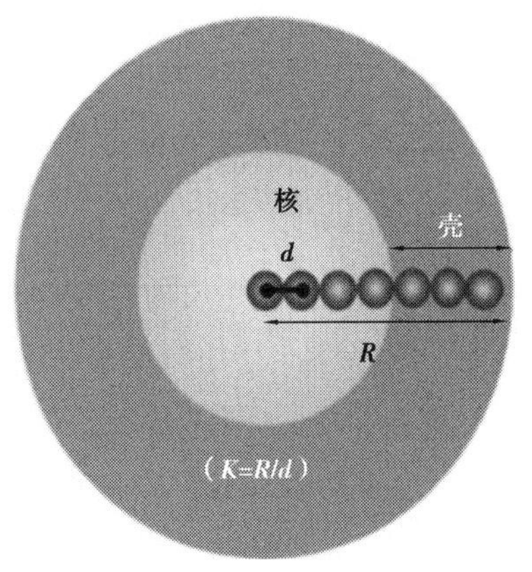

图 7.10　核-壳模型示意图

在已知 τ、m、$E_\nu(\mathrm{B})$ 和 $E_\nu(0)$ 的情况，拟合得到能级偏移尺寸效应表达式。首先，线性拟合 $E_\nu(K)=b+B_\nu/K$ 获得 $E_\nu(\mathrm{B})$，直线与纵轴的截距就是 $E_\nu(\mathrm{B})$。其次，根据 $\Delta_H=B_\nu/K$ 和 $B_\nu=\tau\sum_{i\leqslant 3}C_{x_i}(C_{x_i}^{-m}-1)$，纳米颗粒表面解谱获得单原子能级 $E_\nu(0)$，表面1-2层原子 C_{x_i} 和原子配位数 z_i。最后，获得拟合的形状因子 τ。一般情况，键性能参数 $m=1$。对于球形结构，尺寸 K 和配位数 z 的经验公式[71] 为

$$\begin{cases} z_1 = 4(1-0.75K^{-1}) \\ z_2 = z_1 + 2 \\ z_3 = z_2 + 4 \end{cases} \tag{7.4}$$

$K>0$ 相当于固体，$K<0$ 相当于空腔，$K=0$ 相当于一个平滑的肤层，$K=\infty$ 相当于理想块体的内部原子。当 $K\leqslant 0.75$ 时固体缩减为一个单原子。$K=1.5$（以 $K=0.43$ nm 的 Au 球为例，或一个 fcc 单胞），$z_1=2$ 相当于一个单原子链，单层石墨烯的边缘，与 fcc 单胞。表达式应用于所有可能存在的尺寸和形状，如二聚物、原子链、单原子层、平滑表面和块体。因受粒径准确性和均匀性的影响，拟合的纳米颗粒数据精度相比于表面数据要低一个数量级。图 7.11 为纳米颗粒尺寸效应能级偏移的原理图。

为进一步验证理论预测的结果，我们使用 DFT 计算对不同尺寸 Pb 纳米团簇能级偏移的现象进行研究。DFT 计算使用的是 DMol3 软件包。图 7.12(a)为计算的结构，团簇 Pb 优化的初始结构来源参考文献[139,140]。在计算结构和能量收敛的过程中，考虑了自旋轨道耦合。势函数采用的是密度泛函半核赝（DSPPS），利用单个有效势替代内核电子，并在内核处理中引入相对论校正。计算交换相关泛函 LDA-PWC 和双数值轨道基组加轨道极化函数基组（DNP），能量的收敛标准在 10^{-6} 以下。图 7.12(b)为 DFT 计算 Pb 团簇的 5d 轨道 DOS 图。研究结果表明：随着纳米团簇尺寸的减小，电子结合能会向着更深能级的方向移动（相比于费米面 $E_F=0$）。低配位原子所引起的能级正向偏移。从上述分析的结果，我们发现纳米团簇尺寸效应的能级偏移与固体表面能级偏移的现象都是表面原子低配位的效应引起的。

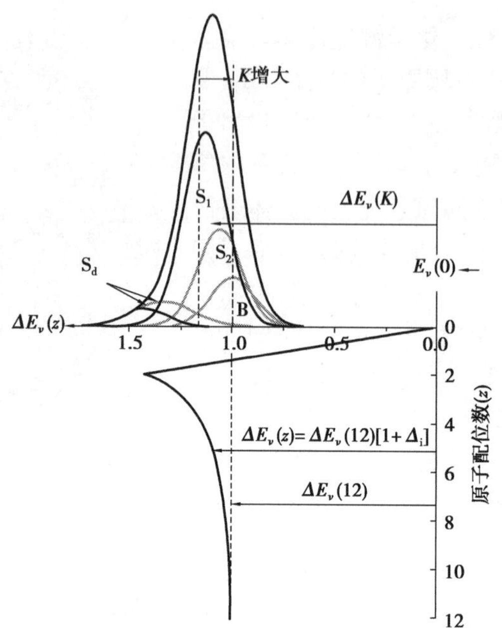

图 7.11　纳米颗粒尺寸 K 或原子低配位 z 引起的能级偏移

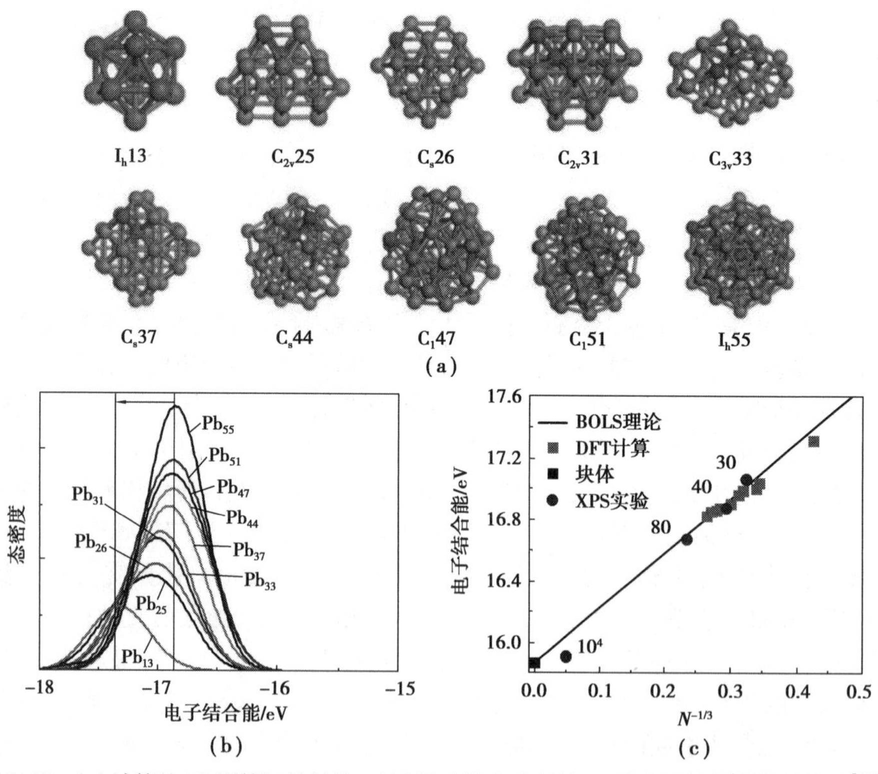

图 7.12　(a)计算的 Pb 团簇初始结构；(b)尺寸效应引起的 Pb 纳米团簇的芯能级偏移[126]；(c)纳米团簇 Pb 结合能随原子数目 N 变化曲线[141]

如果纳米颗粒或原子团簇近似地看作一个球体，则原子数 N 和半径 K 之间的关系为

$$\begin{cases} K^{-1} = (^{3}N/4\pi)^{-1/3} = 1.61N^{-1/3} \\ N = 4\pi K^{3}/3 \end{cases} \tag{7.5}$$

联合式(7.3)和式(7.5)可得到原子数量 N 的电子结合能，即

$$E_{\nu}(N) = E_{\nu}(\mathrm{B}) + \Delta E_{\nu}(\mathrm{B})\left[1.61\,\tau N^{-1/3}\sum_{i\leqslant 3}C_{x_i}(C_{x_i}^{-m}-1)\right] \tag{7.6}$$

式(7.6)为能级偏移与尺寸效应关系的表示式。考虑到 DFT 理论计算和 XPS 实验测量两者的值存在差值(前者是基态，后者是激发态)。实验块体真空能级 $E^{\mathrm{vacuum}}(\mathrm{B})$ 与费米能级 $E^{\mathrm{Fermi}}(\mathrm{B})$ 差值用功函数 Φ_1 表示，实验费米能级 $E^{\mathrm{Fermi}}(\mathrm{B})$ 与 DFT 计算 $E'_{\nu}(\mathrm{B})$ 之间相差值 Φ_2 表示，则表达式为

$$\begin{cases} \Phi_1 = E_{\nu}^{\mathrm{vacuum}}(\mathrm{B}) - E_{\nu}^{\mathrm{Fermi}}(\mathrm{B})(\mathrm{eV}) \\ \Phi_2 = E_{\nu}^{\mathrm{Fermi}}(\mathrm{B}) - E'_{\nu}(\mathrm{B})(\mathrm{eV}) \\ \Phi = \Phi_1 + \Phi_2 = E_{\nu}^{\mathrm{vacuum}}(\mathrm{B}) - E'_{\nu}(\mathrm{B})(\mathrm{eV}) \end{cases} \tag{7.7}$$

式(7.7)给出 DFT 计算和 XPS 实验之间电子结合能的关系，为 DFT 计算芯能级偏移预测 XPS 实验提供了可靠的理论依据。图 7.12(c)由三部分组成：DFT 计算值(红色方块)、实验值(蓝色原点)以及 BOLS 理论预测线(黑色直线)。图 7.12 对比了理论、实验和计算 Pb 纳米团簇在不同尺寸电子结合能的结果。结果显示，随着团簇数量减少，能级向深能级的方向移动。实验和计算的数据与理论预测线一致，理论模型成功预测了 Pb 纳米团簇的芯能级偏移的尺寸效应。

表 7.5 中 DFT 计算得到 $\mathrm{Pb_N}$ 纳米团簇的键长 d_x、键收缩因子 C_x 和电荷转移。电荷转移分析(Mulliken 占据) 显示电子从内部芯原子转移到表面原子，表面原子出现电子极化的现象。负的表示得到电子，正的表示失去电子。

表 7.5　$\mathrm{Pb_N}$ 纳米团簇的键长 d_x、键收缩因子 C_x 和电荷转移

几何结构	d_{12}/Å (1 原子 ~2 原子)	C_x-1/%	电荷转移(e) (1-2 原子壳层)	芯能级偏移 /$E_{\nu}(N)-E_{\nu}(0)$
$\mathrm{I_h}$13	3.195	-8.714	-0.817	2.98
$\mathrm{C_{2V}}$25	3.111	-11.114	-1.564	2.71
$\mathrm{C_S}$26	3.102	-11.371	-1.532	2.67
$\mathrm{C_{2V}}$31	3.04	-11.314	-1.453	2.66
$\mathrm{C_1}$33	3.120	-10.857	-1.547	2.63
$\mathrm{C_{3V}}$37	3.127	-10.657	-1.764	2.57

续表

几何结构	d_{12}/Å (1 原子 ~2 原子)	C_x-1/%	电荷转移(e) (1-2 原子壳层)	芯能级偏移 $/E_\nu(N)-E_\nu(0)$
C_s44	3. 102	-11. 371	-2. 241	2. 54
C_147	3. 114	-11. 029	-2. 063	2. 53
C_151	3. 110	-11. 143	-2. 068	2. 52
I_h55	3. 155	-9. 857	-2. 454	2. 49

尺寸效应公式解析 Li,Na,K,Rb,Cs,Si,Pb,Au,Mo 和 Be 纳米团簇的能级偏移效应,如图 7.13 所示。解析的尺寸效应公式为

$$\begin{cases} E_{1s}(N)=46.417+3.721N^{-1/3}(\text{eV}) & (\text{Li 1s DFT 计算}) \\ E_{2p}(N)=30.595+3.007N^{-1/3}(\text{eV}) & (\text{Na 2p XPS 实验}) \\ E_{2p}(N)=24.196+3.007N^{-1/3}(\text{eV}) & (\text{Na 2p DFT 计算}) \\ E_{3p}(N)=20.620+1.853N^{-1/3}(\text{eV}) & (\text{K 3p XPS 实验}) \\ E_{3p}(N)=15.595+1.853N^{-1/3}(\text{eV}) & (\text{K 3p DFT 计算}) \\ E_{4p}(N)=14.940+1.397N^{-1/3}(\text{eV}) & (\text{Rb 4p XPS 实验}) \\ E_{4p}(N)=12.620+1.397N^{-1/3}(\text{eV}) & (\text{Rb 4p DFT 计算}) \\ E_{5p}(N)=11.830+1.493N^{-1/3}(\text{eV}) & (\text{Cs 5p XPS 实验}) \\ E_{5p}(N)=10.280+1.493N^{-1/3}(\text{eV}) & (\text{Cs 5p DFT 计算}) \\ E_{2p}(N)=102.84+13.82N^{-1/3}(\text{eV}) & (\text{Si 2p XPS 实验}) \\ E_{5d_{5/2}}(N)=21.761+3.573N^{-1/3}(\text{eV}) & (\text{Pb 5d}_{5/2}\text{ XPS 实验}) \\ E_{5d_{5/2}}(N)=15.870+3.573N^{-1/3}(\text{eV}) & (\text{Pb 5d}_{5/2}\text{ DFT 计算}) \\ E_{4f_{7/2}}(N)=83.719+2.577N^{-1/3}(\text{eV}) & (\text{Au 4f}_{7/2}\text{ XPS 实验}) \\ E_{4f_{5/2}}(N)=87.414+2.577N^{-1/3}(\text{eV}) & (\text{Au 4f}_{5/2}\text{ XPS 实验}) \\ E_{4s}(N)=60.760+2.062N^{-1/3}(\text{eV}) & (\text{Mo 4s DFT 计算}) \\ E_{4p}(N)=97.399+1.298N^{-1/3}(\text{eV}) & (\text{Be 3d DFT 计算}) \end{cases} \tag{7.8}$$

内层芯带电子靠近原子核,芯带电子会受到原子核的束缚。因此,芯带电子和价带电子的行为有所不同。当团簇尺寸减小,价电子出现极化现象,被极化电子会占据在价带或价带以上的位置。而芯电子出现量子钉扎现象,能级偏移向深层能级的方向移动,尺寸越小,能级偏移越多,电子结合能越强。

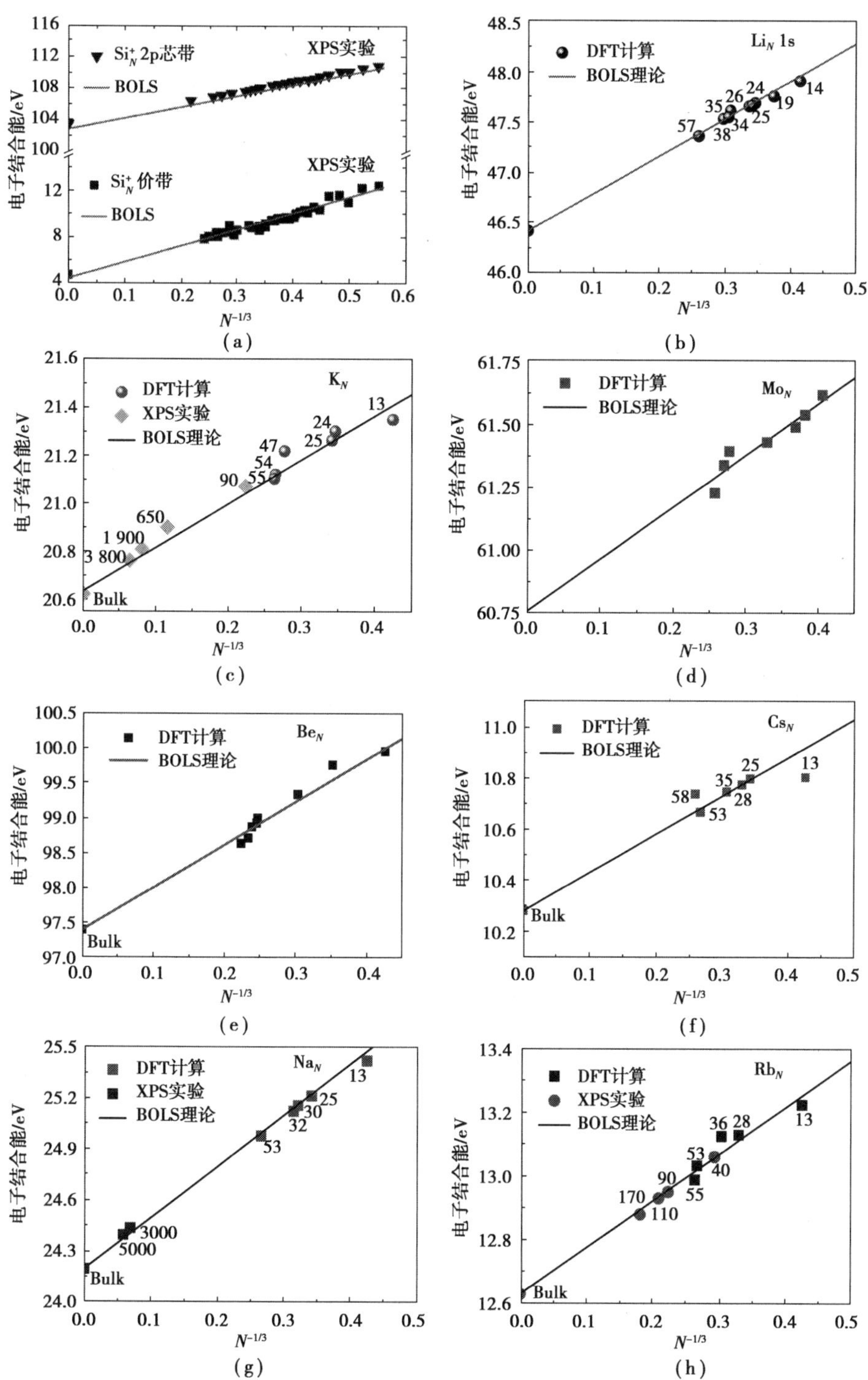

图 7.13　尺寸效应公式解析纳米团簇(a)Si[115]，(b)Li[97]，(c)K[142]，(d)Mo[138]，(e)Be[127]，(f)Cs[143]，(g)Na[98]和(h)Rb[143]的芯能级偏移效应

7.6 键应变和原子配位

相同原子数量的不同结构,能级偏移是不同的,如图 7.14 所示。影响能级偏移的主要原因是原子配位和键应变。为获得团簇在不同尺寸的键应变,结合式(7.1)和式(7.6),得到团簇尺寸 N、键应变 ε_z,原子结合能 δE_C,键能密度 δE_D,体表比 Y_{ratio},原子配位数 z_x 它们之间的关系表达式为

$$\begin{cases} z = 12/\{8\ln(2 \times 1.61\tau\Delta'_H N^{-1/3} + 1) + 1\} \\ \Delta E_\nu(N) = E_\nu(N) - E_\nu(B) = \Delta E_\nu(B)\left[1.61\tau N^{-1/3}\sum_{i\leq 3} C_{x_i}(C_{x_i}^{-m} - 1)\right] \\ Y_{ratio} = \tau C_{x_i}K^{-1} = 1.61\tau C_{x_i}N^{-1/3} = 1.61\tau \times \dfrac{\Delta E_{1s}(B)N^{-1/3}}{\Delta E_{1s}(N) + \Delta E_{1s}(B)} \\ C_x = \dfrac{E_{1s}(B) - E_{1s}(0)}{E_{1s}(N) - E_{1s}(0)} = \dfrac{\Delta E_{1s}(B)}{\Delta E_{1s}(N) + \Delta E_{1s}(B)} \\ \delta E_C = z_x E_{x_i}/z_b E_b = z_{xb}C_x^{-m} = \dfrac{z_x}{12} \times \left(\dfrac{\Delta E_{1s}(B)}{\Delta E_{1s}(N) + \Delta E_{1s}(B)}\right)^{-m} \\ \delta E_D = (E_{x_i}/d_{x_i}^3)/(E_b/d_b^3) - 1 = C_x^{-(m+3)} - 1 = \left(\dfrac{\Delta E_{1s}(B)}{\Delta E_{1s}(N) + \Delta E_{1s}(B)}\right)^{-(m+3)} - 1 \\ \varepsilon_x = C_{x_i} - 1 = \dfrac{\Delta E_{1s}(B)}{\Delta E_{1s}(N) + \Delta E_{1s}(B)} - 1 \end{cases} \tag{7.9}$$

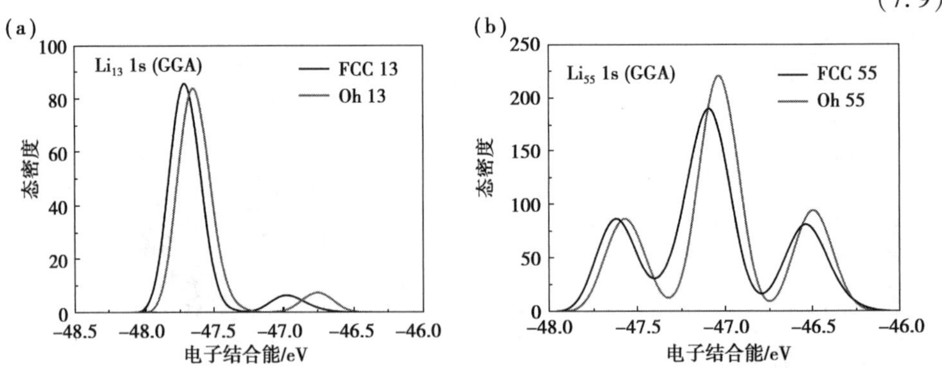

图 7.14　DFT 计算了 Fcc 和 Oh 几何结构的(a)Li_{13} 和(b)Li_{55} 纳米团簇的芯能级谱[97]

如图 7.15(a)、(b)所示,Na 纳米团簇原子配位数减少,键应变增大。原子配位数的减少会随着原子数量 N 减少而减小。表 7.6 和 7.7 为 DFT 计算值、XPS 实验值与 BOLS 理论数值。图 7.15 显示 XPS 实验值、DFT 计算值与 BOLS 理论数值预测一致。因此,实验或计算得到纳米团簇尺寸,可以预测纳米团簇键应变和原子配位。

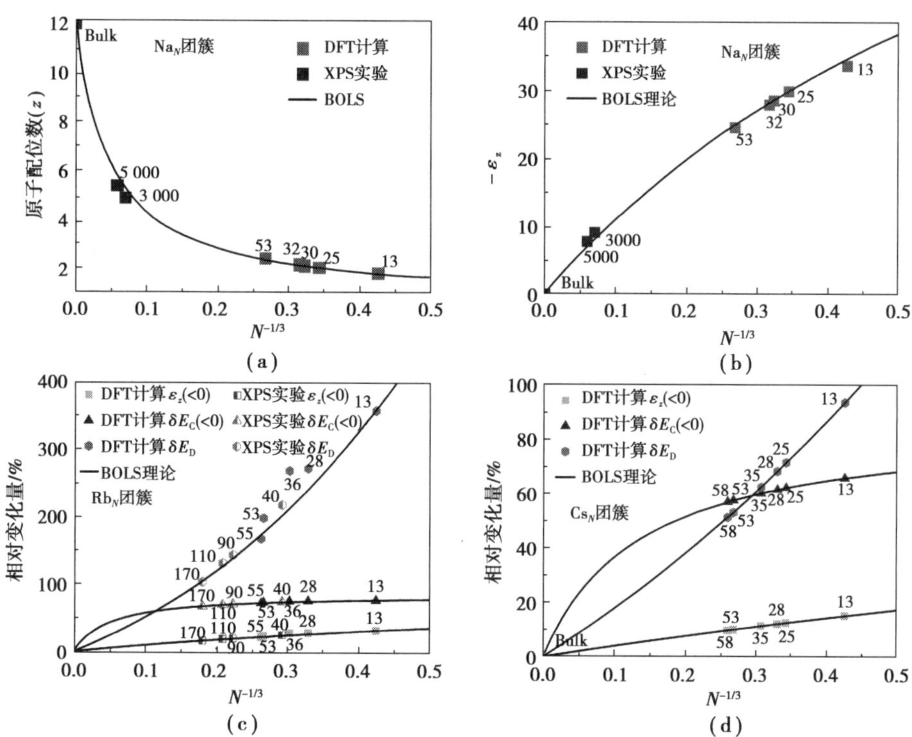

图 7.15　理论预测不同尺寸(a)Na 团簇键应变 ε_z；(b)Na 团簇原子配位数 z_x[98]；(c)Rb 团簇键应变 ε_z，原子结合能 δE_C，键能密度 δE_D[143]；(d)Cs 团簇键应变 ε_z，原子结合能 δE_C，键能密度 δE_D[143]

表 7.6　Na 团簇键应力 $\varepsilon_x=(C_x-1)(\%)$，能级偏移量 $\Delta E'_{2p}(x)=E'_{2p}(N)-E'_{2p}(B)$ 和原子配位数 z_x ($\Phi_2=E_{2p}^{vacuum}(B)-E'_{2p}(B)$)

团簇	N	$E'_{2p}(N)$	$\Delta E'_{2p}(x)$	z_x	$-\varepsilon_x$
Na 团簇 (DFT 计算)	13	25.421	1.225	1.81	33.80
	25	25.214	1.018	2.02	29.93
	30	25.157	0.961	2.10	28.64
Na 团簇 (DFT 计算)	32	25.124	0.928	2.14	28.02
	53	24.979	0.783	2.39	24.61
Na 团簇	3 000	24.436	0.240	4.88	9.09
(Φ_2=9.154 eV)	5 000	24.396	0.200	5.37	7.70
(XPS 实验)	Bulk	24.196	0	12	0

表 7.7 中理论计算获得 Rb 和 Cs 纳米团簇 $\Delta E_\nu(x)$，d_x，z_{xb}，ε_x，δE_C 和 δE_D。其中，能级偏移量 $\Delta E_\nu(x)=E_\nu(x)-E_\nu(B)$。功函数 $\Phi=E_\nu^{vacuum}(B)-E'_\nu(B)$ 块体和计算

之间的差值[143]。

表 7.7　Rb 和 Cs 纳米团簇能级偏移和键性能分析

团簇	N	$E_\nu(i)$	z	$\Delta E_\nu(i)$	d_{12}/Å (1—2 层原子间距)	z_{ib} /%	$-\varepsilon_x$ /%	$-\delta E_C$ /%	δE_D /%
团簇 Rb cluster (DFT)	13	13.224	1.925	0.594	4.564	16.042	31.592	76.550	356.644
	28	13.127	2.145	0.497	4.529	17.875	27.950	75.190	271.097
	36	13.125	2.156	0.495	4.402	17.967	27.786	75.120	267.727
	53	13.033	2.453	0.403	4.414	20.442	23.856	73.154	197.482
	55	12.988	2.643	0.358	4.472	22.025	21.773	71.845	167.034
	40	13.060	2.355	0.430	—	19.625	25.052	73.815	216.933
团簇 Rb cluster (Exp) (Φ=4.560 eV)	90	12.950	2.836	0.320	—	23.633	19.926	70.485	143.234
	110	12.930	2.953	0.300	—	24.608	18.917	69.650	131.359
	170	12.880	3.308	0.250	—	27.567	16.276	67.074	103.519
	Bulk	12.630	12	0	4.936	100	0	0	0
团簇 Cs cluster (DFT)	13	10.804	2.070	0.524	4.903	17.250	29.115	75.665	296.073
	25	10.798	2.373	0.518	4.846	19.775	24.826	73.694	213.130
	28	10.774	2.430	0.494	4.683	20.250	24.129	73.310	201.782
	35	10.746	2.547	0.466	4.962	21.225	22.789	72.510	181.375
	53	10.667	2.778	0.387	4.963	23.150	20.455	70.897	149.777
	58	10.738	2.831	0.458	4.934	23.592	19.970	70.521	143.779
	Bulk	10.280	12	0	5.317	100	0	0	0

第 8 章 异质界面与原子掺杂

8.1 界面键参数计算

在异质界面与合金掺杂形成过程,XPS 实验可获得价带电子和内层原子能级偏移。原子间相互作用周期的晶格势场为 $V_{cry}(r,\mathrm{B})$,其中,r 表示原子距离,B 表示块体原子。当原子处于平衡位置时,$V_{cry}(r,\mathrm{B})\propto E_b$,$E_b$ 是块体的单键能。在异质界面情况,各成分原子间的扩散会引起晶体势能变化。界面晶体势能将变为 $V_{cry}(r,\mathrm{I})=\gamma V_{cry}(r,\mathrm{B})$,界面(I)出现钉扎(T)或极化(P)现象。当系统处于稳定状态时,$V_{cry}(r,\mathrm{I})\propto E_\mathrm{I}=\gamma E_b$,$\gamma$ 为 $V_{cry}(r,\mathrm{I})$ 与 $V_{cry}(r,\mathrm{B})$ 的比值,E_I 为界面原子键能。对于某特定成分,$V_{cry}(r,I)$ 大于 $V_{cry}(r,B)$ 形成势阱($\gamma>1$),反之则形成势垒($\gamma<1$)。如果 $\gamma>1$,量子钉扎为主导作用,化学键增强;否则,$\gamma<1$,极化为主导作用,化学键减弱。

考虑界面效应的哈密顿量为

$$\begin{cases} H=-\dfrac{h^2\nabla^2}{2m}+V_{atom}(r)+\gamma V_{cry}(r,\mathrm{B}) \\ \gamma=1+\Delta_\mathrm{H} \end{cases} \tag{8.1}$$

式中,$\Delta_\mathrm{H}=\gamma-1=\delta\gamma$ 是哈密顿量微扰。$V_{atom}(r)$ 是单原子势能,$E_\nu(0)$ 表示单原子内层的第 ν 层能级,$E_\nu(0)=\langle\nu,i\mid V_{atom}(r)\mid\nu,i\rangle$。$|\nu,i\rangle\approx u(r)\exp(ikr)$ 表示电子坐标 r 处紧束缚内层电子的布洛赫波函数。不同原子波函数组成满足的条件正交归一化条件。满足 $\langle\nu,j\mid\nu,i\rangle=\delta_{ij}$,其中 δ_{ij} 是克罗内克符号。本征波函数 $|\nu,i\rangle$,有如下关系,即

$$\langle\nu,j\mid\nu,i\rangle=\delta_{ij}=\begin{cases}1 & (i=j)\\ 0 & (i\neq j)\end{cases} \tag{8.2}$$

组成 $\Delta E_\nu(\mathrm{B})$ 为块体偏移量,块体原子 ν 能级相对单原子能级 $E_\nu(0)$ 偏移量,其表达式为

$$\begin{cases}\Delta E_\nu(\mathrm{I}) = \gamma\Delta E_\nu(\mathrm{B}) = \gamma(\alpha + z\beta) & \text{(内层能级偏移)}\\ \gamma\alpha = -\langle \nu,i \mid V_{\mathrm{cry}}(r)(1+\Delta_{\mathrm{H}}) \mid \nu,i\rangle > 0 & \text{(交换积分势)}\\ \gamma\beta = -\langle \nu,i \mid V_{\mathrm{cry}}(r)(1+\Delta_{\mathrm{H}}) \mid \nu,j\rangle > 0 & \text{(重叠积分势)}\end{cases} \tag{8.3}$$

假设内层电子的布洛赫波函数不变。界面能级偏移,内层电子能级偏移量只由势阱的深度 T 所决定,即

$$\frac{\Delta E_\nu(\mathrm{I})}{\Delta E_\nu(\mathrm{B})} = 1 + \Delta_{\mathrm{H}} = \gamma = 1 + \delta\gamma\begin{cases}\gamma > 1,\text{钉扎}\\ \gamma < 1,\text{极化}\end{cases}$$

$$\text{或}\frac{\Delta E_\nu(\mathrm{I}) - \Delta E_\nu(\mathrm{B})}{\Delta E_\nu(\mathrm{B})} = \Delta_{\mathrm{H}} = \delta\gamma \tag{8.4}$$

表面原子能级偏移大于块体原子能级偏移,即 $\gamma>1$,定义为量子钉扎。量子钉扎导致界面原子芯电子能级深移,即能级发生正向偏移。表面原子能级偏移量小于块体原子能级偏移,即 $\gamma<1$,定义为电子极化。电子极化导致界面处原子芯电子能级浅移,即能级发生负向偏移。根据不同组分计算出 $\Delta E_\nu(\mathrm{B})$ 和 $\Delta E_\nu(\mathrm{I})-\Delta E_\nu(\mathrm{B})$,使用界面偏移量比值来确定界面键能比 γ。XPS 能谱做差得到 ZPS 差谱,可得某一组分材料芯能级偏移 $\Delta E_\nu(\mathrm{B})$ 和界面原子能级偏移 $\Delta E_\nu(\mathrm{I})$,如图 8.1 所示。式(8.1)是紧束缚模型的扩展形式,也可以进行二次量子化,但 γ 的物理意义不变。

异质界面形成总是伴随着各组分价电子的混合。内层芯电子受到原子核很强的束缚能而被局域化,价电子的混合往往是非局域,容易受到外势(外界环境)影响,这使得很难分辨合金形成是受哪种组分影响。电子转移通过 ZPS 差谱来观察价带电子混合的转移方向即界面原子能级偏移的方向,判断电子在能量轨道上的得失。

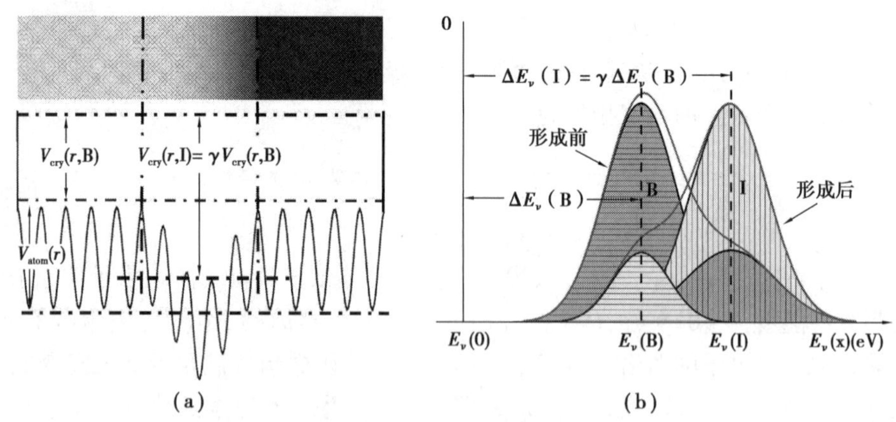

图 8.1　量子钉扎 T 引起界面处能级偏移的示意图

键能比 γ 与键参数(m, z_x, d_x, E_x)相关,以下关系预测合金或界面键能比 γ、键应变 ε_x、键能密度 δE_{D} 和原子结合能 δE_{C},即

$$
\begin{cases}
\varepsilon_x = \gamma^{-1} - 1 = \dfrac{\Delta E_\nu(\mathrm{B})}{\Delta E_\nu(\mathrm{I})} - 1 & (\text{键应变}) \\[2ex]
\delta E_\mathrm{C} = z_x E_x / z_\mathrm{b} E_\mathrm{b} - 1 = z_{x\mathrm{b}} \gamma^m - 1 = z_{x\mathrm{b}} \left(\dfrac{\Delta E_\nu(\mathrm{B})}{\Delta E_\nu(\mathrm{I})} \right)^{-1} - 1 & (\text{原子结合能}) \\[2ex]
\delta E_\mathrm{D} = (E_x / d_x^3) / (E_\mathrm{b} / d_\mathrm{b}^3) - 1 = \gamma^{m+3} - 1 = \left(\dfrac{\Delta E_\nu(\mathrm{B})}{\Delta E_\nu(\mathrm{I})} \right)^{-4} - 1 & (\text{键能密度}) \\[2ex]
z_{x\mathrm{b}} = \dfrac{1}{\left\{ 8\ln\left(\dfrac{2\Delta E_\nu(\mathrm{I}) - \Delta E_\nu(\mathrm{B})}{\Delta E_\nu(\mathrm{B})} \right) + 1 \right\}} & (\text{归一化原子配位数})
\end{cases}
\tag{8.5}
$$

混配位系统出现原子低配位数情况就要用配位密度概念来描述。式(8.5)中：$z_{xb} = z_x/12$ 为归一化原子配位数($0 \leqslant z_{xb} \leqslant 1$)，$z_b = 12$ 为块体值；对于金属，$m = 1$。式(8.5)计算的 Be 合金界面的键性能参数，如图 8.2 所示。

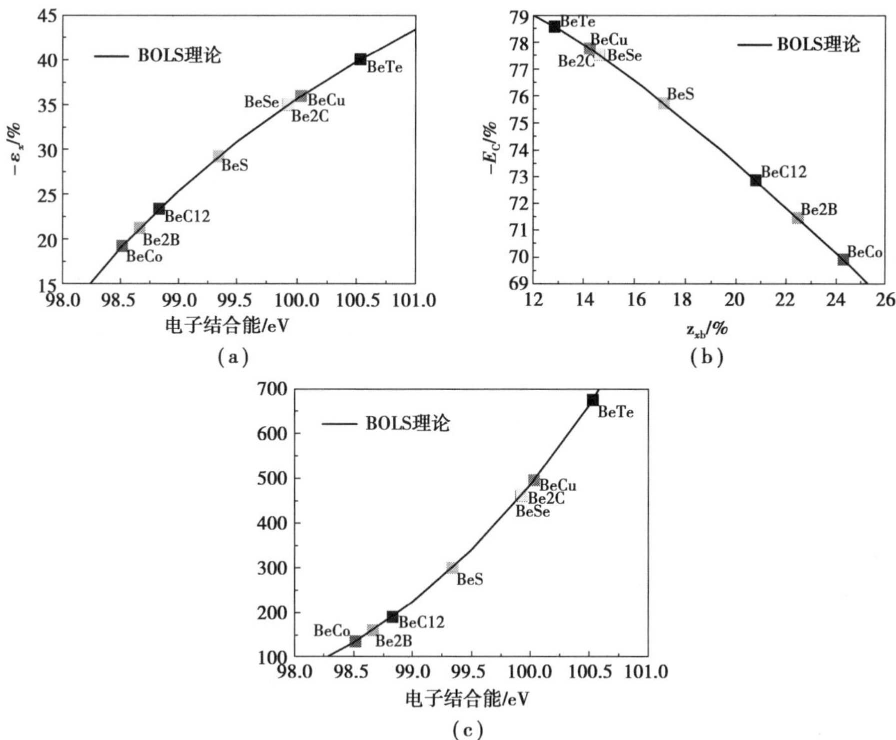

图 8.2　理论预测的 Be 合金界面的键性能参数

8.2 ZPS 差谱解析

由异质界面能级偏移原理解析得到 SiC 合金 C 1s 和 Si 2p 能级的表面和块体组分，如图 8.3(a)、(b)所示。图 8.3(c)、(d)为 Ge/C 合金的 C 1s 和 Ge 3d 能级的表面和块体组分，图 8.3(e)、(f)为合金 Ge/Si 的 Si 2p 和 Ge 3d 的表面和块体组分。

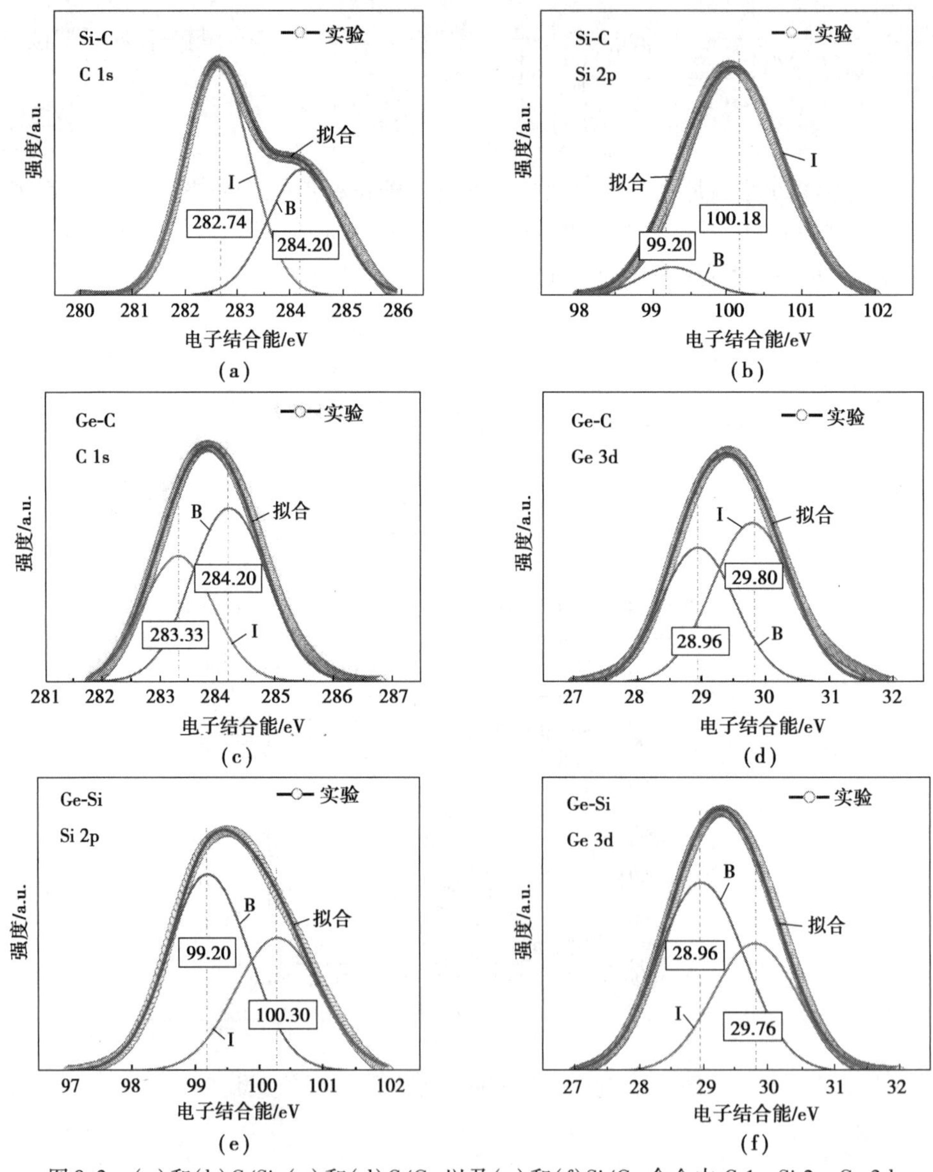

图 8.3 (a)和(b)C/Si、(c)和(d)C/Ge 以及(e)和(f)Si/Ge 合金中 C 1s、Si 2p、Ge 3d 芯能级的 XPS 表面组分分解[144]

如图 8.4 所示为 C/Si、C/Ge 和 Si/Ge 合金中 C 1s、Si 2p 和 Ge 3p 的 ZPS 差谱，表 8.1 汇总了相关物理信息。根据表 8.1 中信息，我们可以获得以下结果：

①对于 C/Si 界面，C 1s 电子结合能从块体值 284.20 eV 转变为界面值 282.74 eV，负偏移 1.46 eV，键能比 γ 为 0.11。Si 2p 电子结合能从块体值 99.20 eV 正偏移 0.98 eV，变为 100.18 eV，γ 为 1.40。类似地，C/Ge 合金中，C 和 Ge 的 γ 值分别为 0.47 和 1.61。C/Si 和 C/Ge 界面的 C 1s 发生负偏移，呈极化特征；而 Si 和 Ge 的芯带，则表现出钉扎特征。

②对于 Si/Ge 界面，Ge 3d 和 Si 2p 能级相对于各自的块体能级发生正偏移。Ge 和 Si 的 γ 值分别为 1.58 和 1.45，表明它们处于界面时的势阱比块体时更深。

③不同合金中相同组分的能级偏移并不相同。例如，C/Si 中 C 1s 的 γ 值为 0.11，C/Ge 中 γ 值为 0.47；C/Si 中 Si 2p 的 γ 值为 1.40，Si/Ge 中 γ 值则为 1.45。

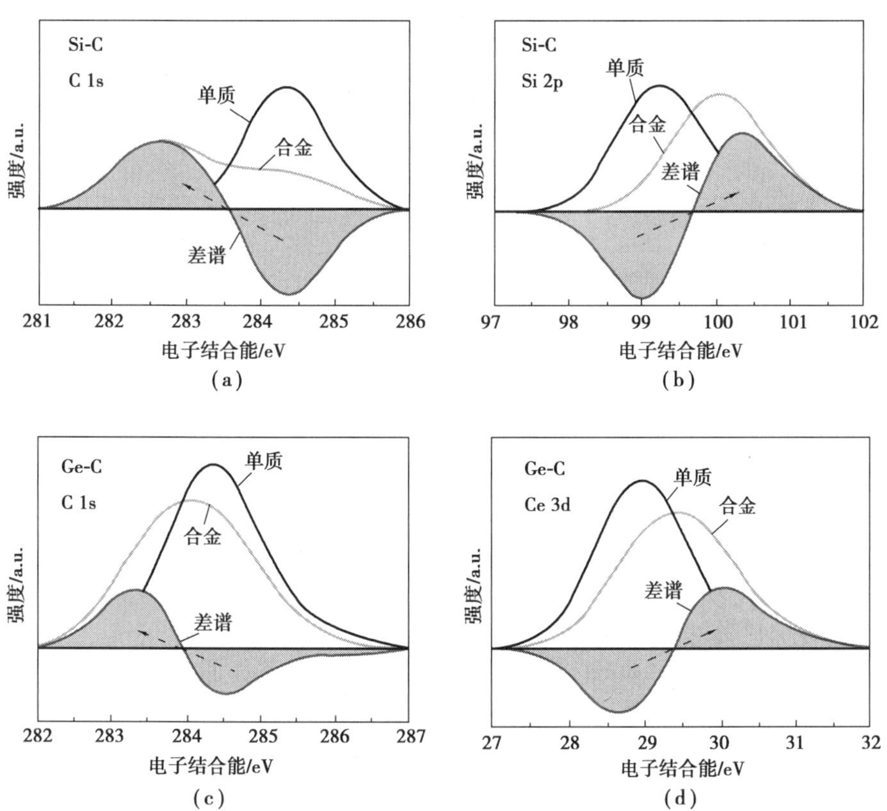

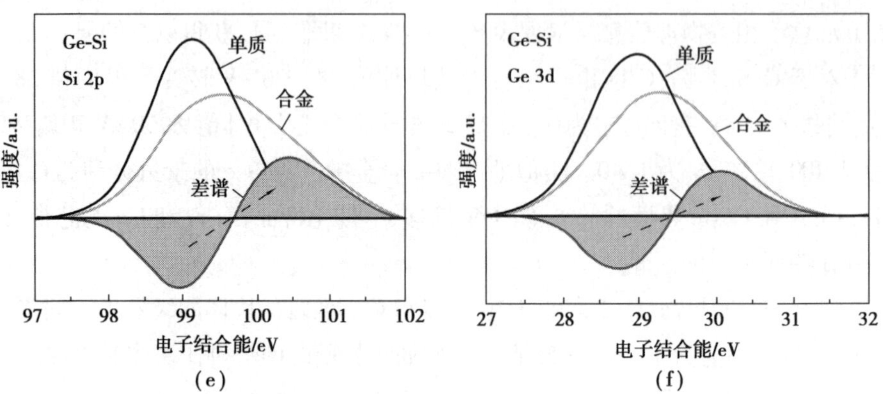

图 8.4 (a)和(b) C/Si、(c)和(d) C/Ge 以及(e)和(f) Si/Ge 合金中 C 1s、Si 2p、Ge 3d 芯能级的 ZPS 差谱。合金中的 C 1s 都显示极化特征,而 Si 2p 和 Ge 3d 显示钉扎特征[144]

表 8.1 C/Si、C/Ge 和 Si/Ge 界面各芯能级键能 $E_\nu(\mathrm{I})$ 和键能比 γ 以及各能级的单原子能级 $E_\nu(0)$ 和块体能级 $E_\nu(\mathrm{B})$

界　面	芯能级	$E_\nu(0)$	$E_\nu(\mathrm{B})$	$E_\nu(\mathrm{I})$	$\Delta E_\nu(\mathrm{B})$	$\Delta E_\nu(\mathrm{I})$	γ
C/Si	C 1s	282.57	284.20	282.74	1.63	0.17	0.11
	Si 2p	96.74	99.20	100.18	2.46	3.44	1.40
C/Ge	C 1s	282.57	284.20	283.33	1.63	0.76	0.47
	Ge 3d	27.58	28.96	29.80	1.38	2.22	1.61
Si/Ge	Si 2p	96.74	99.20	100.29	2.46	3.56	1.45
	Ge 3d	27.58	28.96	29.76	1.38	2.18	1.58

注:$\gamma>1$ 时,界面钉扎主导;$\gamma<1$ 时,则极化主导。

异质界面能级偏移原理解析得到 CuSi 合金 Cu 2p 和 Si 2p 能级表面和块体组分如图 8.5(a)、(b)所示。异质界面能级偏移原理解析得到 CuSn 合金 Cu 2p 和 Sn 2p 能级表面和块体组分,如图 8.5(c)、(d)所示。

图 8.6 为 Cu/Si 和 Cu/Sn 合金的 ZPS 差谱,表 8.2 汇总了相关信息。Cu/Si 界面上 Cu $2p_{3/2}$ 和 Si 2p 均发生负偏移,表明极化效应起主导作用,而 Cu/Sn 界面的 Cu $2p_{3/2}$ 和 Sn $3d_{5/2}$ 发生正偏移,说明钉扎起主导地位。Cu/Sn 界面中电荷的迁移方向与 Cu/Si 界面的迁移方向相反。Cu/Si 界面强度比 Cu 或 Si 自身要弱,而 Cu/Sn 合金化后界面被强化。

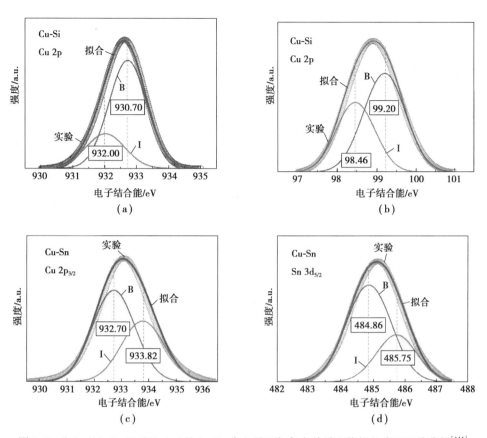

图 8.5　(a),(b) Cu/Si 和(c),(d)Cu/Sn 合金界面与各自单质芯能级的表面组分分解[144]

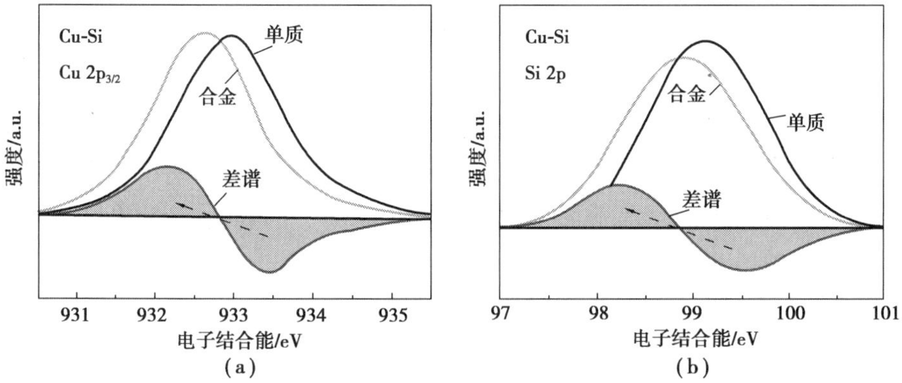

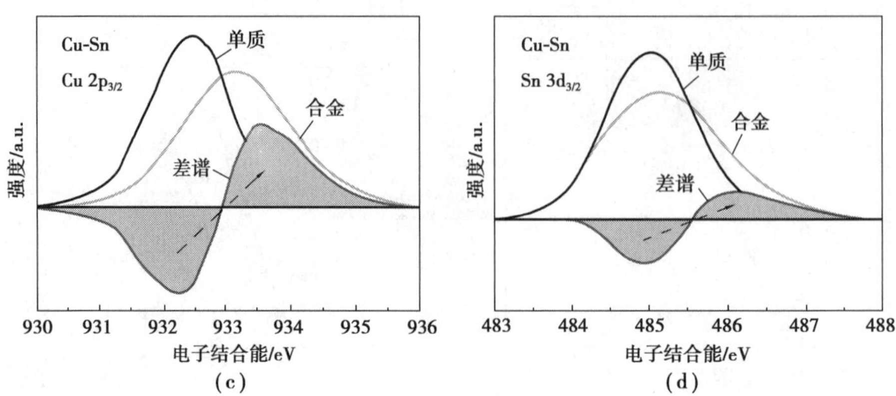

图 8.6 (a),(b)Cu/Si 和(c),(d)Cu/Sn 合金界面与各自单质芯能级的 ZPS 差谱。Cu 2p 和 Si 2p 在 Cu/Si 界面中呈极化特征,而 Cu 2p 和 Sn 3d 在 Cu/Sn 界面处呈钉扎特征[144]

表 8.2 Cu/Si 和 Cu/Sn 界面 Cu $2p_{3/2}$、Si 2p 和 Sn $3d_{5/2}$ 的单原子能级 $E_\nu(0)$、块体能级 $E_\nu(B)$ 及其相对偏移量 $\Delta E_\nu(B)$、界面能级 $E_\nu(I)$ 及其相对偏移量 $\Delta E_\nu(I)$ 以及偏移量相对比率得到的键能比 γ

界　面	芯能级	$E_\nu(0)$/eV	$E_\nu(B)$/eV	$E_\nu(I)$/eV	$\Delta E_\nu(B)$/eV	$\Delta E_\nu(I)$/eV	γ
Cu/Si	Cu $2p_{3/2}$	931.00	932.70	932.00	1.70	1.00	0.59
	Si 2p	96.74	99.20	98.46	2.46	1.72	0.70
Cu/Sn	Cu $2p_{3/2}$	931.00	932.70	933.82	1.70	2.82	1.66
	Sn $3d_{5/2}$	479.60	484.86	485.75	5.26	6.15	1.17

注:γ>1 时,界面以量子钉扎为主;否则以极化为主。

8.3　能量密度、结合能与自由能

基于 ZPS 差谱推导出界面势阱深度,并估算界面区域的键能密度、原子结合能和自由能。键能密度等于单胞键能的总和,结合能等于界面原子所有配位的键能之和。界面自由能取值为单胞能量与单胞横截面积之商,与传统定义的单位面积界面能不同。

假定界面单胞为含 4 个原子(N=4)的 fcc 结构单胞,界面区域原子的配位数为满配位,即 $z_I=12$,则根据式(8.6)可以获得平均界面键能$\langle E_I\rangle$,即

$$\frac{\langle E_I\rangle}{\langle E_b\rangle}=\frac{\Delta E_\nu(I)}{\Delta E_\nu(B)}=\gamma \tag{8.6}$$

结合 A-A、B-B 和 A-B 型相互作用,Vegard's 方程[145,146]也可给出平均界面键能$\langle E_{IS}\rangle$和键长$\langle d_{IS}\rangle$的表达式,即

$$\begin{cases}\langle d_{IS}\rangle = xd_{IA} + (1-x)d_{IB} \\ \langle E_{IS}\rangle = xE_{IA} + (1-x)E_{IB} + x(1-x)\sqrt{E_{IA}E_{IB}}\end{cases} \tag{8.7}$$

式中，$\langle E_{IS}\rangle$的最后一项即为 A-B 相互作用，x 为 A 组分的浓度。d_I(A—A 或 B—B)是界面中 A—A 或 B—B 原子键长，E_I(A—A 或 B—B)是界面中 A—A 或 B—B 键能，E_I(A—B)是 A—B 交换作用能，$\langle E_{IS}\rangle$和$\langle d_{IS}\rangle$表示平均键能和平均晶格常数。表 8.3 汇总了多种合金界面能量的相关信息。

表 8.3　Si/C、Ge/C、Ge/Si、Cu/Si 和 Cu/Sn 合金界面的键参数信息[144]

界　面	原　子	E_b/eV	E_I/eV	$\langle E_{IS}\rangle$/eV	d_b/nm	$\langle d_{IS}\rangle$/nm
Si/C	C	1.38	0.15	0.42	0.671	0.607
	Si	0.39	0.55		0.543	
Ge/C	C	1.38	0.65	0.73	0.671	0.618
	Ge	0.32	0.52		0.566	
Ge/Si	Si	0.39	0.56	0.66	0.543	0.555
	Ge	0.32	0.50		0.566	
Cu/Si	Cu	0.29	0.17	0.27	0.360	0.452
	Si	0.39	0.27		0.543	
Cu/Sn	Cu	0.29	0.48	0.48	0.360	0.472
	Sn	0.26	0.30		0.583	

若已获得$\langle d_{IS}\rangle$和$\langle E_{IS}\rangle$，则可进一步计算原子结合能 E_{IC}、界面能量密度 E_{ID} 和界面自由能 γ_I，即

$$\begin{cases}E_{IC} = z_I\langle E_{IS}\rangle & \text{(界面原子结合能)} \\ E_{ID} = \dfrac{E_{单胞}}{V_{单胞}} = \dfrac{Nz_I\langle E_{IS}\rangle}{2d_{IS}^3} & \text{(界面能量密度)} \\ \gamma_I = \dfrac{E_{单胞}}{A_{单胞横截面}} = E_D d_{IS} = \dfrac{Nz_I\langle E_{IS}\rangle}{2d_{IS}^2} & \text{(界面自由能)}\end{cases} \tag{8.8}$$

合金界面存在的交换耦合作用致使界面处的物理量与在元素单质块体中完全不同。表 8.4 和图 8.7 汇总了 C/Si、C/Ge、Si/Ge、Cu/Si 和 Cu/Sn 合金界面的自由能信息。

表 8.4　C/Si、C/Ge、Si/Ge、Cu/Si 和 Cu/Sn 合金界面的原子结合能 E_C、能量密度 E_D 和自由能 γ_I

界　面	E_C/eV	E_D/($\times10^{10}$J·m^{-3})	γ_I/(J·m^{-2})
C/Si	3.64	0.52	3.16

续表

界　面	E_C/eV	E_D/($\times10^{10}$ J·m^{-3})	γ_I/(J·m^{-2})
C/Ge	6.33	0.86	5.31
Si/Ge	7.92	1.48	8.21
Cu/Si	3.24	1.12	5.06
Cu/Sn	5.81	1.77	8.35

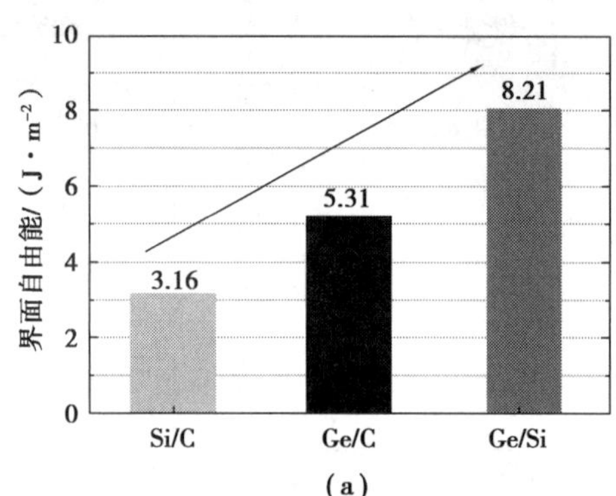

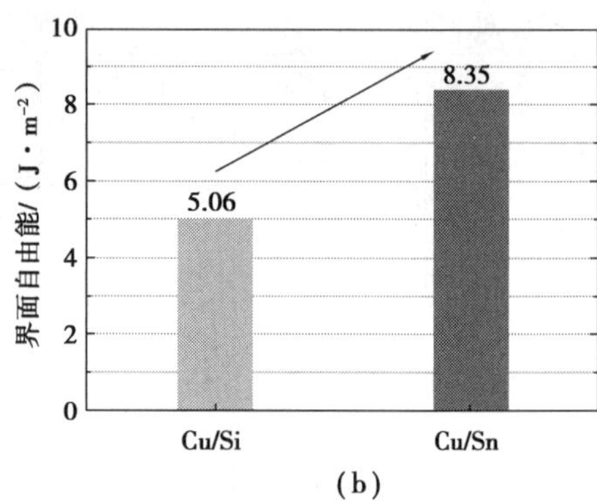

图 8.7　(a)C/Si,C/Ge,Si/Ge 和(b)Cu/Si,Cu/Sn 合金的界面自由能[144]

8.4　金属原子掺杂 Sc_{13} 团簇

钪(Sc)是一种柔软、银白色的过渡金属,常作为轻质耐高温合金的材料。Sc 具有较高的熔点,被应用在高熔点轻质合金,如钪钛合金和钪镁合金。Selhaoui[147] 和 Fitzner[148] 等人对 ScMe(Me = Ag,Au,Fe,Co,Ni,Ru,Rh,Pd,Ir,Pt)合金生成焓进行了研究。我们使用 DFT 计算了金属掺杂 Sc_{13} 团簇的能级偏移。计算采用 VASP 软件,PBE 交换关联泛函,截断能是 400 eV,能量和力的收敛标准分别是 10^{-5} 和 0.01 eV/Å。对于团簇,k 点采用 1×1×1。图 8.8 为掺杂金属 Ca 和 Ni 原子的能级偏移,图 8.8 显示,金属掺杂会使 Sc_{13} 界面能级发生偏移,掺杂 Ca 原子后能级发生正向偏移,掺杂 Ni 原子后能级发生负向偏移。

为计算由金属掺杂引起的 Sc 界面键能变化,需要获得界面能级偏移 $\Delta E_\nu(\mathrm{I})$ 和块体能级偏移 $\Delta E_\nu(\mathrm{B})$。使用 DFT 计算获得界面结合能 $E_\nu(\mathrm{I})$ 和块体结合能 $E_\nu(\mathrm{B})$。计算得到 Sc_{13} 块体能级偏移量为 3.661 eV,掺杂金属 Ca 和 Ni 原子,其能级偏移量分别是 3.761 eV 和 3.543 eV。将界面能级偏移和块体能级偏移代入界面能级偏移公式,计算出键能比 γ,见表 8.5。Sc_{13} 纳米团簇掺杂 Ca 和 Ni,γ 分别是 1.027 和

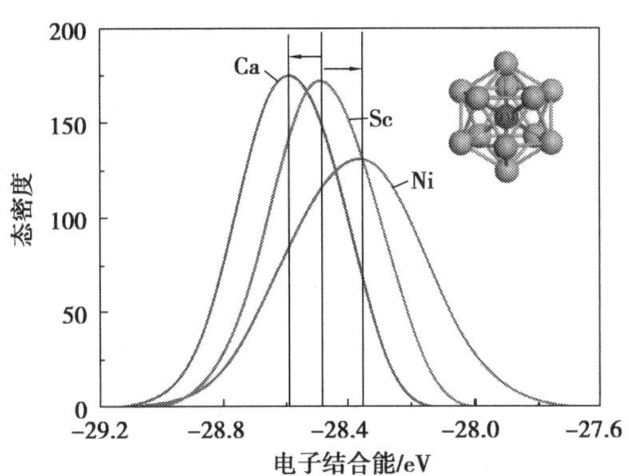

图 8.8　掺杂金属 Ca 和 Ni 原子时 Sc_{13} 界面能级偏移的情况[149]

0.965。结果显示，掺杂 Ca 原子会增强 ScTM 合金界面的键能，引起量子钉扎（1.027>1），掺杂 Ni 原子会减弱 ScTM 合金界面键能，引起电子极化（0.965 < 1）。

表 8.5　DFT 计算的合金电子结合能 $E_\nu(\mathrm{I})$，能级偏移 $\Delta E'_\nu(x)$ 和键能比 γ

合　金	$E_\nu(\mathrm{I})$	$\Delta E'_\nu(x)$	γ
Sc_{13}	28.489	0	1
$Sc_{12}Ag_1$	28.471	−0.018	0.995
$Sc_{12}Au_1$	28.474	−0.015	0.996
$Sc_{12}Ca_1$	28.589	0.100	1.027
$Sc_{12}Cd_1$	28.518	0.029	1.008
$Sc_{12}Cu_1$	28.398	−0.091	0.975
$Sc_{12}Ni_1$	28.362	−0.127	0.965
$Sc_{12}Ir_1$	28.391	−0.098	0.973
$Sc_{12}Ti_1$	28.380	−0.109	0.970
$Sc_{12}Rh_1$	28.429	−0.060	0.984
$Sc_{12}Pd_1$	28.417	−0.072	0.980
$Sc_{12}Fe_1$	28.376	−0.113	0.969
$Sc_{12}Pt_1$	28.369	−0.120	0.967
$Sc_{12}Y_1$	28.461	−0.028	0.992
$Sc_{12}Zn_1$	28.403	−0.086	0.976

8.5 He 原子掺杂 Na 团簇

一般条件下,稀有气体不会和金属发生化学反应。但是,稀有气体原子会吸附在金属表面改变金属的物理化学性质,比如热力学性能[150]。此外,在团簇形成过程中,稀有气体会镶嵌在金属团簇内部[151,152],导致出现笼型[153,154]以及缺陷[155]。因此,我们使用 DFT 计算研究了 He 原子掺杂 Na 团簇的电子性能。计算采用 VASP 软件,PBE 交换关联泛函。稀有气体计算考虑范德瓦尔斯力的作用。截断能是 400 eV,能量和力的收敛标准分别是 10^{-5} 和 0.01 eV/Å。晶格参数是 $a=b=c=26$ Å,($\alpha=\beta=\gamma=90.0°$)。对于团簇,$k$ 点采用 1×1×1。He 原子掺杂 Na_{30} 和 Na_{55} 团簇的结构,如图 8.9 所示。图 8.9 显示,He 原子掺杂在 Na_{30} 芯原子的位置,$Na_{27}He_3$ 芯原子位置的 Na 组分消失。He 原子掺杂 Na_{55} 团簇时,掺杂一部分 He 原子作为芯原子,芯原子的 Na 原子组分减少,仍存一部分芯原子为 Na 原子组分。

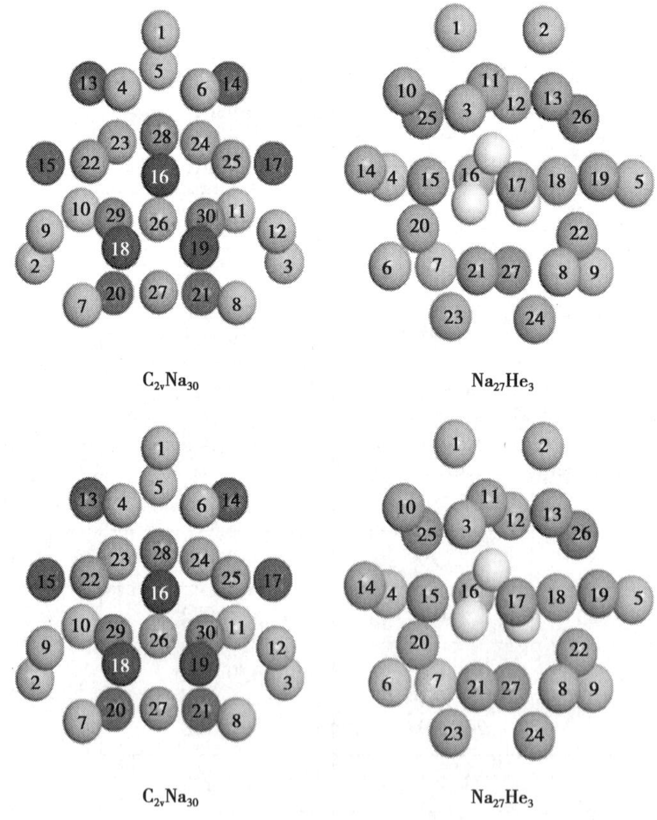

图 8.9 DFT 计算的原子掺杂位置和团簇几何优化结构[156]

表面壳原子第一、二层和块体芯原子层相比，原子配位不同，其态密度（DOS）峰对应的电子结合能不同。原子位置决定电子结合能的大小，具有相同原子配位的电子结合能相同。因此，把表面团簇的第一层原子为参考能级，它对应于最大的电子结合能。He 掺杂 Na 团簇后，键应变和结合能会增加，见表 8.6 和图 8.10。如 He 掺杂 Na_{30} 后，相比于未掺杂团簇，键应变增加 4.26%，键能增加 49.03%。稀有气体掺杂改变了原子配位环境，引起团簇几何结构的重构，相应的键应变和键能密度发生了改变。

表 8.6　理论预测得到结合能 $E_\nu(x)$、原子配位数 z_x、键应力 ε_x(%)、原子结合能 δE_C(%) 和键能密度 δE_D(%)

团簇	$E_\nu(x)$	z_x	$\Delta E'_\nu(x)$	$-\varepsilon_x$	δE_D	$-\delta E_C$
Li_{13}	47.498	2.52	1.269	23.06	185.42	72.68
$Li_{12}He_1$	47.632	2.37	1.403	24.89	214.26	73.73
Li_{26}	47.491	2.53	1.262	22.97	183.97	72.62
$Li_{23}He_3$	47.948	2.08	1.719	28.88	290.89	75.57
Na_{30}	24.819	3.22	0.487	16.86	109.32	67.70
$Na_{27}He_3$	24.975	2.71	0.643	21.12	158.35	71.39
Na_{55}	24.675	5.28	0.207	7.94	39.21	52.20
$Na_{48}He_7$	24.738	4.58	0.270	10.11	53.15	57.59

图 8.11 显示，掺杂 He 可调控 Na 电子芯带电子的能量分布。掺杂的 Na_{30} 团簇，能级出现正偏移。界面能级偏移公式计算得到 $Na_{27}He_3$ 原子平均配位数为 2.71，比 Na_{30} 原子平均配位数 3.22 要低，见表 8.6。图 8.10 和图 8.11 显示，边缘低配位原子引起电子致密化，缺陷原子会出现在高能级的位置（相对费米能级）。总的来说，掺杂 He 原子会引起芯电子的量子钉扎，芯能级出现正向偏移。

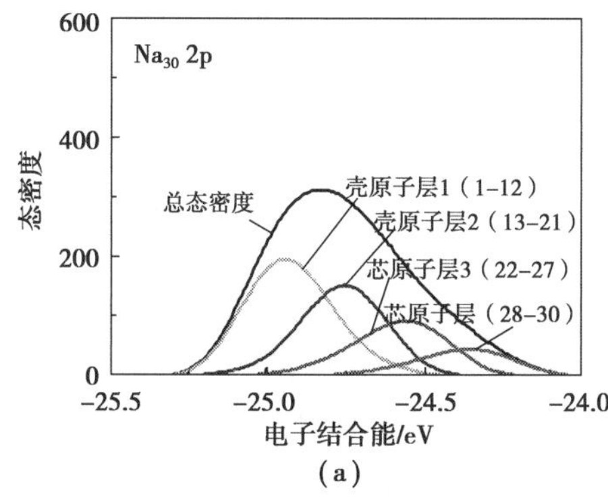

(a)

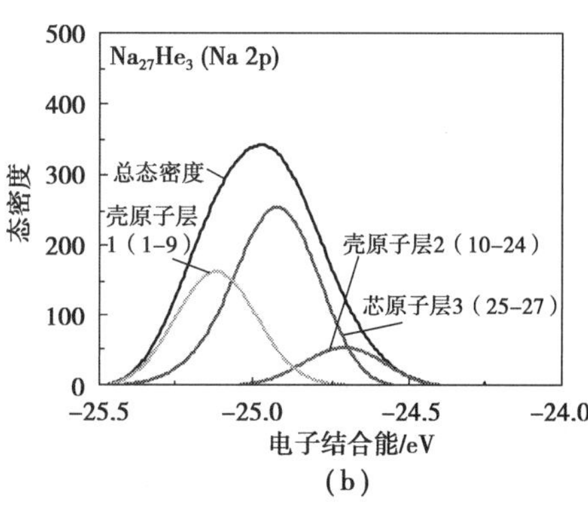

(b)

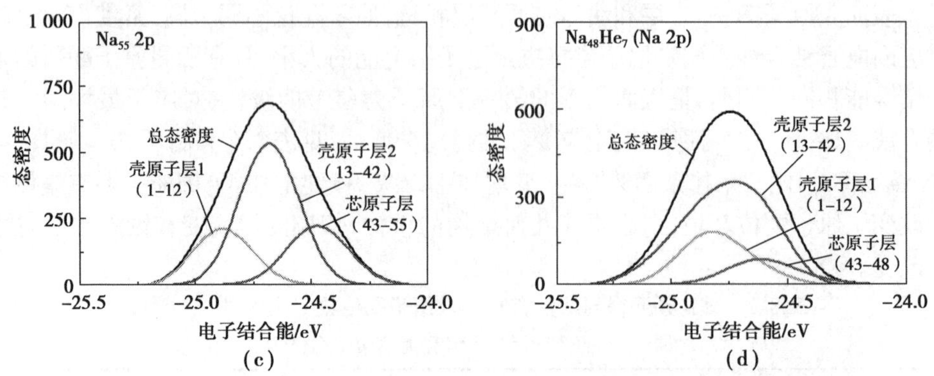

图 8.10　DFT 计算得到的 DOS(a)Na_{30};(b)$Na_{27}He_3$;(c)Na_{55};(d)$Na_{48}He_7$[156]

He 掺杂 Na 团簇,价带电子出现极化现象。图 8.11 中,非键电子极化导致价带电子向费米面移动即出现负偏移。与 DFT 计算发现 Pb[126] 和 Mo[138] 团簇情况类似,当尺寸减少时价电子极化以及芯电子量子钉扎。因此,在不改变原子数量条件,原子掺杂也可以引起整个能带能量分布的变化。

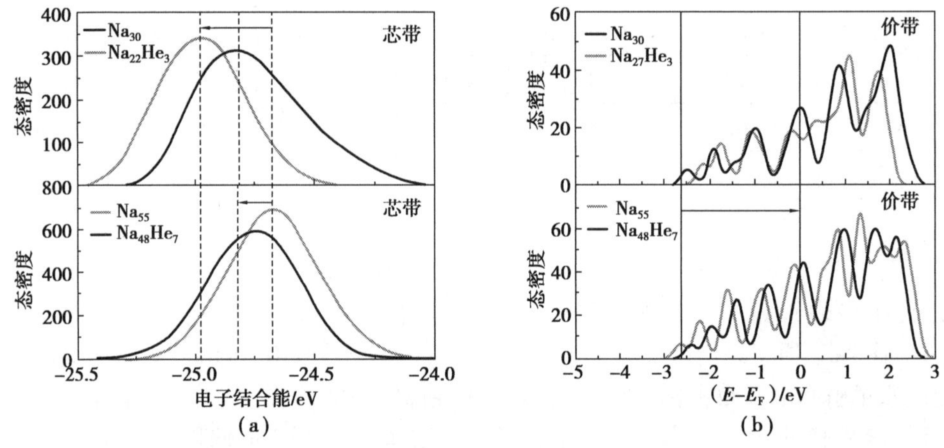

图 8.11　稀有气体 He 掺杂后能级偏移的对比(a)芯带电子;(b)价带电子[156]

8.6　MoS_2 为基底二维异质结键应变

由键弛豫理论原子配位公式,推导出二维异质结配位密度 z_ρ 的计算公式,即

$$z_\rho = z_{xb} C_x^{-3} = C_x^{-3} / \{1 + 8\ln[(2/(1 - \overline{\varepsilon_x}) - 1]\} \tag{8.9}$$

由式(8.9)可知,每个原子位置将决定键能密度在空间的分布,配位密度变小将导致键应变的增加。配位密度越小,电子结合能越大,对应键能越强。二维异质结构的

配位密度结果见表 8.7。根据计算，$GaAs/MoS_2$ 晶格应变相对较大，其原子配位密度较小，意味着能级偏移较大；$Graphene/MoS_2$ 晶格应变相对较小，其原子配位密度较大，意味着能级偏移较小；$InSe/MoS_2$ 的晶格应变较为适中，这意味着 $InSe/MoS_2$ 的原子配位密度以及能级偏移也适中。

联合 BOLS 理论公式，可计算键参数，如键应变 ε_x、能级偏移 $\Delta E_\nu(x)$、原子结合能 E_C(eV/atom) 和键能密度 E_D($eV \cdot nm^{-3}$) 等，相应的公式为

$$\begin{cases} E_C = z_\rho(1-\bar{\varepsilon}_x)^{-m}/C_x^{-3} & (原子结合能) \\ E_D = (1-\bar{\varepsilon}_x)^{-(m+3)} & (键能密度) \end{cases} \tag{8.10}$$

m 为键性质参数，$m=1$ 表示金属，$m=4$ 表示化合物。二维异质结为化合物即 m 取值为 4。另外，z_ρ 是原子配位密度，C_x 是键收缩。根据式(8.10)计算得到原子结合能 δE_C 和键能密度 δE_D，见表 8.7。

表 8.7　三种异质结原子配位密度 z_ρ、键收缩系数 C_x、原子结合能 δE_C 以及键能密度 δE_D

异质结	z_ρ	C_x	δE_C/%	δE_D/%
$GaAs/MoS_2$	0.844 7	0.985 1	85.75	111.08
$Graphene/MoS_2$	0.889 4	0.990 1	89.83	107.21
$InSe/MoS_2$	0.882 8	0.989 4	89.22	107.74

图 8.12 和表 8.7 数据显示键应变与配位密度、原子结合能以及键能密度的关系。图 8.12 结果显示：较小的键应变对应较大的原子配位密度，较大的键应变对应较小的原子配位密度。原子结合能和键能密度受到键应变的影响，键应变和原子结合能成反比，而键应变和键能密度成正比。

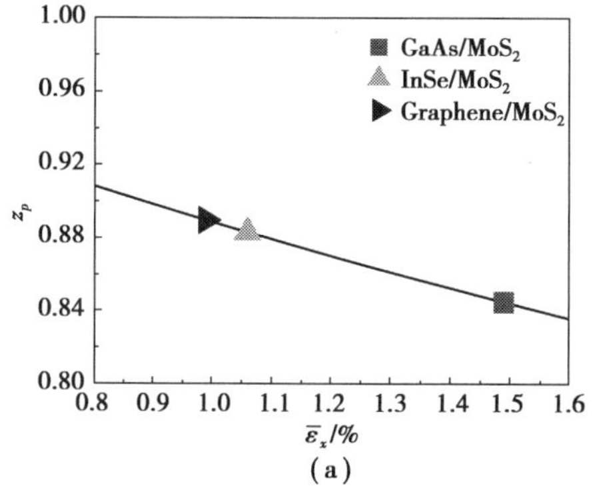

(a)

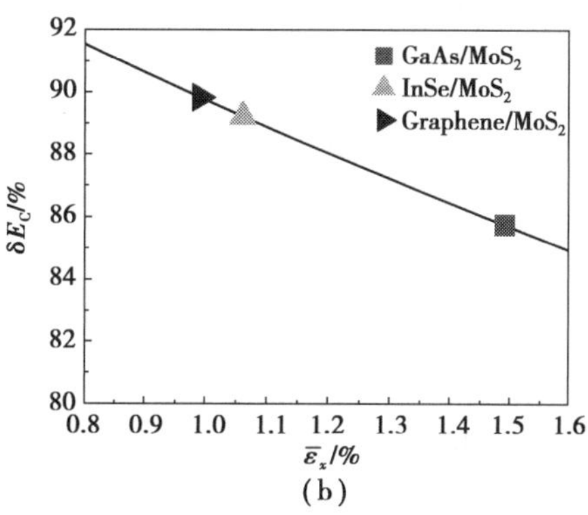

(b)

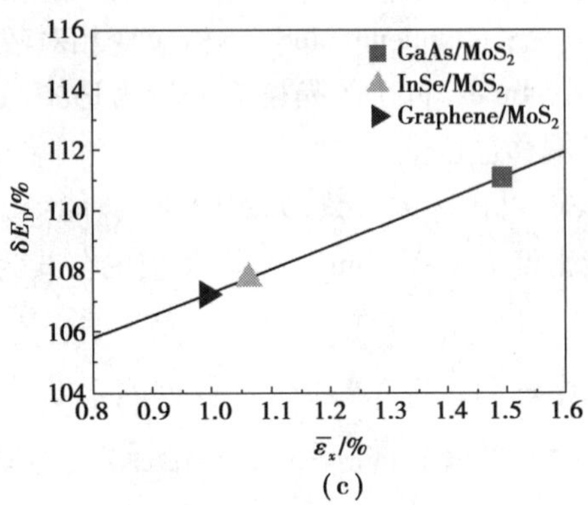

(c)

图 8.12　键应变与原子配位密度 z_ρ、原子结合能 δE_C 和键能密度 δE_D 的关系[157]

在二维异质结表面或界面区域,低配位密度的原子位置是由每单位体积的键能密度 E_D 或单原子键能 E_x 决定,而不是由形成物质或界面所消耗的能量决定。此外,原子结合能 E_C 决定材料的热稳定性,键能密度 E_D 决定材料的弹性模量。

若有 γ_{dx} 表示第 x 个原子键能密度的增量,那么 γ_{dx} 也表示在形成表面时以单位体积的表面层存储的能量;而 γ_{fx} 表示第 x 层的单原子剩余键合能,那么 γ_{fx} 也表示从表面去除单原子所必需的能量,相当于剩余的键数和键能的乘积,γ_{fx} 取决于断键的数量。如果考虑球面结构中最外层两到三层原子的作用,从核壳结构中,可得到关系式为

$$\begin{cases}\gamma_{dx} = \dfrac{E_x}{d_x^3} \propto Y_x \\ \gamma_{fx} = z_x E_x \propto T_{cx}\end{cases} \tag{8.11}$$

由式(8.11)可以得到给定物理量与键参数之间关系。不难证明 γ_{dx} 与杨氏模量成正比,杨氏模量描述了固体抵抗变形能力;而 γ_{fx} 与温度成正比,其与材料的热稳定性有关。基于式(8.11),简单推导可得

$$\begin{cases}\gamma_{dx} = \dfrac{\gamma_{dx}}{\gamma_{db}} = \dfrac{E_x}{E_b} \cdot \dfrac{d_b^3}{d_x^3} = C_x^{-m} \cdot C_x^{-3} = (1 - \overline{\varepsilon_x})^{-(m+3)} \\ \gamma_{fx} = \dfrac{\gamma_{fx}}{\gamma_{fb}} = z_x \cdot \dfrac{E_x}{E_b} = z_{xb}(1 - \overline{\varepsilon_x})^{-m}\end{cases} \tag{8.12}$$

而再联系式(8.10)推导得到

$$\begin{cases}\gamma_{dx} = (1 - \overline{\varepsilon_x})^{-(m+3)} = E_D \\ \gamma_{fx} = z_{xb}(1 - \overline{\varepsilon_x})^{-m} = E_C\end{cases} \tag{8.13}$$

式(8.13)给出了 γ_{dx} 和 E_D 以及 γ_{fx} 和 E_C 之间的关系。根据表 8.7 和图 8.12 的数据,可以得出三种二维异质结结构中热稳定性最好的结构是 Graphene/MoS_2。因此,Graphene/MoS_2 在高温下可能具有更优异的性能。此外,三种二维异质结中 GaAs/MoS_2 具有较高的弹性模量,这意味着 GaAs/MoS_2 具有良好的抗弹性变形能力,可应用于相关需求的领域。这些性能为实验的研究提供可行性建议,在材料的应用中起着重要作用,为二维异质结在设计新材料中的应用奠定了坚实的基础。

第 9 章 界面原子吸附

9.1 区域选择光电子能谱

在表面缺陷或边缘位置的原子具有较低的原子配位数。XPS 实验得到内层电子结合能偏移与原子配位数相关。但是,原子在表面吸附时,有时候组分峰的强度有变化,内层电子结合能并没有偏移的现象。例如,Rh 原子吸附能量在 69.0 eV 和 72.5 eV 之间并没有出现内层电子结合能级偏移的现象,如图 9.1 所示。显然,原子在表面吸附出现了能级偏移的无序性,仅使用 XPS 分峰已无法从表面获取原子配位的信息。

孙长庆等人提出区域选择光电子能谱差谱,即 ZPS 差谱。这种差谱技术可以从 XPS 提取表面原子的内层电子结合能。ZPS 差谱适用于块体表面、纳米团簇、吸附表面、合金界面,以及点缺陷等各种原子配位体系。ZPS 差谱可以得到能量微小变化情况时原子位置的变化,以及不同配位环境的键参数信息。ZPS 差谱之前,首先要进行背底扣除和峰面积归一化处理,对光电子能谱进行强度做差。经过 ZPS 差谱之后得到净化光谱特征波谷和波峰,从特征波谷和波峰得到块体和表面原子的电子结合能。ZPS 差谱可以应用在表面或界面形成过程,比如缺陷产生、晶体生长、化学反应等。ZPS 差谱过程以不同角度的差谱为例:①分别从同一清洁表面以两种入射角获取两组 XPS 光电子能谱,一组入射角是 0°(入射角与法线平行),另一组是入射角较大的角度,把 0°入射角作为参考光谱;②将两个在相同的实验条件测量的光谱进行背底扣除和面积归一化处理,用入射角较大光谱减去参考光谱。面积归一化的规则保证过滤掉散射效应后,其得到每个光谱都成比例。ZPS 差谱获取表面原子吸附的电子结合能，着重分析原子配位体系键参数变化，以及相对应量子钉扎和电子极化对成分峰的影响。图 9.2 为 0°和 70°入射角的 Cs $3d_{5/2}$差谱得到的 ZPS 图。

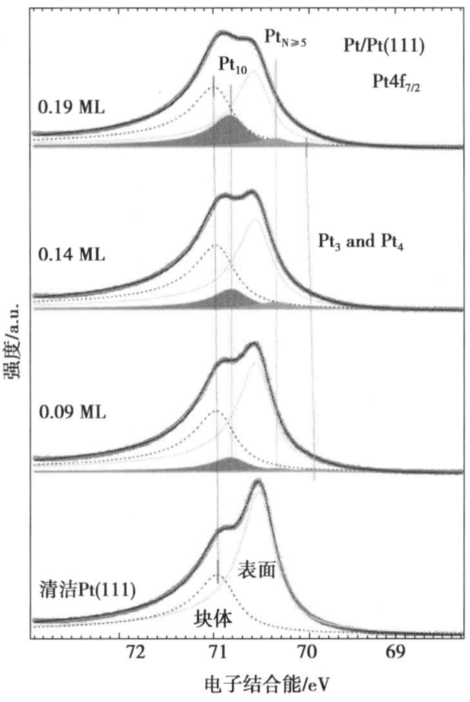

图 9.1　不同吸附量 Pt 时，Pt (111)面 $4f_{7/2}$ 能级 XPS 测量结果[158]

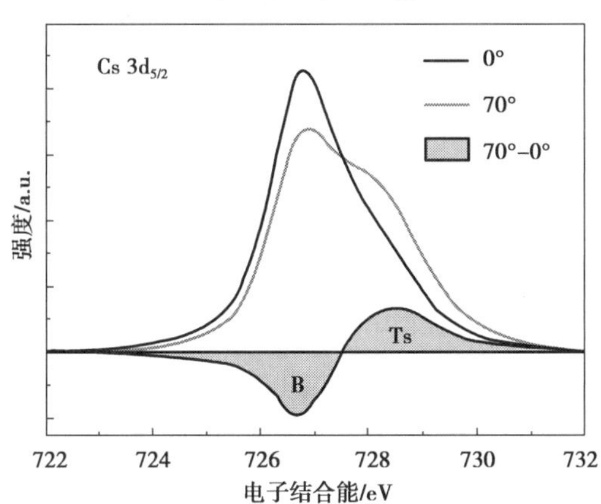

图 9.2　0°(黑色)和 70°(红色)入射角 Cs $3d_{5/2}$ XPS 实验差谱得到的 ZPS 差谱图。符号 B 表示块体，Ts 表示量子钉扎[159]

9.2 H 吸附 Ta(111)表面解析

给定 Ta(111)表面原子配位数 z_x 和 z_x' 及其 XPS 解谱组分基础上，可以确定单原子第 ν 能级 $\Delta E_\nu(0)$，块体能级偏移 $\Delta E_\nu(\mathrm{B})$ 以及能级偏移为

$$E_\nu(z_x) - E_\nu(0) = [E_\nu(12) - E_\nu(0)] \times C_x^{-1}$$

$$\text{或者} \frac{E_\nu(z_x) - E_\nu(0)}{E_\nu(z_x') - E_\nu(0)} = \frac{C_x^{-1}}{C_{x'}^{-1}} (z_x' \neq z_x) \tag{9.1}$$

图 9.3 为实测 XPS 实验表面和块体电子结合能的分峰图。通过背景校正，将谱分解为块体(B)，第一表面(S_1)、第二表面(S_2)组分，组分能谱由高(较小的值)到低。式(9.1)中对所有组分之间约束条件来拟合整体高斯峰强度，对峰值能量进行优化。使用 BOLS-TB 方法，对清洁 Ta(111)采集 XPS 能谱进行解谱，其结果见表 9.1。

根据导出的 z 值和 XPS 各组分电子结合能，预测 Ta(111)表面的原子配位 z 分辨键应变、能级偏移、原子结合能和键能密度，见表 9.1。$4f_{7/2}$ 能级偏移受到 Ta(111)表面局域键应变的影响。通过 BOLS-TB 方法，得到 Ta(111)表面原子配位 z_x 分辨能级偏移为

$$E_{4f_{7/2}}(z_x) = E_{4f_{7/2}}(0) + \Delta E_{4f_{7/2}}(12) C_x^{-1} = 18.977 + 2.713 C_x^{-1} \tag{9.2}$$

估计值 $E_{4f_{7/2}}(0)$ 和 $E_{4f_{7/2}}(\mathrm{I})$ 准确性受到实验测量的影响，如材料纯度、缺陷浓度和测试技术。

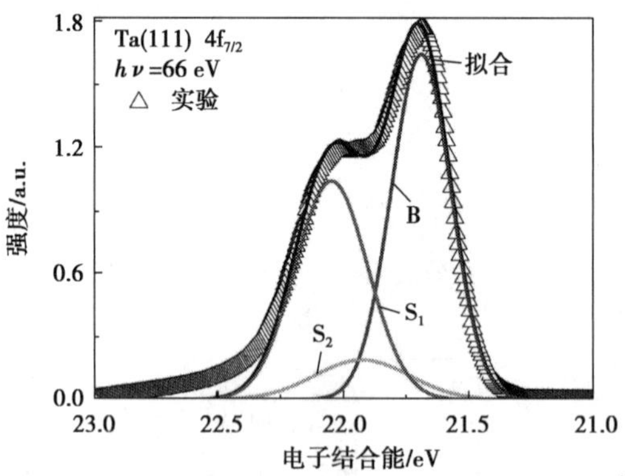

图 9.3 具有 B、S_2 和 S_1 组分 Ta(111)XPS 的 BOLS-TB 分解图。派生信息见表 9.1[160]

表 9.1　BOLS-TB 得出清洁 Ta(111) 表面的原子配位数 z_x，能级偏移 $\Delta E_{4f_{7/2}}(x)$，归一化原子配位数 z_{xb}(%)，键应变 ε_x(%)，原子结合能 δE_C(%) 和键能密度 δE_D(%)

组分	x	z_x	z_{xb}	$E_{4f_{7/2}}(z)$	$\Delta E_{4f_{7/2}}(z)$	$-\varepsilon_x$	$-\delta E_C$	δE_D
原子	—	0	0	18.977	0	—	—	—
块体	B	12.00	100	21.690	2.713	0	0	0
Ta(111)	S_2	5.27	43.917	21.924	2.947	7.965	52.283	39.374
	S_1	4.19	34.917	22.045	3.068	11.597	60.503	63.734

注：BOLS-TB 方法获得相应的各原子层信息，即键应变 $\varepsilon_x=C_x-1$，归一化原子配位数 $z_{xb}=z_x/12$，键应变 $\delta E_x=C_x^{-1}-1$，键能密度 $\delta E_D=C_x^{-4}-1$，原子结合能 $\delta E_C=z_{xb}C_x^{-1}-1$ 与最优配位数 z 和已知 $m(m=1)$ 值。

为计算金属表面原子杂质引起界面化学键的变化，需要获得界面能级偏移 ΔE_ν(I) 和块能量偏移 ΔE_ν(B)。通过 XPS 组分分解，得到 H 杂质诱导的 Ta(111) 界面和块体电子结合能。使用界面能级偏移公式计算得到 ε_x，z_{xb}，δE_C，δE_D，即

$$\begin{cases}\varepsilon_x=\dfrac{\Delta E_{4f_{7/2}}(\mathrm{B})}{\Delta E_{4f_{7/2}}(\mathrm{I})}-1\\ \delta E_C=z_{ib}\left(\dfrac{\Delta E_{4f_{7/2}}(\mathrm{B})}{\Delta E_{4f_{7/2}}(\mathrm{I})}\right)^{-1}-1\\ \delta E_D=\left(\dfrac{\Delta E_{4f_{7/2}}(\mathrm{B})}{\Delta E_{4f_{7/2}}(\mathrm{I})}\right)^{-4}-1\\ z_{xb}=\dfrac{1}{8\ln\left(\dfrac{2\Delta E_{4f_{7/2}}(\mathrm{I})-2.713}{2.713}\right)+1}\end{cases}\tag{9.3}$$

式中：$\Delta E_{4f_{7/2}}(\mathrm{I})=E_{4f_{7/2}}(\mathrm{I})-E_{4f_{7/2}}(0)$，$\Delta E_{4f_{7/2}}(\mathrm{B})=2.713$ eV。其中，$E_{4f_{7/2}}(0)=18.977$ eV 由 XPS 解谱得到。

图 9.4 显示 Ta(111) 和加氢 Ta(111) 表面的键参数与归一化原子配位数 z_{xb} 的关系。结果显示，归一化原子配位数 z_{xb} 随着键应变 $-\varepsilon_x$ 和芯能级偏移(CLS)的增大而增大。如图 9.4(b) 所示，随着归一化原子配位数 z_{xb} 的增大，原子结合能 $-\delta E_C$(%) 减小，键能密度 δE_D(%) 减小。

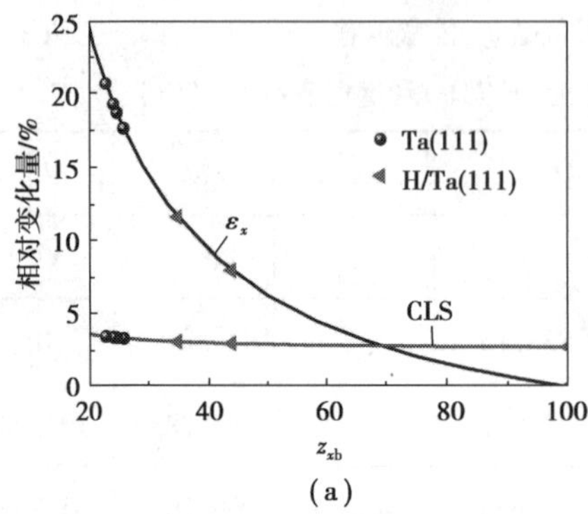

(a)

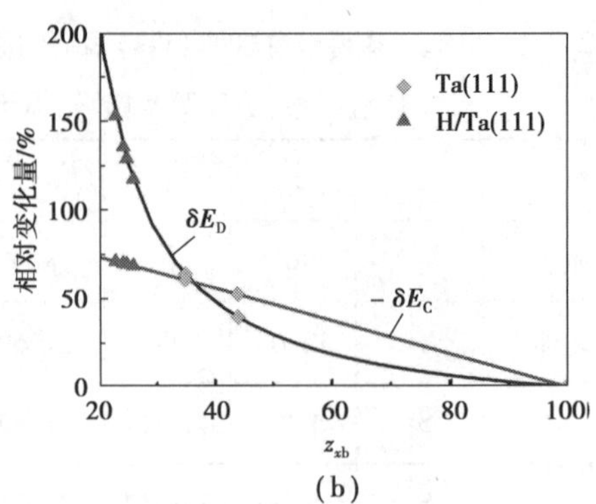

(b)

图 9.4　归一化原子配位数 z_{xb}(%);(a)键应变 ε_x(%)和芯能级偏移(CLS);(b)原子结合能 δE_C(%)和能级密度 δE_D(%)。派生信息见表 9.1 和表 9.2[160]

表 9.2　Ta(111)表面不同氢吸附率、表面键收缩率、功函数、电子转移

DFT 计算	吸附率(ML)	d_{13} [a]	表面键收缩率/%	功函数/eV	电子转移(H) [b]
H/Ta(111)	3/9	2.385	16.61	3.839	-0.27
H/Ta(111)	5/9	2.390	16.43	3.802	-0.40
H/Ta(111)	1	2.386	16.57	3.675	-0.72

注:[a] Ta-Ta 键长 d_{13} 表示第一和第二 Ta 原子层距离,初始化学键为 2.86 Å。[b] 负号表示得到电荷,反之失去电荷。电荷(H)表示 H 原子电荷。

H 杂质诱导 Ta(111)能级偏移与表面键性能变化。图 9.5 显示在不同 H 吸附率 0.3 L,2.0 L,10 L 和 500 L 的 Ta 表面 $4f_{7/2}$ 能级的 XPS 能谱和 ZPS 差谱。Ta 和 H 之间的原子相互作用引起了势阱加深,导致 Ta(111)$4f_{7/2}$ 界面原子电子结合能比块体原子电子结合能相比正向偏移 0.08 eV。500 L 的 H 原子作用在 Ta(111)表面 $4f_{7/2}$ 能级,ZPS 差谱显示能级组分电子转移的过程:出现了两个特征峰和一个特征谷,分别对应于块体(B)、极化(P)和量子钉扎(T)。ZPS 差谱显示极化峰在 21.556 eV(P)、钉扎峰在 22.398 eV(T)和块体谷在 21.77 eV(B)。块体原子电子结合能低于钉扎峰 T 高于极化峰 P(B=21.77 eV)。表 9.3 显示,氢杂质原子的归一化原子配位数 z_{xb} 应低于 Ta(111)归一化块体表面的原子配位数 1。ZPS 差谱给出极化系数为

$$p=\frac{E_{4f_{7/2}}(p)-E_{4f_{7/2}}(0)}{E_{4f_{7/2}}(12(\mathrm{TaH}))-E_{4f_{7/2}}(0)}=0.923 \tag{9.4}$$

在表 9.3 中,当氢吸附 Ta 金属功函数比 Ta 金属低时,$Ta^{\delta+}-H^{\delta-}$ 键在 H 原子得到电子,并发生 Ta $4f_{7/2}$ 能级电子结合能正的偏移。与此相反,F · Maier 发现碳氢键会极化带正电荷的 H 原子[161]。此外,我们研究 H 吸附 Ge 表面重构的结果是局部

电子极化引起的,导致块体组分的电子结合能出现负偏移。我们使用 DFT 计算获得 H 原子覆盖层 Ta 金属表面电子转移的情况,分析了氢化金属 Ta(111) 表面化学反应过程。DFT 计算表明,原子键的自发收缩发生在氢化的 Ta(111)表面,见表 9.3。结果表明,与相应的块体原子键长相比,1ML 氢吸附剂 Ta(111)的表面原子键长收缩 16%。因此,电子极化与表面化学键收缩和几何结构重构相关。

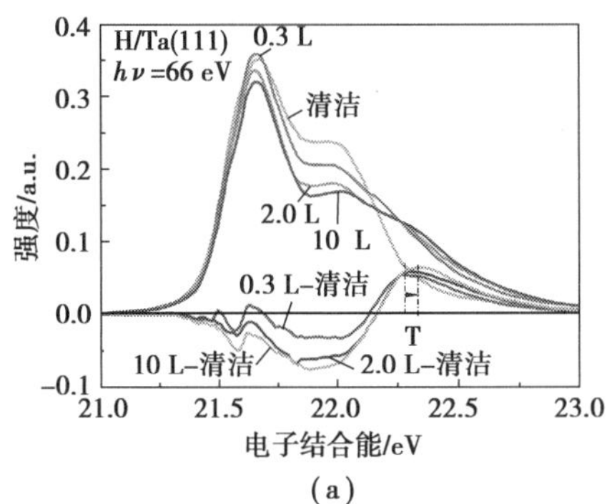

(a)

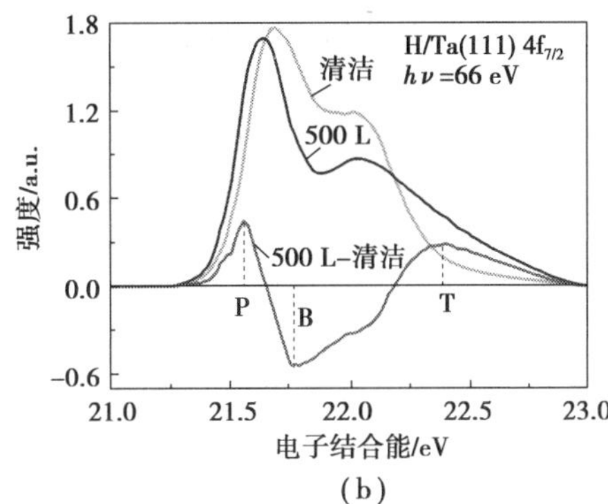

(b)

图 9.5　氢吸附 Ta(111)表面 4f 核能级的 ZPS 差谱。结果表明,芯带量子钉扎(T)和电子极化(P)特征[160]

表 9.3　BOLS-TB 导出氢吸附在 Ta(111)表面不同吸附率下能级偏移 $\Delta E_{4f_{7/2}}(\mathrm{I}) = \Delta E_{4f_{7/2}}(\mathrm{I}) - \Delta E_{4f_{7/2}}(0)$,键能比 γ(%),键应变 ε_x(%),键能密度 δE_D(%),归一化原子配位数 z_{xb}(%),原子结合能 δE_C(%)

XPS 实验	吸附率(L)	$E_{4f_{7/2}}(\mathrm{I})$	$\Delta E_{4f_{7/2}}(\mathrm{I})$	γ	$-\varepsilon_x$	$-\delta E_C$	δE_D	z_{xb}
原子	0	18.977	0	—	—	—	—	—
H/Ta(111)	0.3	22.271	3.294	1.215	17.638	68.479	117.318	25.961
H/Ta(111)	2.0	22.314	3.337	1.230	18.699	69.460	128.890	24.829
H/Ta(111)	10	22.338	3.361	1.239	19.280	69.959	135.546	24.249
H/Ta(111)	500	22.398	3.421	1.261	20.696	71.078	152.821	22.937

未加氢的 Ta(111)表面结合能比加氢 Ta(111)表面结合能具有更高峰的强度,说明 Ta-H 界面 $4f_{7/2}$ 轨道电子结合能加强。ZPS 得到 H 杂质诱导的 Ta 界面能级偏移和量子钉扎,见表 9.3。结果表明,在清洁表面由于杂质的影响,Ta 的化学键发生变化,形成化合物的界面。因此,ZPS 差谱显示块体强度为负,表面强度为正,能级偏移为正。

从 XPS 数据提取定量信息,需要每一个成分峰的值。对 Ta(111) $4f_{7/2}$ 表面 XPS 解谱得到块体原子能级偏移量为 2.713 eV,单原子能级 $E_v(0)$(=18.977 eV)作为参考点。使用界面能级偏移公式计算得到量子钉扎 γ,见表 9.3。对于不同吸附率 0.3 L,2.0 L,10 L,500 L 的 Ta(111)表面的 H 原子吸附,γ 分别是 1.215、1.230、1.239 和 1.261 eV。与 Ta $4f_{7/2}$ 块体原子能级偏移量 2.713 eV 相比,表面原子能级偏移为3.294、3.337、3.361和3.421 eV。结果表明,H原子吸附Ta(111)的表面诱导键能变强。钉扎或极化的程度会随着吸附的增加而增加。

DFT计算Ta(111)表面H原子吸附的态密度图,我们对态密度进行差谱,给出价带电子金属表面氢化的动力学过程。图9.6显示H/Ta(111)表面几种吸附位和不同吸附率价带态密度(DOS)。与无Ta(111)表面的氢相比(图9.6),氢吸附会产生四个过量的DOS特征,即H-Ta成键电子态(从-6到-8 eV),非键电子态H-Ta(从-2到-4 eV的极化$H^{\delta-}$反键偶极子),$Ta^{\delta+}$电子空穴态为-0.7 eV,反键电子态(从0到+2 eV)。价电子从较低电子结合能转移到较高电子结合能,并且极化程度对电子空穴很重要。

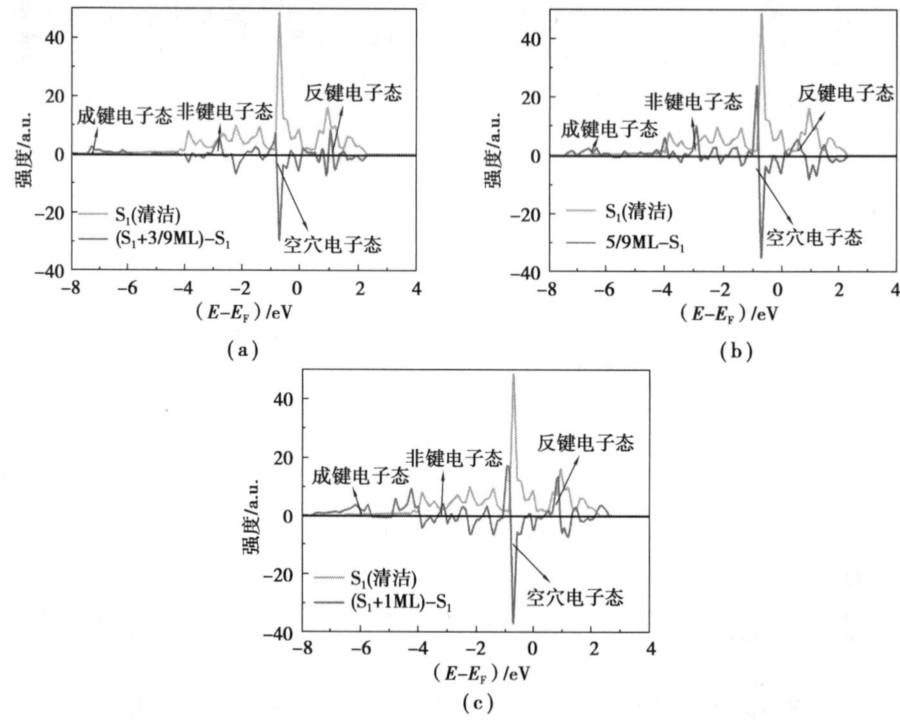

图9.6　3/9ML,5/9ML,1ML的氢吸附Ta(111)面ZPS差谱和清洁Ta(111)表面的比较。四种态密度(DOS)特性:反键电子态、电子空穴态、非键电子态和成键电子态[160]

氢化(还原反应)过程按照以下列动力学过程进行:氢原子相邻Ta原子获取电子变成$Ta^{\delta+}$; Hirshfeld布局分析记录电荷从H原子电子转移到Ta原子; sp轨道杂化产生额外非键电子态。H原子负号表示Ta获得电荷,见表9.3。非键电子极化近邻Ta原子形成反键偶极子,如图9.5所示。同时,电子极化出现Ta(111)$4f_{7/2}$芯带。介于-8.0和-6.0 eV之间DOS特征是$Ta^{\delta+}$—$H^{\delta-}$键,其强度比金属Ta—Ta键强。原子间键电子的强相互作用降低较低表面功函数,$4f_{7/2}$芯带电子结合能的正偏移,稳定能量系统。反键电子态(~1.0 eV)由孤立的$H^{\delta-}$偶极子对引起的Ta价带d电子极化。此外,低配位表表面原子量子钉扎和 $4f_{7/2}$ 电子进一步使 $H^{\delta-}$ 偶极子极化加强,以上机理可以解释金属原子催化机理,例如金表现出有助于催化过程中出现极化特性。ZPS 差谱证实 E_F 以下键合特性为空穴-电子复合。ZPS 差谱不仅为研究金属氢化过程键和电子行为信息提供一种的数值计算方法,而且对金属表面氢化的动力学也提供一种新的见解。

9.3 Ge 表面氢化和氧化解析

Ge 表面长期暴露在空气会发生氢化和氧化。氧化和氢化会引起表面发生重构,对材料电子性能产生巨大影响。我们使用 VASP 软件对 Ge 表面吸附单层氢原子进行了研究。在 DFT 计算中,我们把 Ge(100),Ge(100)-H 和 Ge(210)表面底部一层原子固定,上面三层原子作为可以自由运动的表面。Ge(100),Ge(100)-H 表面晶格参数是 a=5.657 Å,b=11.315 Å,c=16.243 Å($\alpha=\beta=\gamma=$ 90.0°)和 Ge(210)表面晶格参数是 a=5.657 Å,b=12.651 Å,c=18.958 Å($\alpha=\beta=\gamma=$90.0°)。计算选用 LDA 泛函,截断能为 300 eV,真空层厚度为 12 Å,采样的 k 点值是 16×8×2,选取布里渊区网格采样间隔不小于 0.01 $Å^{-1}$。

图 9.7 中,对比 Ge 清洁表面和吸附氢 Ge 表面能级偏移。Φ 表示计算和实验的块体电子结合能差值。图 9.7 显示,Ge 表面吸附氢后,能级发生负向的偏移(相对于费米面 E_F),黑色曲线比红色曲线移动 1.0 eV。Ge(100)表面有大量未饱和的悬挂键,吸附氢后,氢原子的电子共享给表面的 Ge 原子,饱和表面的悬挂键。氢化表面会湮灭孤对电子产生的偶极矩,减小晶体势的屏蔽作用。Graupner 等人通过实验研究发现吸附氢的金刚石(100)和(111)表面,也会出现能级的负向偏移[162]。

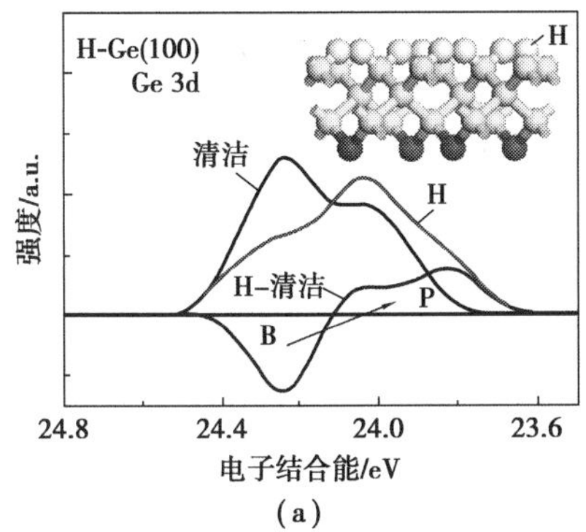

(a)

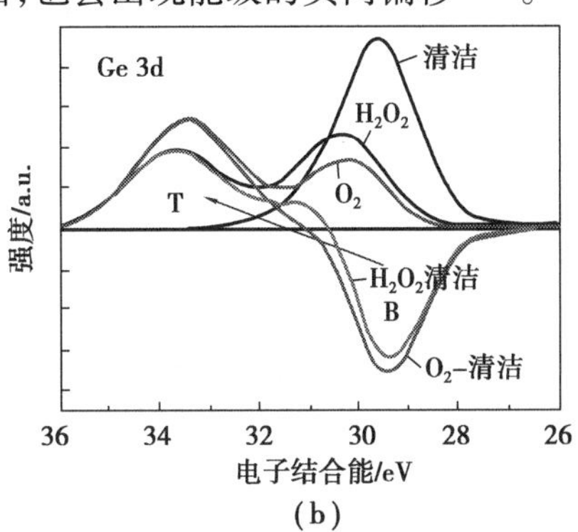

(b)

图 9.7 ZPS 差谱得到 Ge 表面吸附(a)H_2;(b)O_2 和 H_2O_2 时的电子转移。B,P 和 T 分别表示块体、电子极化和量子钉扎[116]

ZPS 差谱可得表面原子吸附和合金界面电子转移的动态过程。图 9.7 中,对比没有吸附和吸附 H,Ge 表面 ZPS 差谱。图 9.7 显示,在没有吸附 H 时表面峰的强度要大于吸附后表面峰的强度，吸附 H 后会出现电子极化的现象，导致电子结合能出现负向的偏移。波峰和波谷分别标出 P 极化部分和 B 块体部分（块体在-24.25 eV 处）。Φ 表示结合能计算值和实际测量实验值存在的差值。计算的基态和实验的激发态之间的差值，也可把它认为是功函数。通过对实验和计算比较，得到它们块体的差值 Φ=4.71 eV。通过计算 Φ 值，可以把实验结果和计算结果相联系，计算得到界面结合能的值可以与实验进行比较，见表 9.4。

实验上 Rivillon 等人研究 O_2 和 H_2O_2 在 Ge 表面吸附时的情况。在加入氧和双氧水时，Ge 表面氧化使能级出现正向偏移。图 9.7 为 ZPS 差谱得到清洁 Ge 表面在加入 O_2，H_2O_2 后，3d 轨道电子转移的情况。ZPS 差谱得到波峰和波谷，分别对应于块体 B 和钉扎 T。波谷处对应于块体结合能是 28.960 eV，这与 Ge(100) 和 (111) 表面能谱测量得到块体值得结果一致。同时，差谱还获得界面结合能 $E_\nu(\mathrm{I})$，见表 9.4。结果表明，氧吸附 Ge 会引起界面结合能的变化以及表面氧化物的形成。总的来说，O 吸附在 Ge 表面会形成 Ge 的氧化物并引起量子钉扎，而 H 吸附在 Ge 表面会湮灭孤对电子产生的偶极矩引起电子极化现象。

为计算吸附 H 原子，O 原子对键能的影响，我们需要从差谱中提取出界面结合能 $E_\nu(\mathrm{I})$ 和解谱得到的块体能级偏移 $\Delta E_\nu(\mathrm{B})$。从 Ge(100) 和 Ge(111) 面解谱，我们得到 $\Delta E_\nu(\mathrm{B})$ 为 1.381 eV。将得到 $\Delta E_\nu(\mathrm{B})$ 代入界面能级偏移公式，计算出键能比 γ，见表 9.4。H_2、O_2 和 H_2O_2 吸附在 Ge 表面时，γ 分别是 0.689、4.227 和 4.338。单原子能级的偏移量分别是-0.952、5.837 和 5.991 eV，对应块体在 3d 轨道能级偏移是 1.381 eV。结果表明，H 吸附在 Ge 界面化学键会减弱，而 O 吸附在 Ge 表面时界面化学键会增强。理论计算值的准确性会受到实验测量的影响，如材料纯度、缺陷浓度和不同测试技术等。

表 9.4　ZPS 获得 H_2，O_2 和 H_2O_2 吸附 Ge 的界面结合能 $E_\nu(\mathrm{I})$，能级偏移 $\Delta E_\nu(\mathrm{I})$ 和键能比 γ。实验数据来自参考文献[163,164]

吸附物	$\Delta E_\nu(\mathrm{B})$	$E_\nu(0)$	$E_\nu(\mathrm{I})$	$\Delta E_\nu(\mathrm{I})-\Delta E_\nu(\mathrm{B})$	γ	$\Delta E_\nu(\mathrm{I})$
H_2(DFT) Φ=4.71 eV	1.381	-22.869	-23.821	-0.429	0.689	0.952
O_2	1.381	27.579	33.416	4.457	4.227	5.837
H_2O_2			33.570	4.610	4.338	5.991

9.4　Au 表面原子吸附和氧化解析

Visikovskiy 等人通过 XPS 实验得到金（Au）表面吸附不同尺寸团簇（1.2 ML、1.0 ML、0.8 ML 和 0.6 ML）的能谱[165]。将在不同吸附条件下的能谱减去块体的能谱,经过背底扣除和面积归一化处理,得到如图9.8所示的ZPS差谱。

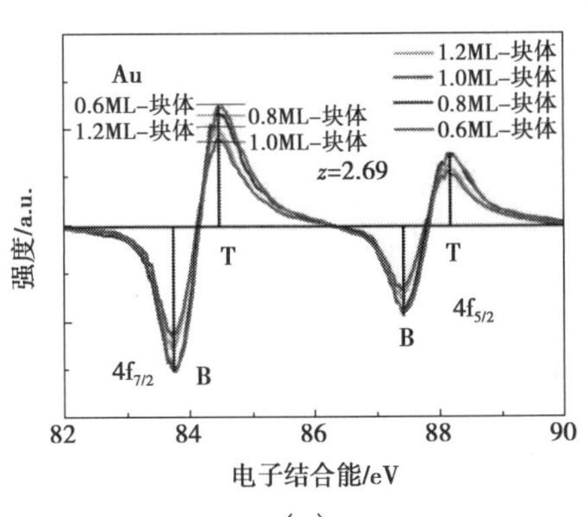

(a)

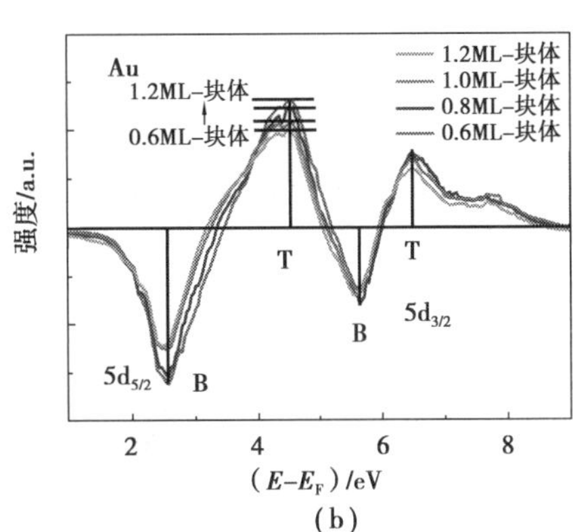

(b)

图9.8　Au原子团簇(a)4f芯能级轨道;(b)5d带的ZPS差谱结果。波峰和波谷表示块体B和量子钉扎T[166]

图9.8中,波谷B为Au纳米团簇的块体值,$4f_{7/2}$能级的块体值与Au表面解谱的结果一致;波峰T为量子钉扎,随着尺寸减少,4f芯带和5d价带都会向深能级移动。尺寸效应下第ν能级的能级偏移为:$\Delta E_\nu(x)=E_\nu(\mathrm{T})-E_\nu(\mathrm{B})$。先比较价带上$5d_{3/2}$和$5d_{5/2}$能级偏移的情况,电子结合能分别发生1.22 eV和1.83 eV的偏移。很明显,外层原子轨道的$5d_{5/2}$能级偏移量要大0.61eV,这是因为$5d_{5/2}$能级要比$5d_{3/2}$能级更靠近费米能级,容易受到外界环境的刺激发生电子轨道杂化,而靠近原子核的轨道,由于受到原子核的束缚和晶体势能屏蔽的影响,$5d_{3/2}$轨道的能级偏移要小得多。

再比较芯带$4f_{7/2}$和$4f_{5/2}$能级偏移情况,分别发生0.75 eV和0.76 eV的偏移,考虑到取值的误差,可近似认为两者能级偏移量相等,见表9.5。结果表明,当金纳米团簇尺寸减小时,4f芯带的带宽基本不变,而5d价带带宽会减少。此外,根据尺寸效应公式,可以计算出Au纳米团簇的有效原子配位数为2.69。

表9.5　团簇能级(E_ν(T))、块体能级(E_ν(B))、团簇结合能相对于块体的偏移($\Delta E_\nu(x)=E_\nu(\mathrm{T})-E_\nu(\mathrm{B})$)和带宽($W_\nu(X)=E_\nu(X)-E_\nu(X)$,$X$=块体B或者钉扎$T$)

能级	v	E_ν(B)	vE_νv(T)	$\Delta E_\nu(x)$	W_νv(B)	W_ν(T)
$4f$	$4f_{7/2}$	83.719	84.472	0.750	3.695	3.703
	$4f_{5/2}$	87.414	88.175	0.760		
$5d$	$5d_{5/2}$	2.558	4.388	1.830	3.053	2.443
	$5d_{3/2}$	5.611	6.831	1.220		

如图9.9所示,用ZPS差谱分析Au氧化和还原前后的$4f_{7/2}$芯能级电子结合能

变化情况,深色曲线为 Au 氧化的光谱减去初始清洁表面的光谱;浅色曲线为 Au 氧化还原后的光谱减去初始清洁表面的光谱。深色曲线上的两个特征峰位于 83.304 eV 和 85.317 eV,分别表示极化峰(P)和钉扎峰(T)。浅色曲线中仅有一个位于 83.395 eV 的特征峰,标记为极化峰(P)。钉扎峰将在抽去 O_3 后消失,而极化峰则发生轻微的正向偏移。图中金的块体值 B_0=83.911 eV,略大于 XPS 解谱所得到的块体值 B=83.692 eV。

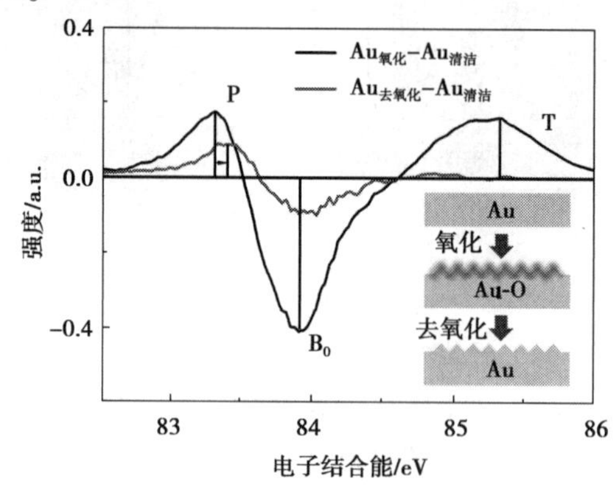

图 9.9　Au 表面在 O_3 的环境中 $4f_{7/2}$ 芯能级结合能的变化情况。曲线表示 Au 清洁表面与有臭氧和抽去吸附在表面臭氧的差谱[166,167]

臭氧 O_3 有很强的氧化性,它会使表面的 Au—Au 键断裂形成 O—Au 键,由于 O—Au 键的形成会引起表面电子的强局域化,而导致 X 射线收集到的块体信息量的减少。同时,O 成键的轨道分别会被两个非键电子孤对和两对共用电子所占据,形成四面体结构的 sp^3 轨道杂化,导致局部势能的加强,引起能量的钉扎 T。此外,氧化同时引起表面形态的重构,O 原子与 Au 原子成键,O 原子可能位于最外层,也可能向下潜入两层 Au 原子之间,从而将最外层原子拉高或者推高,并且将某些 Au 原子从其原来的位置挤走。这个过程中将产生大量的低配位原子,导致 $4f_{7/2}$ 芯能发生极化而产生位于 83.395 eV 的极化峰(P)。电子孤对的存在会进一步增强极化效应,使极化峰向更浅层移动至 83.304 eV。

然而 O-Au 键并不稳定,它不断地发生断裂,当有 O_3 存在时,O—Au 键的形成和断裂处于一种动态的平衡,而当把 O_3 抽出,就失去强氧化性 O 原子的供应,O—Au 键断裂,O 原子从 Au 原子表面脱离,相邻的 Au 原子结合成键。而氧化时部分 Au 原子被 O 原子排挤而脱离原来的位置,当 O 原子脱离时它们不能回到最初位置而是与近邻原子成键。因此,氧化引起的结构重构在自发还原后仍然存在。实验上对 Au 表面重构的研究已有许多,但是其重构动力学微观机理仍是空白,Li 等人[168,169]研究氧致 Cu 表面重构微观机制,由于 Au 与 Cu 在原子结构相似,他们的研究对于金属表面氧化机制具有一定的启发意义。

第 10 章 价键电子学

10.1 分子轨道理论

分子中每个电子都是在由各个原子核和其余电子组成的平均势场中运动,第 i 个电子的运动状态用波函数 ψ_i 描述,ψ_i 称为分子中的单电子波函数,又称分子轨道。$\psi_i\psi_i^*$ 为电子在空间分布的概率密度,即电子云分布;$\psi_i\psi_i^*\mathrm{d}\tau$表示该电子在空间某点附近微体积元 $\mathrm{d}\tau$中出现的概率。当把其他电子和核形成的势场当作平均场来处理时,势能函数只与电子本身的坐标有关,分子中第 i 个电子的 Hamilton 算符 $\hat{H}_i$ 可单独分离出来,ψ_i 服从 $\hat{H}_i\psi_i=E_i\psi_i$。式中 $\hat{H}_i$ 包含第 i 个电子的动能算符项、这个电子和所有核作用势能算符项,以及它与其他电子作用的势能算符项的平均值。解此方程,可得一系列分子轨道 $\psi_1,\psi_2,\cdots,\psi_n$,以及相应能量 $E_1,E_2,\cdots,E_n$。分子中的电子根据 Pauli 原理、能量最低原理和 Hund 规则增填在这些分子轨道上。分子的波函数 ψ 为各个单电子波函数的乘积,分子的总能量为各个电子所处分子轨道的分子轨道能之和。

分子轨道 ψ 可以近似地用能级相近的原子轨道线性组合(linear combination of atomic orbital ,LCAO)得到,如式(10.1)所示,式中的线性组合系数可为正值,也可为负值,可为整数也可为分数。线性变分函数为

$$\psi \approx c_1\psi_1 + c_2\psi_2 + \cdots + c_n\psi_n \tag{10.1}$$

求出 E 值最低时对应的线性组合系数 c_i 值,进而得到波函数 ψ。

这些原子轨道通过线性组合成分子轨道时,轨道数目不变,轨道能级改变,两个能级相近的原子轨道组合成分子轨道时,能级低于原子轨道能级的称为成键轨道,高于原子轨道能级的称为反键轨道,等于原子轨道能级的称为非键轨道。两个原子

轨道有效地组合成分子轨道时必须满足能级高低相近、轨道最大重叠、对称性匹配3个条件。能级高低相近,能够有效地组成分子轨道;能级差越大,组成分子轨道的成键能力就越小。一般原子中最外层电子的能级高低是相近的。另外,当两个不同能级的原子组成分子轨道时,能级降低的分子轨道必含有较多成分的低能原子轨道,而能级升高的分子轨道则含有较多成分的高能级原子轨道。所谓轨道最大重叠,就是使重叠积分β增大,成键时体系能量降低较多,这就给两个轨道的重叠方向以一定的限制,此即共价键有方向性的根源。所谓对称性匹配,是指两个原子轨道重叠时,重叠区域中两个波函数的位相相同,即有相同的符号,以保证β积分不为0。图10.1(a)示出若干种满足对称性条件,有效地组成能级低的分子轨道的情况。图10.1(b)示出若干种不全满足位相对称性匹配条件的情况,重叠区有一半是正正重叠,使能量降低;另一半是正负重叠,使能量升高,两者效果抵消,只能形成非键分子轨道。若两个符号相反的轨道进行叠加,则形成反键分子轨道。

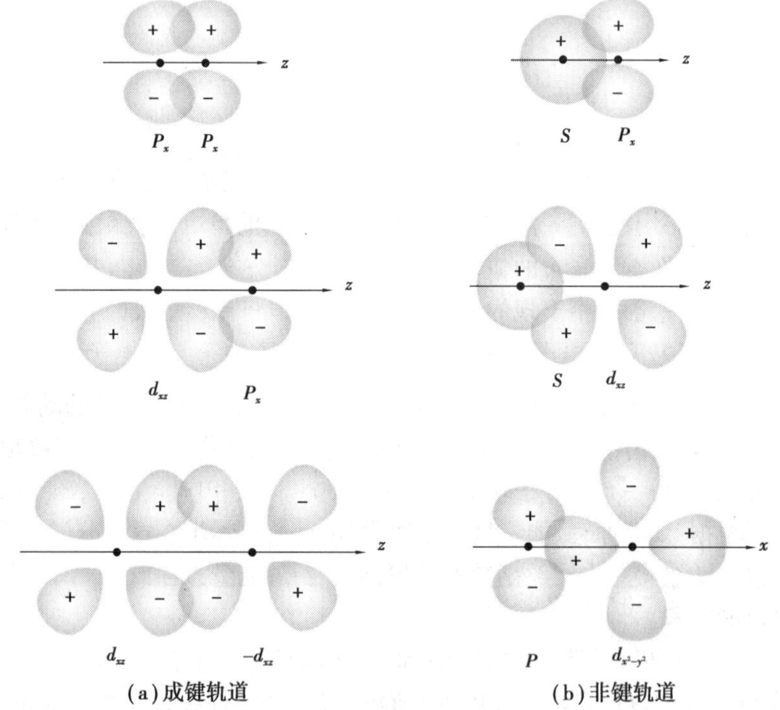

图10.1　轨道重叠时的对称条件

在上述3个条件中,对称性条件是首要的,它决定这些原子轨道是否能组合成分子轨道,而其他两个条件只影响组合的效率。

$$E_1 = \frac{1}{2}\left[(E_a + E_b) - \sqrt{(E_b - E_a)^2 + 4\beta^2} \right] = E_a - U$$

$$E_2 = \frac{1}{2}\left[(E_a + E_b) - \sqrt{(E_b - E_a)^2 + 4\beta^2} \right] = E_b + U \qquad (10.2)$$

式中，$U=\frac{1}{2}\left[\sqrt{(E_b-E_a)^2+4\beta^2}-(E_b-E_a)\right]>0$。因为 $U>0$，如图 10.2 所示，能级高低关系为 $E_1<E_a<E_b<E_2$：E_1 是成键轨道的能级，E_2 是反键轨道的能级。E_1 比 E_a 还要低，降低值为 U；E_2 比 E_b 还要高，升高值为 U。U 不仅和 β 有关，而且与 (E_b-E_a) 的差值有关。当 $E_a=E_b$ 时，$U=|\beta|$，β 是负值；当 $(E_b-E_a)\gg|\beta|$ 时，$U\approx 0$，$E_1\approx E_a$，$E_2\approx E_b$。如将 E 值分别用 $E_1=E_a-U$ 和 $E_2=E_b+U$ 代入，化简得

$$\left(\frac{c_b}{c_a}\right)_1 = -\frac{U}{\beta} \approx 0, \quad \psi_1 \approx \psi_a$$

$$\left(\frac{c_b}{c_a}\right)_2 = -\frac{U}{\beta} \approx 0, \quad \psi_2 \approx \psi_b \qquad (10.3)$$

分子轨道 ψ_1 和 ψ_2 还原为原子轨道 ψ_a 和 ψ_b，不能有效成键。

在讨论分子轨道问题时，对于反键轨道应予以充分的重视，其原因是：

①反键轨道是整个分子轨道中不可缺少的组成部分，反键轨道几乎占总分子轨道数的一半，它和成键轨道、非键轨道一起按能级高低排列，共同组成分子轨道。

②反键轨道具有和成键轨道相似的性质，每轨道也可按 Pauli 原理、能量最低原理和 Hund 规则排布电子，只不过能级较相应的成键轨道高，轨道的形状不同。

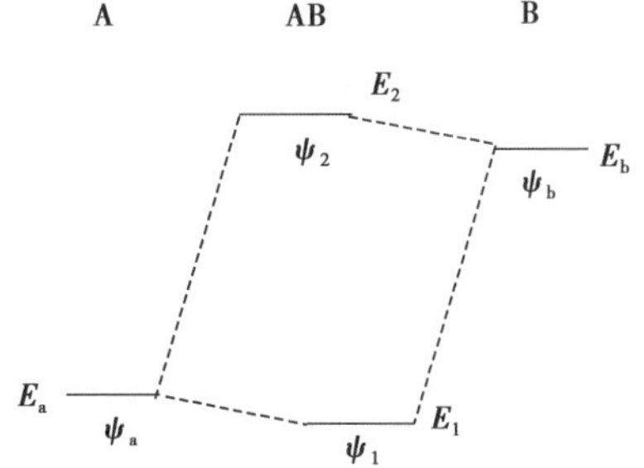

图 10.2　能级高低不同的原子轨道组成分子轨道的能级高低关系

③形成化学键的过程中，反键轨道并不是处于排斥状态，有时反键轨道和其他轨道相互重叠，也可以形成化学键，降低体系的能量，促进分子稳定地形成。利用分子轨道理论能成功地解释和预见许多化学键的问题，反键轨道参与作用是其中的关键所在。

④反键轨道是了解分子激发态性质的关键。

根据能级高低相近和对称性匹配条件，氢原子 1s 轨道（−13.6 eV）和氟原子的轨道（−17.4 eV）形成轨道，HF 的价层电子组态为 $(\sigma_{2s})^2(\sigma)^2(\pi_{2p})^4$。有 3 对非键电子，在 F 原子周围形成 3 对孤对电子，故可记为 $\mathrm{H—\ddot{\underset{..}{F}}:}$。由于 F 的电负性比 H 大，因此电子云偏向 F，形成极性共价键，$\mu=6.60\times10^{-30}$ cm。分子轨道能级示意于图 10.3 中。从 HF 的分子结构可以推论：对异核双原子分子的成键分子轨道，电负性高的原子贡献较多；而反键分子轨道，电负性小的原子贡献较多。

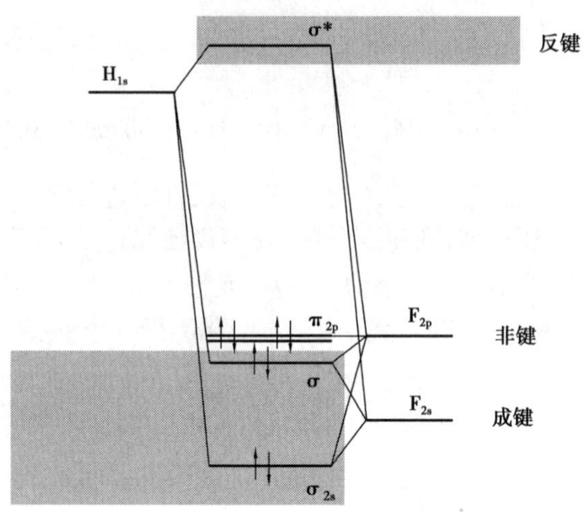

图 10.3　HF 的分子轨道能级图

几种分子轨道理论优缺点：

①分子轨道理论（MO），优点：引入分子轨道概念，可说明分子的成键情况，键的强弱和分子的磁性；缺点：不能解决构型问题；

②价键理论（VB），优点：简明扼要；缺点：不能解释分子的几何构型；不能解释分子的磁性；

③杂化轨道理论（HO），优点：可解释分子的几何构型；缺点：缺乏预见性；

④价电子对互斥理论（VSEPR），优点：可预言分子的几何构型；缺点：不能说明成键原理及键的强度。

10.2　N_2 的紫外光电子能谱

在受光激发下，N_2 的电离为

$$N_2 + h\nu \rightarrow N_2^+ + e^-$$

N_2 的价电子组态为$(1\sigma_g)^2(1\sigma_u)^2(1\pi_u)^4(2\sigma_g)^2$，而 N_2^+ 的电子组态则因电子从上电离而异，即

$$(1\sigma_g)^2(1\sigma_u)^2(1\pi_u)^4(2\sigma_g)^1$$

$$(1\sigma_g)^2(1\sigma_u)^2(1\pi_u)^3(2\sigma_g)^2$$

$$(1\sigma_g)^2(1\sigma_u)^1(1\pi_u)^4(2\sigma_g)^2$$

$$(1\sigma_g)^1(1\sigma_u)^2(1\pi_u)^4(2\sigma_g)^2$$

根据不同组态的 N_2^+ 光谱基本振动频率，可得表 10.1 所列的数据。

表10.1　N_2 和 N_2^+ 的键性质

分子 (括号内表示电离的轨道)	基本振动波数 /cm^{-1}	键长 /pm	键能 /(kJ·mol^{-1})
N_2	2 330	109.78	941.69
$N_2^+(2\sigma_g)$	2 157	111.6	842.16
$N_2^+(1\pi_u)$	1 873	117.6	—
$N_2^+(1\sigma_u)$	2 373	107.5	—

图10.4示出 N_2 的分子轨道能级高低的分布情况以及它与光电子能谱之间的关系。由图10.4可见,通过电子能谱可以测定轨道能级的高低,根据谱带的形状,可以进一步了解分子轨道的性质:

①一个非键电子电离,核间平衡距离几乎没有什么变化,从分子M的 $\nu=0$ 的振动基态跃迁到 M^+ 的 $\nu=0$ 的振动基态时重叠最大,$I_A=I_V$,而其他振动能级上波函数重叠很少,所以跃迁概率集中,表现出谱带的振动序列很短。

②一个成键或反键电子电离,核间平衡距离发生很大变化,变化大小与成键或反键的强弱有关。成键电子电离,核间平衡距离增大;反键电子电离,核间平衡距离缩短,这时垂直跃迁的概率最大,其他的振动能级上也有一定的跃迁概率,表现在能谱上谱带的序列比较长。

③根据电子能谱中谱带内谱线分布的稀密,可以了解 M^+ 中振动能级的分布。若分子振动能级很密,或者分子离子态与分子基态的核间距相差很大,则谱线表现为连续的谱带。

由表10.1数据可见,$1\sigma_u$ 电子电离,键长缩短,但缩短数值不多,$1\sigma_u$ 轨道呈弱反键性质;$2\sigma_g$ 电子电离,键长略有增加,轨道呈弱成键性质。$1\sigma_u$ 和 $2\sigma_g$ 这两个轨道上的两对电子带有非键性质,表现在电子能谱图上它们的跃迁概率集中,谱带的振动序列很短。N_2 分子的结构式可写作:$:N\equiv N:$。在此结构式中,两对孤对电子是等同的,但分子轨道理论和光电子能谱说明,这两对孤对电子[$(1\sigma_u)^2$ 和 $(2\sigma_g)^2$]能量不简并。

$1\pi_u$ 轨道并不受s-p轨道混杂的影响,依然保持强的成键轨道性质,所以这一轨道电子电离键长显著增长。$1\pi_u$ 谱带的精细振动能级结构的实验结果说明了这一点。CO分子和 N_2 分子是等电子体,它们有相似的能级结构及相似的能谱图,如图10.5所示。

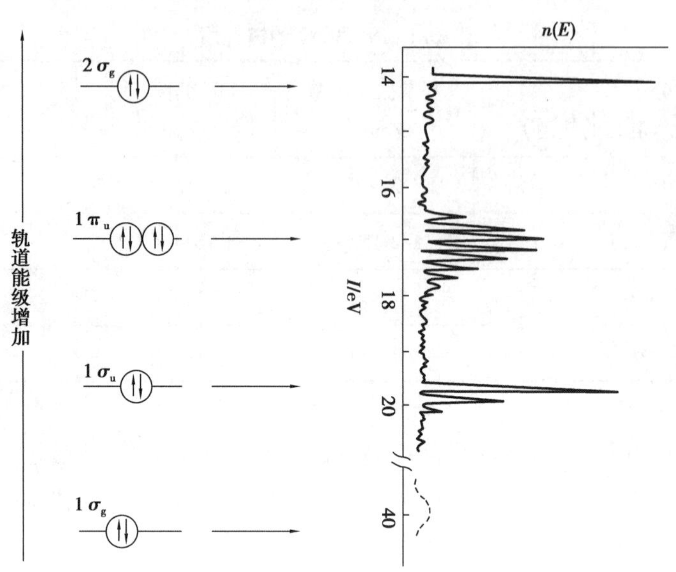

图 10.4　N_2 分子轨道能级图与光电子能谱之间的关系[87]
（只示出被占的分子轨道）

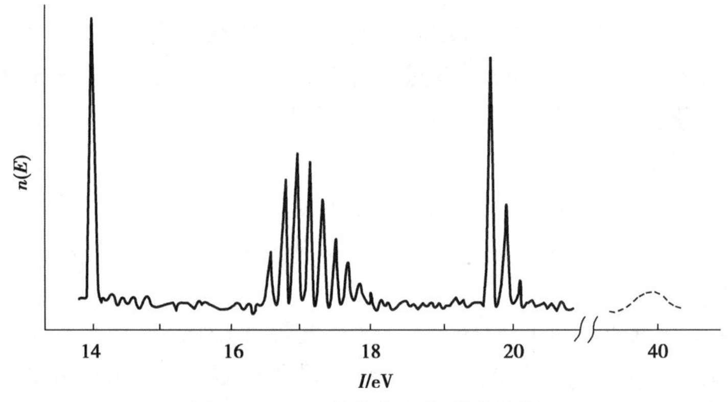

图 10.5　CO 的紫外光电子能谱图

从某一全充满的分子轨道击走一个电子后，在该轨道上就有一个自旋未成对的电子，设其轨道量子数为 l。由于轨道运动和自旋运动的耦合作用，它将产生两种状态，总量子数分别为

$$j_1 = l + \frac{1}{2}$$

$$j_2 = l - \frac{1}{2}$$

两者具有不同的能量，其差值称为自旋-轨道耦合常数。使用高分辨率的光电子能谱仪可观察到这种自旋-轨道分裂。

10.3　价电子多样性

价带电子与芯带电子的性质是不同的。价带电子是固体中所有元素价电子的混合,它会对所处的化学环境做出直接的反应。由于反应过程中组成元素间的离域、极化和电荷的重新分配,价电子表现出更复杂的行为。除低配位的影响,合金、化合物、掺杂、界面形成的原子异质配位引起的键性变化也会导致价带电子的致密化、局域化、钉扎和极化。因此,低配位和异质配位都会无规则地影响价带电子的行为。除被钉扎的芯电子和局域化导带电子外,锯齿型石墨烯,Rh 表面的吸附原子,存在的非键电子和 F、O 和 N 作用孤对电子诱导的偶极子也会扮演重要的作用。

非键是指非键孤对电子、非键单电子以及类氢和类碳—氢键电子,形成的化学键。非键的特点是它们的作用能级低,仅几十毫电子伏特,相当于人体温度的能量或略高。非键虽然不能对固体的总能(哈密顿量)做出显著的贡献,但可在半导体的禁带之中或带尾产生杂质能态。在金属化合物中非键孤对电子和反键偶极子的能态在费米面附近。这些能态可以极化其他近邻原子或被近邻高密度电子极化。非键另一个显著特征是它们的局域性。所以说,非键在功能材料中起不可忽略的,甚至有时是关键的作用。非键孤对电子会极化邻近原子变为偶极子。范德瓦尔斯键最大能量大概几个 eV,就属于这类,它代表偶极子-偶极子间的相互作用,而不是电荷分享。反键电子一般表示非键电子或者成键电子所产生的空穴,即反键偶极子。广义上反键包含非键电子和成键电子的排斥作用。

非键孤对电子和反键偶极子的意义深远。例如,反键偶极子的存在可大幅度降低表面功函数,有利于电子冷阴极发射并用于显示技术。金刚石和碳纳米管的氮化,金属的氧化等都会引起相同的极化效应以及功函数减小。很多纳米晶体和缺陷表现出的尺寸效应都归因于局域非键电子和反键电子态的存在,例如,狄拉克费米子产生、磁稀释、催化、超疏水等。因此,非键电子态和反键电子态对拓扑绝缘体、热电材料和高温超导,甚至在冰和水的肤层都扮演重要的作用。

化学键-能带-势垒(3B)相关性理论[170]的预测:C、N、O、F 与任意金属原子相互作用形成四面体成键结构,创造出四个额外的态密度(DOS)特征,也就是成键电子态、非键电子态、空穴电子态和反键电子态,这些电子特征直接确定了材料的基本性能。图 10.6 为 ZPS 差谱的 DOS 图,掺杂 N、O 和 F 等元素后可调制金属或半导体的电子性质。sp^3 轨道杂化产生四个方向的能量轨道,每个方向的能量轨道由两个电子占据形成准四面体。这些轨道总共容纳八个电子。以 O 原子为例,O 原子的价电子层有 $2s^22p^4$ 六个电子,需要额外的两个电子形成满壳层。因此,氧原子会和邻近的原子分享电子形成两个化学键;剩余的四个电子会形成两个孤电子对,占据剩余的两个轨道。同样,N 原子需要三个分享电子对和一个孤电子对,而 F 则会形成三个孤对电子的四面体。这些以四面体为中心的 F、O 和 N 原子周围的电子分布、成键类型、键长和能量都是各向异性的。

DOS 特征能量的四个额外的电子态从低到高分别是:成键电子态、空穴电子态、非键电子态(F^-、O^{2-}或 N^{3-}电子孤对)及反键电子态(偶极子)。在半导体化合物中,电子空穴形成在价带的顶端,进一步扩大形成半导体带隙或使半导体转变为绝缘体,如 SiO_2 和 Si_3N_4。在金属化合物中,电子空穴形成在费米面附近,它可以打开金属的带隙,使金属变为半导体或绝缘体,如 TiO_2、Al_2O_3、ZnO 和 AlN。非键态局域在带隙中会形成杂质态,而偶极子会在 E_F 之上形成反键电子态。偶极子产生使表面势垒向外移动,与正电荷离子的影响相反。非键的作用也会屏蔽和劈裂晶体势,在芯带产生额外的特征。

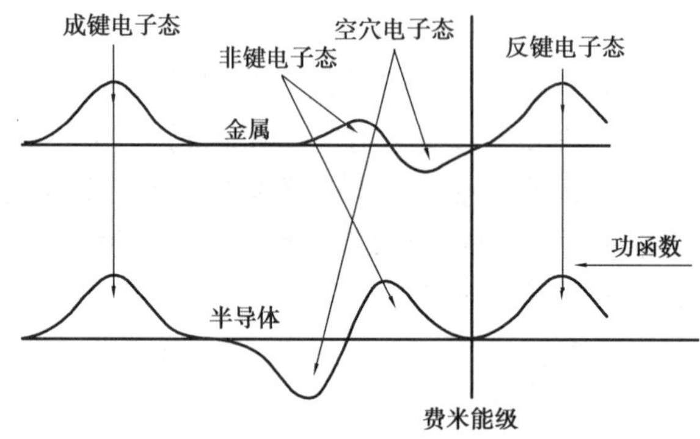

图 10.6　金属(上图)和半导体(下图)价电子 DOS 的调制,形成四个额外的电子态:成键电子态($\ll E_F$)、非键电子态($<E_F$)、空穴电子态($\sim E_F$)和反键电子态($>E_F$)。靠近费米面的能级的 DOS 特征是决定化合物性能的关键[67]

10.4　成键轨道机制讨论

3B 相关性理论是指 O、N、C、F 与固相中的原子相互作用会杂化 sp^3 轨道形成,如 H_2O、NH_3、CH_4、FH 这样的赝四面体结构。这些特性决定了吸附表皮的晶体形貌、能带结构和物化性能。如图 10.7(a)、(b)所示为 H_2O 和 NH_3 分子中的 H 被任意 A 原子取代而形成的氧化物(OA_4)和氮化物(NA_4)赝四面体模型。

以 N 为例,与任意电负性比 N 原子低的原子 A 相互作用,N 原子得到三个电子 sp 轨道杂化形成四个方向的轨道。这四个轨道中的三个以分享电子对形式占据,而另一个被 N 原子的孤对电子占据,形成 $C_{3\nu}$ 群对称的 N 原子赝四面体结构,如图

10.7(a)、(b)所示。由于 NA_4 四面体形成,修改 A 母体金属的电子结构,形成四个额外的价电子 DOS 特征:成键电子态($<E_F$)、非键电子态($<E_F$)、空穴电子态($\sim E_F$)和反键电子态($>E_F$)。图 10.7(c)为吸附体系价带特征形成的动力学过程和相应的电子 DOS 特征:

①N 原子从邻近的 A 原子上得到电子形成 N—A 键,填满它的 $2s^2p^4$ 轨道。所产生的能态低于原本 N 的 2p 能级,因此成键态处的电子要相对母体结构中的其他电子更稳定。这就是一般氮化物或氧化物表面都相对较稳定且抗腐蚀的原因。

②N—A 键形成会创造电子空穴留下 A^+离子,空穴在费米能级(E_F)附近产生会引起带隙的形成。

③sp^3 轨道杂化发生会在费米能级下方产生非成键孤对电子。

④孤对电子会极化紧邻的原子形成钉扎偶极子(A^{dipole})填充反键电子轨道。偶极子是功函数由 Φ_0 减小到 Φ_1。所以掺杂适量的 N 可以降低功函数或者说冷阴极场发射的阈值。

⑤如果过量的 N 吸附,过量部分的 N 会从被极化到反键偶极子得到电子而在表皮形成类氢键(N-3-A+/dipole:N-3)。类氢键会淬灭表皮的偶极子引起功函数的增加。这里'-'和':' 分别代表成键电子对和非键孤对电子。图 10.7(c)中箭头从反键电子态指向成键电子态代表类氢键形成。

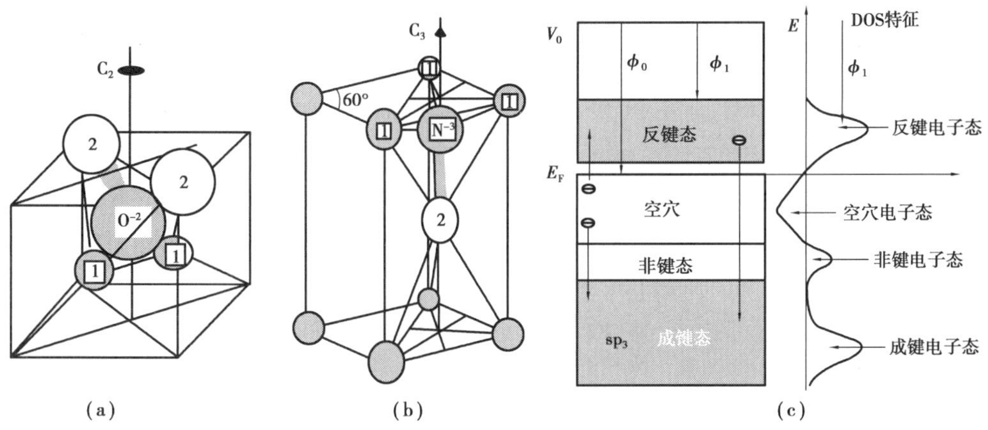

图 10.7　(a)和(b)分别为 OA_4 和 NA_4 赝四面体结构模型。相对小的离子 1 转移电子到中间的 O/N 受体,sp 轨道杂化产生非成键孤对,非键孤对极化离子 2。通过成键(1-O/N)和非键(2-O/N)构成赝四面体:$OA_4 = O^{2-}+2A^+$(标记 1)$+2A^{dipole}$(标记 2)和 $NA_4 = N^{3-}+3A^+$(标记 1)$+A^{dipole}$(标记 2)。图(c)为氧化和氮化过程中电子转移动力学过程以及相对应的价电子 DOS 特征[171]

10.5 价带O吸附派生态密度

吸附氧化物的形成使金属价带态密度新增了额外特征。如图10.8所示为价带费米能级或真空能级 E_0 之上的态密度演化。箭头表示金属能带和氧吸附后能带之间的电子输运过程。最初,金属费米能级 E_F 以下的能态被完全占据。功函数 Φ_0,费米能级 E_F 和真空能级 E_0 服从关系 $E_0=\Phi_0+E_F$。以Cu为例,$E_0=12.04$ eV,$\Phi_0=5$ eV,$E_F=7.04$ eV。Cu 3d能带位于 E_F 之下 $-2.0\sim-5.0$ eV,而O 2p能级为 -5.5 eV,几乎等于Cu的 E_F。

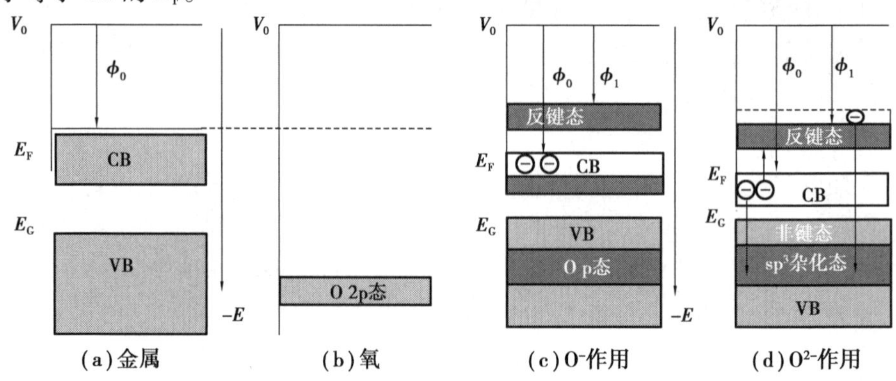

图10.8 氧吸附金属表面的价带的态密度[172,173]:(a)纯金属和(b)氧的价带,(c)反应初始阶段,金属表面吸附氧后以及(d)形成 O^{2-} 后的能带变化

反应初始阶段,电子从金属原子最外壳层转移至未满的O 2p轨道,随后,O^- 极化紧邻原子。图10.8(c)表示金属表面 O^- 的作用效果,体现了态密度综合特征:

①综合能带中会展现出一个额外的态密度特征峰,对应于自金属到 O^- 的O p轨道电荷输运;

②O^- 极化其近邻原子,在 E_F 之上形成偶极子亚带,使局部功函数从 Φ_0 将至 Φ_1;

③成键和偶极子形成在 E_F 之下产生电子-空穴对,从而在金属中形成带隙 E_G,或者将半导体的带隙从 E_{G0} 扩展至 E_{G1}。

随着O的sp轨道的杂化,金属能带结构从图10.8(c)演化至图10.8(d)的情况。除在O-前躯体相中出现的空穴和反键偶极子外,O p子劈裂为非键(电子孤对)和成键子带。此时的反键偶极子不再是O-诱导形成而是孤对电子造成[174,175]。O sp杂化非键(孤对)能级(~1.5 eV)位于 E_F 之下,sp杂化成键态之上,比O 2p轨道能级稍小,因为杂化降低了整个系统的能量。以Cu为例,4s电子(导带)要么sp杂化成键,要么跃迁至自身的空态上(如4p轨道),能量甚至高于 E_F。这一过程会造

成 E_F 之下出现空态，这将使氧化铜呈现半导体性质。不过，孤对电子可能会与这些空态重叠，使之难以识别。

氧过量的情况下容易形成类氢键。偶极子将其极化电子贡献给氧吸附物的成键轨道。图 10.8(d)中自反键电子指向 O sp 成键电子的箭头所示过程意味着类氢键的形成。STS 和 VLEED 测试表明，O-Cu 的反键电子能级约为(1.3±0.5)eV，非键态约为(-2.1±0.7)eV，位于 E_F 附近。应用 PEM 探测到 O-Pt 表面 10^2 μm 范围的暗区转变为亮区，功函数比清洁表面低 1.2 eV[176-178]。

10.6　Ta 表面氧化 DOS 解析

为阐明 Ta 表面氧化机理，我们分析氧吸附在 Ta(100,110,111)表面的态密度 DOS 和 ZPS 差谱。图 10.9 显示不同氧覆盖率时 O-Ta(100,110,111)表面的价带局域态密度(LDOS)。浅色和深色分别表示 O 和 Ta 的 LDOS。在图 10.9 的三个小图中，随着氧覆盖率的增加，O 2p 态出现了能带展宽且表现出较大的轨道峰，表明表面钽原子和氧原子的轨道存在杂化耦合作用，使原本孤立氧原子态密度展宽，并杂化形成成键电子态和反键电子态。以 Ta(110)为例，结合图 10.9(b)和图 10.10(b)给出了详细解释。Ta 4f 带没有被完全占据(靠近费米能级并且有一部分位于费米能外侧)，因而与孤立氧原子态杂化耦合作用，使原本孤立的氧原子态密度展宽，并杂化形成成键电子态和反键电子态。杂化耦合后，O 2p 的反键电子(+2.5 eV)被占据很少或完全没被占据，成键电子(-8.7 ~ -4.4 eV)与金属钽成键，成键电子的相互作用导致氧在 Ta(100,110,111)表面的吸附能变大。随着氧覆盖率的增加，O—Ta 键的作用减弱，这也是随着覆盖率增加吸附能减小的原因。Ta(100)和 Ta(111)表面也是一样的变化。

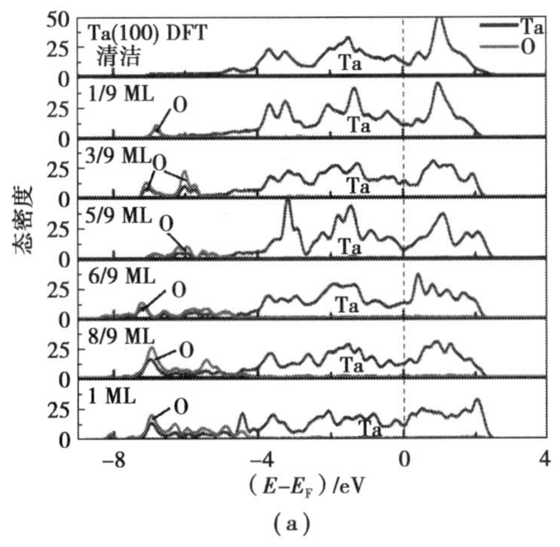

(a)

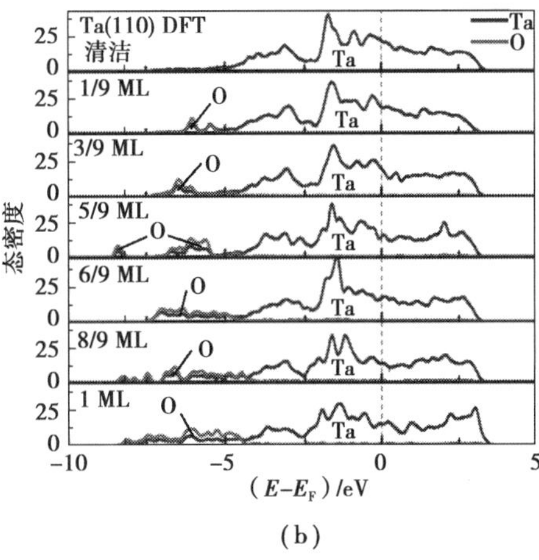

(b)

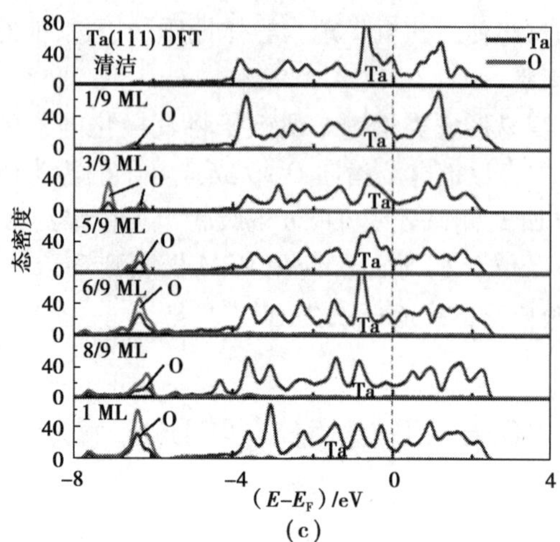

图 10.9　O—Ta(100,110,111)不同覆盖率决定的价带局域态密度(LDOS)图[179]
(E_F=0 是用作参考的费米能级)

图 10.10 是不同覆盖率(5/9 ML,1 ML)诱导的 Ta 表面的 ZPS 差谱。结合 3B 理论预测,可以得到氧吸附形成了四个价态 DOS 特征:反键电子态、非键电子态、空穴电子态和成键电子态。以图 10.10(b)为例,Ta(110)的成键态在-8.7eV 和

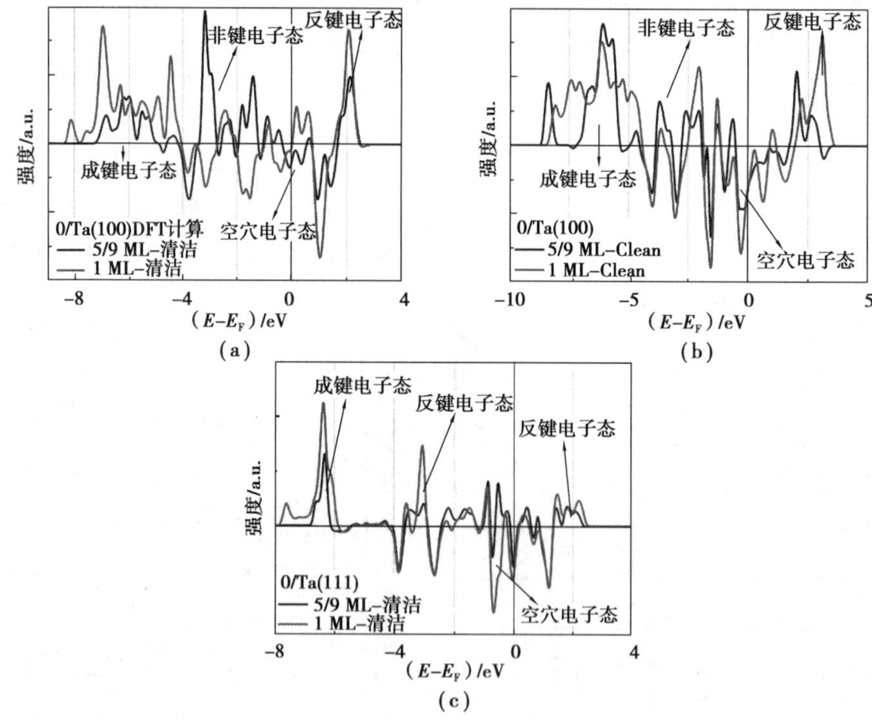

图 10.10　不同覆盖率(5/9 ML,1 ML)诱导的 Ta 表面电子转移 ZPS 差谱(图片显示四个价带 DOS 特征:反键电子态、空穴电子态、非键电子态和成键电子态)

-4.4 eV 之间,形成的 O—Ta 键比 Ta—Ta 键要强,强键相互作用使得体系总能越低也形成结构更加稳定。位于+2.5 eV 反键偶极子是氧孤对原子对极化了近邻钽原子,形成了反键电子态。另外,局域致密化导致低配位原子键能增加和芯电子正偏移,甚至极化偶极子。O—Ta 键电子轨道杂化,同时形成了空穴电子(光波谷)态和非键电子(光波峰)态,这两个态在-4.4 到 1.7 eV 之间混合出现。

10.7　Ti(001)表面吸附 N 原子价键电子结构解析

氮(N)原子吸附在 Ti(0001)表面的情景在一些实验和理论研究中得到了证明[180-187]。Shih 等人[182]通过 LEED 和 AES 证明氮吸附在 Ti(0001)表面时,首先占据 Ti(0001)表面的第一、第二层间的八面体间隙位置形成一个 Ti(0001)-(1×1)-N 相结构,随着 N 吸附浓度的增加另一个 Ti(0001)-($\sqrt{3}\times\sqrt{3}$)-N 的相结构形成,并且 Shih 等人指出 Ti(0001)-(1×1)-N 结构的最外三层结构与 TiN(111)的相同。Fukuda 等人[184]通过实验研究了 N 吸附对体系功函数的影响。N 吸附情况与 O 吸附情况相似,都是随吸附浓度的增加,体系功函数先减小再增加,直到达到饱和为止。当前理论普遍认为 N 吸附初始功函数负增长是由 N_2 分子弥散进入表层原子以下,而诱导偶极子向内引起的[188]。但是,这一解释是自相矛盾的。因此,氧的初始吸附是在表面上 fcc 位置[189,190],而氮的初始吸附是在表面下的间隙位置。

构建两种 N 吸附模型:单层吸附和多层吸附,单层吸附对应于实验测量得到的(1×1) 结构计算,而多层吸附对应于的 N 原子(1×1)+($\sqrt{3}\times\sqrt{3}$)结构计算。根据 LEED 和 AES 测量,N 原子吸附首先是(1×1)的单层吸附模式,随后形成(1×1)+($\sqrt{3}\times\sqrt{3}$)的多层吸附模式。为简化计算时长,选取(2×2)的超胞计算单层吸附模式,选取(3×3)的超胞计算多层吸附模式,如图 10.11(a)所示,计算 K 点分别为 6×6×1 和 4×4×1。计算得到清洁表面的功函数为 4.47 eV,DFT 计算结果(4.45±0.01 eV)与之前实验得到的结果(4.45 ~4.60 eV)一致。

单层吸附模式时,N 原子进入吸附能量最有利 Oct(1,2)位置,随 N 原子浓度增加 N-Ti(0001)体系的 DOS 图,如图 10.12 所示。结果显示,N 吸附在 Ti(0001)表面不是简单的价电子叠加过程,而是吸附 N 与纯 Ti 原子的电子轨道杂化。比较吸附和清洁表面得到 ZPS 差谱,如图 10.13 所示。N 原子吸附在 Ti(0001)表面形成四个态密度特征:+2.0 eV(反键电子态)、~0 eV(非键电子态)、-2.0 ~ +1.0 eV(空穴电子态)和-4.0 ~ -7.0 eV (成键电子态),结果与 O 吸附的情况一致,如图 10.13 所示。-4.0 和-7.0 eV 的 DOS 特征对应于 Ti—N 键,它比纯 Ti—Ti 键更强。这会降低体统能量使系统更稳定。成键机制解释了 TiN 是高硬度高化学和热稳定的金属陶瓷材料的原因。反键电子态(+2.0 eV)是由 Ti 3d 电子被 N 个孤对电子极化形成。成键电子态的电子结合能深移和反键电子态的电子结合能浅移,在费米能级附近形成电子-空穴复合。

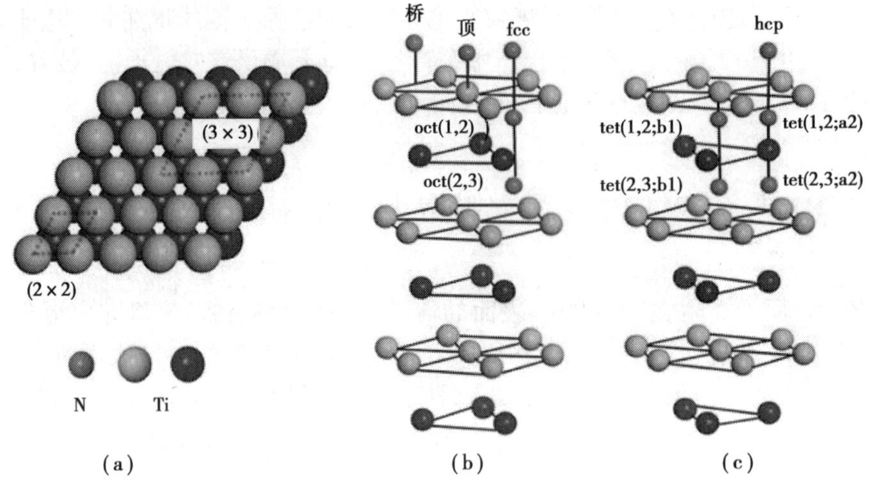

图 10.11　N 在 Ti(0001)表面可能吸附位置的俯视图(a)和侧视图(b)、(c)。(a)中显示了计算所用到的(2×2)和(3×3)超胞。(b)、(c)为 N 原子吸附在 Ti(0001)表面可能的吸附位置,oct(i,j)代表第 i 和第 i+1 层之间的八面体间隙位置。tet(i; a_j(或 b_i))代表第 i 层下方的四面体间隙位置[191]

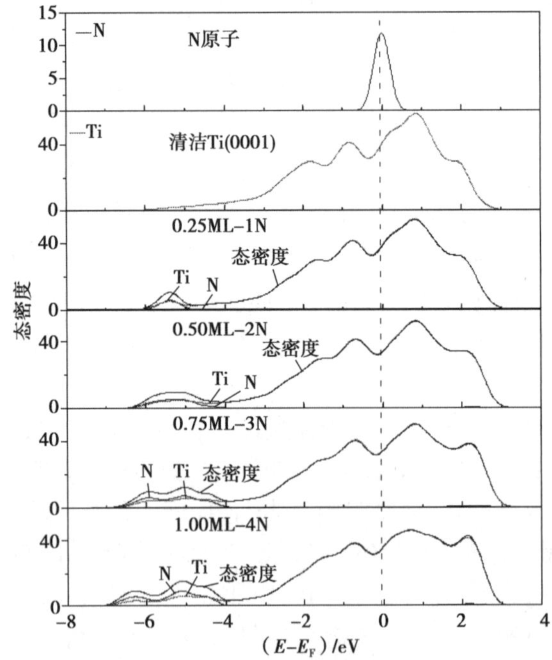

图 10.12　N-Ti(0001)体系中,N 原子吸附浓度决定价带局域态密度(LDOS)。N 原子占据 oct(1,2)位置的单层吸附模式,通过(2×2)超胞模拟,态密度对应的线代表所有 LDOS 的和,在 E_F =0 处的垂直虚线标记费米能级

对于高浓度吸附，我们选取(3×3)的超胞模拟多层吸附模式，对清洁表面，Ti(0001)-(1×1)-N 和 Ti(0001)-(1×1)($\sqrt{3}\times\sqrt{3}$)-N 相结构进行 DFT 计算。图 10.14 给出多层吸附的价电子局域态密度(LDOS)。

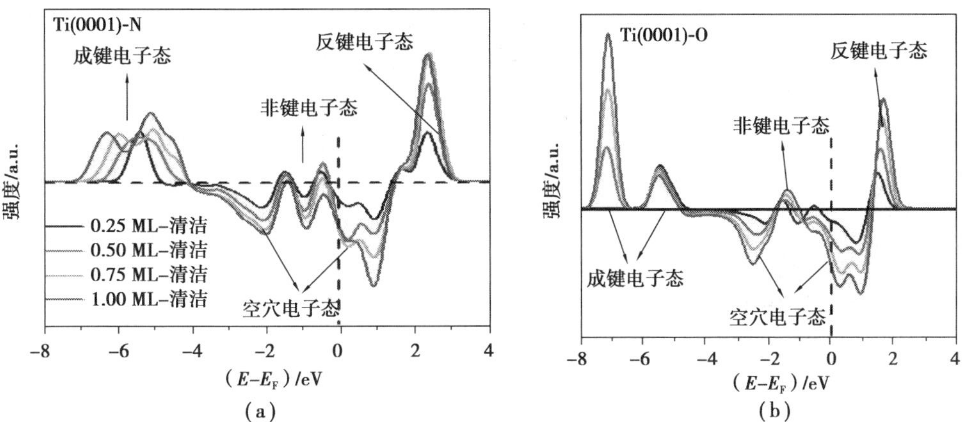

图 10.13　不同浓度 N(a)和 O(b)吸附在 Ti(0001)表面引起电子态密度相对于清洁 Ti(0001)表面的变化。相同四个额外态密度特征出现在两种情况中:成键电子态、非键电子态、空穴电子态和反键电子态[191]

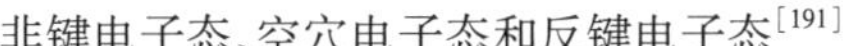

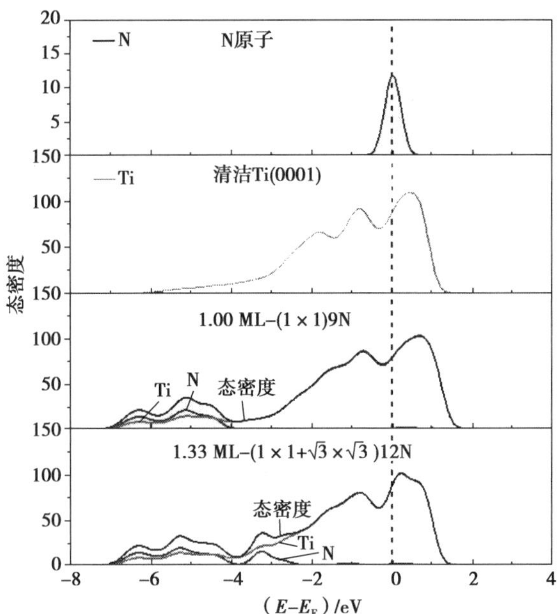

图 10.14　多层吸附模式(Ti(0001)-(1×1)-9N 和(1×1)($\sqrt{3}\times\sqrt{3}$)-12N)的局域态密度图，通过(3×3)超胞模拟。图中 N、Ti 所对应的线分别代表 N 和 Ti 原子的 LDOS，态密度对应的线为各 LDOS 的总和

相较于清洁 Ti(0001)表面的 ZPS 差谱,如图 10.15 所示。四个态密度特征形成:反键电子态(~+1.5 eV)、非键电子态(~0 eV)、空穴电子态(-3 ~1 eV)和成键电子态(-6 ~ -4 eV)。但是,有一个新的成键态出现在-3.0 eV 附近。由于 N^{-3}-$Ti^{+/dipole}$:N^{-3} 类氢键形成,类氢键形成会淬灭偶极子的电子云与 hcp 位置的表面吸附 N 原子成键。因此,反键电子态向深能级移动且强度降低。

图 10.15 插图中显示了 N 原子吸附在 Ti(0001)表面得到的 UPS 光谱和 ZPS 差谱。我们对 N 原子吸附前后的 UPS 光谱[180]进行背底修正和面积归一化。然后用 N 吸附后的光谱减去吸附前的光谱就可以提取出仅仅是 N 原子吸附引起的原子尺度的键电子动力学过程。结果显示费米能级附近电子空穴和非键电子的混合特征以波谷形式出现,-7.0 ~ -4.0 eV 出现成键电子特征峰。

总的来说,DFT 计算氮原子在 Ti(0001)表面的吸附情况,N 原子吸附在 Ti(0001)表面时,价电子的 DOS 图上形成四个额外的态密度特征,分别为成键电子态、非键电子态、空穴电子态和反键电子态。非键电子态诱导的导带电子极化降低体系的功函数,同时电子空穴的产生也使 Ti 从金属变为半导体氮化物。

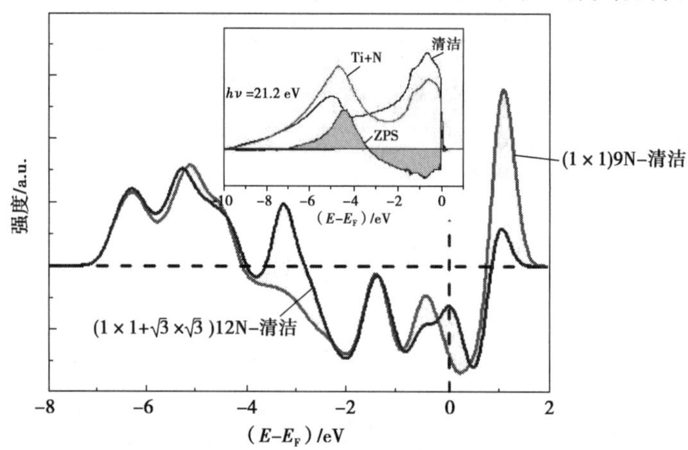

图 10.15　多层 N 吸附模式得到的 n(Ti + N)-n(Ti)的 ZPS 图。插图为实验测量得到 UPS 的光谱 ZPS 解谱[192]

参考文献

[1] MARTIN R M. Electronic structure: basic theory and practical methods[M]. 2nd ed. Cambridge:Cambridge University Press,2020.

[2] 谢希德，陆栋. 固体能带理论[M]. 上海：复旦大学出版社，1998.

[3] 陈星弼，鄢俊明，方政. 固体物理导论[M]. 北京：国防工业出版社，1979.

[4] 阎守胜. 现代固体物理学导论[M]. 北京：北京大学出版社，2008.

[5] HOLGATE S A. Understanding solid state physics [M]. Boca Raton: CRC Press,2010.

[6] MARDER M P. Condensed matter physics [M]. 2nd ed. Hoboken, NJ: Wiley, 2010.

[7] HARRISON W A. Elementary electronic structure (revised edition) [M]. River Edge, N. J.: World Scientific,2004.

[8] AHARONOV Y, BOHM D. Significance of electromagnetic potentials in the quantum theory[J]. Physical Review, 1959, 115(3): 485-491.

[9] GIBNEY E. How 'magic angle' graphene is stirring up physics[J]. Nature, 2019, 565(7737): 15-18.

[10] CARR S, MASSATT D, FANG S A, et al. Twistronics: Manipulating the electronic properties of two-dimensional layered structures through their twist angle [J]. Physical Review B, 2017, 95(7): 075420.

[11] CAO Y, FATEMI V, FANG S A, et al. Unconventional superconductivity in magic-angle graphene superlattices[J]. Nature, 2018, 556(7699): 43-50.

[12] BENDER C M, BOETTCHER S. Real spectra in non-hermitian hamiltonians having PT symmetry[J]. Physical Review Letters, 1998, 80(24): 5243-5246.

[13] ASHIDA Y, GONG Z P, UEDA M. Non-hermitian physics[J]. Advances in

Physics, 2020, 69(3): 249-435.

[14] SCHÜTZ G M. Non-Hermitian quantum mechanics, by Nimrod moiseyev[J]. Contemporary Physics, 2012, 53(2): 192.

[15] 胡渝民, 宋飞, 汪忠. 广义布里渊区与非厄米能带理论[J]. 物理学报, 2021, 70(23): 78-99.

[16] BENDER C M. PT symmetry in quantum physics: From a mathematical curiosity to optical experiments[J]. Europhysics News, 2016, 47(2): 17-20.

[17] WANG X R, GUO C X, DU Q A, et al. State-dependent topological invariants and anomalous bulk-boundary correspondence in non-hermitian topological systems with generalized inversion symmetry[J]. Chinese Physics Letters, 2020, 37(11): 117303.

[18] BORN M, OPPENHEIMER R. On the quantum theory of molecules[M]. Singapore: World Scientific, 2000.

[19] SLATER J C. A simplification of the Hartree-Fock method[J]. Physical Review, 1951, 81(3): 385-390.

[20] KOHN W, SHAM L J. Self-consistent equations including exchange and correlation effects[J]. Physical Review, 1965, 140(4A): A1133-A1138.

[21] LANGRETH D C, MEHL M J. Beyond the local-density approximation in calculations of ground-state electronic properties[J]. Physical Review B, 1983, 28(4): 1809-1834.

[22] VOSKO S H, WILK L. Influence of an improved local-spin-density correlation-energy functional on the cohesive energy of alkali metals[J]. Physical Review B, 1980, 22(8): 3812-3815.

[23] PERDEW J P. Accurate density functional for the energy: Real-space cutoff of the gradient expansion for the exchange hole[J]. Physical Review Letters, 1985, 55(16): 1665-1668.

[24] BECKE A D. Density-functional exchange-energy approximation with correct asymptotic behavior[J]. Physical Review A, General Physics, 1988, 38(6): 3098-3100.

[25] PERDEW J P, CHEVARY J A, VOSKO S H, et al. Atoms, molecules, solids, and surfaces: Applications of the generalized gradient approximation for exchange and correlation[J]. Physical Review B, Condensed Matter, 1992, 46(11): 6671-6687.

[26] PERDEW J P, BURKE K, ERNZERHOF M. Generalized gradient approximation made simple[J]. Physical Review Letters, 1996, 77(18): 3865-3868.

[27] HEYD J, SCUSERIA G E, ERNZERHOF M. Hybrid functionals based on a screened Coulomb potential[J]. The Journal of Chemical Physics, 2003, 118(18): 8207-8215.

[28] PHILLIPS J C, KLEINMAN L. New method for calculating wave functions in crystals and molecules[J]. Physical Review, 1959, 116(2): 287-294.

[29] 单斌，陈征征，陈蓉. 材料学的纳米尺度计算模拟：从基本原理到算法实现[M]. 武汉：华中科技大学出版社，2015.

[30] HAMANN D R, SCHLÜTER M, CHIANG C. Norm-conserving pseudopotentials[J]. Physical Review Letters, 1979, 43(20): 1494-1497.

[31] VANDERBILT D. Soft self-consistent pseudopotentials in a generalized eigenvalue formalism[J]. Physical Review B, 1990, 41(11): 7892-7895.

[32] DAVIDSON E R, FELLER D. Basis set selection for molecular calculations[J]. Chemical Reviews, 1986, 86(4): 681-696. [33] MACDONALD A H, VOSKO S H. A relativistic density functional formalism[J]. Journal of Physics C: Solid State Physics, 1979, 12(15): 2977-2990.

[34] RUNGE E, GROSS E K U. Density-functional theory for time-dependent systems[J]. Physical Review Letters, 1984, 52(12): 997-1000.

[35] SCHINDLMAYR A, GODBY R W. Density-functional theory and thev-representability problem for model strongly correlated electron systems[J]. Physical Review B, 1995, 51(16): 10427-10435.

[36] VAN LEEUWEN R. Mapping from densities to potentials in time-dependent density-functional theory[J]. Physical Review Letters, 1999, 82(19): 3863-3866.

[37] AGASSI J. The kirchhoff-planck radiation law[J]. Science, 1967, 156(3771): 30-37.

[38] BOYD R W. Order-of-magnitude estimates of the nonlinear optical susceptibility[J]. Journal of Modern Optics, 1999, 46(3): 367-378.

[39] SINGHAM S B, SALZMAN G C. Evaluation of the scattering matrix of an arbitrary particle using the coupled dipole approximation[J]. The Journal of Chemical Physics, 1986, 84(5): 2658-2667.

[40] BRANSDEN B H,JOACHAIN C J . Quantum mechanics[M]. 2nd Ed. New York : Prentice Hall, 2000.

[41] WU Y, YANG X X. Strong-coupling theory of periodically driven two-level systems[J]. Physical Review Letters, 2007, 98: 013601.

[42] MERLIN R. Rabi oscillations, Floquet states, Fermi's golden rule, and all that:

Insights from an exactly solvable two-level model [J]. American Journal of Physics, 2021, 89(1): 26-34.

[43] BLOCH F. Nuclear induction[J]. Physical Review, 1946, 70(7/8): 460-474.

[44] FANO U. Description of states in quantum mechanics by density matrix and operator techniques[J]. Reviews of Modern Physics, 1957, 29(1): 74-93.

[45] COHEN-TANNOUDJI C, DIU B, LALOE F. Quantum mechanics: Volume 1 [M]. New York: Wiley, 1978.

[46] GERRY C C, KNIGHT P. Introductory quantum optics[M]. Cambridge, UK: Cambridge University Press, 2005.

[47] SCHLEICH W P. Quantum optics in phase space[M]. New York: John Wiley & Sons, 2011.

[48] MEYSTRE P, SARGENT M. Elements of quantum optics[M]. 4th ed. Berlin: Springer, 2007.

[49] VEDRAL V. Modern foundations of quantum optics [M]. London: Imperial College Press, 2005.

[50] BECK M. Introductory quantum optics[J]. American Journal of Physics, 2005, 73(12): 1197-1198.

[51] HÜFNER S. Photoelectron spectroscopy: principles and applications[M]. 3rd ed. New York: Springer, 2003.

[52] MORETTI G. Auger parameter and Wagner plot in the characterization of chemical states: Initial and final state effects[J]. Journal of Electron Spectroscopy and Related Phenomena, 1995, 76: 365-370.

[53] GAARENSTROOM S W, WINOGRAD N. Initial and final state effects in the ESCA spectra of cadmium and silver oxides[J]. The Journal of Chemical Physics, 1977, 67(8): 3500-3506.

[54] BIANCHETTIN L, BARALDI A, DE GIRONCOLI S, et al. Core level shifts of undercoordinated Pt atoms [J]. The Journal of Chemical Physics, 2008, 128 (11): 114706.

[55] PEREDKOV S, SORENSEN S L, ROSSO A, et al. Size determination of free metal clusters by core-level photoemission from different initial charge states[J]. Physical Review B, 2007, 76(8): 081402.

[56] RIFFE D M, WERTHEIM G K. Ta(110) surface and subsurface core-level shifts and $4f_{7/2}$ line shapes[J]. Physical Review B, 1993, 47(11): 6672-6679.

[57] JOHANSSON L I, JOHANSSON H I P, ANDERSEN J N, et al. Three surface-shifted core levels on Be(0001) [J]. Physical Review Letters, 1993, 71(15):

2453-2456.

[58] LIZZIT S, BARALDI A, GROSO A, et al. Surface core-level shifts of clean and oxygen-covered Ru(0001)[J]. Physical Review B, 2001, 63(20): 205419.

[59] URPELAINEN S, TCHAPLYGUINE M, MIKKELÄ M H, et al. Size evolution of electronic properties in free antimony nanoclusters[J]. Physical Review B, 2013, 87(3): 035411.

[60] ROLDAN CUENYA B, ALCÁNTARA ORTIGOZA M, ONO L K, et al. Thermodynamic properties of Pt nanoparticles: Size, shape, support, and adsorbate effects[J]. Physical Review B, 2011, 84(24): 245438.

[61] SANTUCCI S C, GOLDONI A, LARCIPRETE R, et al. Calorimetry at surfaces using high-resolution core-level photoemission[J]. Physical Review Letters, 2004, 93(10): 106105.

[62] GANDUGLIA-PIROVANO M V, SCHEFFLER M, BARALDI A, et al. Oxygen-induced Rh $3d_{5/2}$ surface core-level shifts on Rh(111)[J]. Physical Review B, 2001, 63(20): 205415.

[63] BARALDI A, BIANCHETTIN L, DE GIRONCOLI S, et al. Enhanced chemical reactivity of under-coordinated atoms at Pt-Rh bimetallic surfaces: A spectroscopic characterization[J]. The Journal of Physical Chemistry C, 2011, 115(8): 3378-3384.

[64] GOLDSCHMIDT V M. Crystal structure and chemical constitution[J]. Transactions of the Faraday Society, 1929, 25: 253-283.

[65] PAULING L. Atomic radii and interatomic distances in metals[J]. Journal of the American Chemical Society, 1947, 69(3): 542-553.

[66] ANDERSON P W. Absence of diffusion in certain random lattices[J]. Physical Review, 1958, 109(5): 1492-1505.

[67] SUN C Q. Size dependence of nanostructures: Impact of bond order deficiency [J]. Progress in Solid State Chemistry, 2007, 35(1): 1-159.

[68] STREET R A. Hydrogenated amorphous silicon[M]. Cambridge: Cambridge University Press, 1991.

[69] ABRAHAMS E, ANDERSON P W, LICCIARDELLO D C, et al. Scaling theory of localization: Absence of quantum diffusion in two dimensions[J]. Physical Review Letters, 1979, 42(10): 673-676.

[70] LIU X J, ZHANG X, BO M L, et al. Coordination-resolved electron spectrometrics [J]. Chemical Reviews, 2015, 115(14): 6746-6810.

[71] SUN C Q. Thermo-mechanical behavior of low-dimensional systems: The local

bond average approach [J]. Progress in Materials Science, 2009, 54 (2): 179-307.

[72] 孙长庆，杨学弦，黄勇力. 电子声子计量谱学[M]. 北京：科学出版社，2021.

[73] YANG X X, LI J W, ZHOU Z F, et al. Raman spectroscopic determination of the length, strength, compressibility, Debye temperature, elasticity, and force constant of the C-C bond in graphene[J]. Nanoscale, 2012, 4(2): 502-510.

[74] LIU X J, PAN L K, SUN Z, et al. Strain engineering of the elasticity and the Raman shift of nanostructured TiO_2 [J]. Journal of Applied Physics, 2011, 110 (4): 044322.

[75] LI J W, YANG L W, ZHOU Z F, et al. Bandgap modulation in ZnO by size, pressure, and temperature[J]. The Journal of Physical Chemistry C, 2010, 114 (31): 13370-13374.

[76] HU J L, CAI W P, LI C C, et al. In situ X-ray diffraction study of the thermal expansion of silver nanoparticles in ambient air and vacuum[J]. Applied Physics Letters, 2005, 86(15): 151915.

[77] LI L, ZHANG Y, YANG Y W, et al. Diameter-depended thermal expansion properties of Bi nanowire arrays[J]. Applied Physics Letters, 2005, 87(3): 031912.

[78] COMASCHI T, BALERNA A, MOBILIO S. Temperature dependence of the structural parameters of gold nanoparticles investigated with EXAFS[J]. Physical Review B, 2008, 77(7): 075432.

[79] SLACK G A, BARTRAM S F. Thermal expansion of some diamondlike crystals [J]. Journal of Applied Physics, 1975, 46(1): 89-98.

[80] REEBER R R, WANG K. Lattice parameters and thermal expansion of GaN[J]. Journal of Materials Research, 2000, 15(1): 40-44.

[81] BIRCH F. Finite elastic strain of cubic crystals[J]. Physical Review, 1947, 71 (11): 809-824.

[82] KITTEL C, MCEUEN P. Introduction to solid state physics[M]. New York: John Wiley & Sons, 2018.

[83] DING F, JI H X, CHEN Y H, et al. Stretchable graphene: A close look at fundamental parameters through biaxial straining[J]. Nano Letters, 2010, 10(9): 3453-3458.

[84] RICE C, YOUNG R J, ZAN R, et al. Raman-scattering measurements and first-principles calculations of strain-induced phonon shifts in monolayer MoS_2 [J]. Physical Review B, 2013, 87(8): 081307.

[85] YANG X X, WANG Y, LI J W, et al. Graphene phonon softening and splitting by

directional straining[J]. Applied Physics Letters, 2015, 107(20): 203105.

[86] OMAR M A. Elementary solid state physics: principles and applications[M]. Reading, Mass.: Addison-Wesley Pub. Co., 1975.

[87] 周公度，段连运. 结构化学基础[M]. 5 版. 北京：北京大学出版社，2017.

[88] BO M L, GE L J, LI J B, et al. Atomic bonding and electronic binding energy of two-dimensional Bi/Li(110) heterojunctions via BOLS-BB model[J]. ACS Omega, 2021, 6(4): 3252-3258.

[89] ARADI B, HOURAHINE B, FRAUENHEIM T. DFTB+, a sparse matrix-based implementation of the DFTB method[J]. The Journal of Physical Chemistry A, 2007, 111(26): 5678-5684.

[90] BO M L, LI H Z, DENG A L, et al. Bond states, moiré patterns, and bandgap modulation of two-dimensional BN/SiC van der Waals heterostructures[J]. Materials Advances, 2020, 1(5): 1186-1192.

[91] BO M L, LI H Z, HUANG Z K, et al. Bond relaxation and electronic properties of two-dimensional Sb/$MoSe_2$ and Sb/$MoTe_2$ van der Waals heterostructures[J]. AIP Advances, 2020, 10(1):015321.

[92] KITTEL C. Introduction to solid state physics[M].8th ed. New York:John Wiley & Sons, 2005.

[93] 郭光灿，周祥发. 量子光学[M]. 北京：科学出版社，2022.

[94] WANG Z H, HUANG Y H, LI F, et al. Charge density, atomic bonding and band structure of two-dimensional Sn, Sb, and Pb semimetals[J]. Chemical Physics Letters, 2022, 808: 140124.

[95] OKU M, SUZUKI S, OHTSU N, et al. Comparison of intrinsic zero-energy loss and Shirley-type background corrected profiles of XPS spectra for quantitative surface analysis: Study of Cr, Mn and Fe oxides[J]. Applied Surface Science, 2008, 254(16): 5141-5148.

[96] BO M L, WANG Y, HUANG Y L, et al. Coordination-resolved local bond relaxation, electron binding-energy shift, and Debye temperature of Ir solid skins[J]. Applied Surface Science, 2014, 320: 509-513.

[97] BO M L, WANG Y, LIU Y H, et al. Bond relaxation in length and energy of Li atomic clusters[J]. Chemical Physics Letters, 2015, 638: 210-215.

[98] BO M L, GUO Y L, HUANG Y L, et al. Coordination-resolved bonding and electronic dynamics of Na atomic clusters and solid skins[J]. RSC Advances, 2015, 5(44): 35274-35281.

[99] ZHENG W T, SUN C Q. Underneath the fascinations of carbon nanotubes and gra-

phene nanoribbons [J]. Energy & Environmental Science, 2011, 4(3): 627-655.

[100] ANDERSEN J N, HENNIG D, LUNDGREN E, et al. Surface core-level shifts of some 4*d*-metal single-crystal surfaces: Experiments andabinitiocalculations[J]. Physical Review B, 1994, 50(23): 17525-17533.

[101] BARALDI A, BIANCHETTIN L, VESSELLI E, et al. Highly under-coordinated atoms at Rh surfaces: Interplay of strain and coordination effects on core level shift[J]. New Journal of Physics, 2007, 9(5): 143.

[102] LI X, PRAMHAAS V, RAMESHAN C, et al. Coverage-induced orientation change: CO on Ir(111) monitored by polarization-dependent sum frequency generation spectroscopy and density functional theory[J]. The Journal of Physical Chemistry C, Nanomaterials and Interfaces, 2020, 124(33): 18102-18111.

[103] BARRETT N T, GUILLOT C, VILLETTE B, et al. Inversion of the core level shift between surface and subsurface atoms of the iridium (100)(1 × 1) and (100)(5 × 1) surfaces[J]. Surface Science, 1991, 251/252: 717-721.

[104] GLADYS M J, ERMANOSKI I, JACKSON G, et al. A high resolution photoemission study of surface core-level shifts in clean and oxygen-covered Ir(2 1 0) surfaces[J]. Journal of Electron Spectroscopy and Related Phenomena, 2004, 135(2/3): 105-112.

[105] NYHOLM R, ANDERSEN J N, VAN ACKER J F, et al. Surface core-level shifts of the Al(100) and Al(111) surfaces[J]. Physical Review B, 1991, 44(19): 10987-10990.

[106] HEIMANN P, VAN DER VEEN J F, EASTMAN D E. Structure-dependent surface core level shifts for the Au(111), (100), and (110) surfaces[J]. Solid State Communications, 1981, 38(7): 595-598.

[107] ZHU Y, QIN Q Q, XU F, et al. Size effects on elasticity, yielding, and fracture of silver nanowires: in situ experiments[J]. Physical Review B, 2012, 85(4): 045443.

[108] JUPILLE J, PURCELL K G, KING D A. W{100} clean surface phase transition studied by core-level-shift spectroscopy: Order-order or order-disorder transition [J]. Physical Review B, 1989, 39(10): 6871-6879.

[109] ZHOU X B, ERSKINE J L. Surface core-level shifts at vicinal tungsten surfaces [J]. Physical Review B, 2009, 79(15): 155422.

[110] PURCELL K G, JUPILLE J, DERBY G P, et al. Identification of underlayer components in the surface core-level spectra of W(111)[J]. Physical Review B,

1987, 36(2): 1288-1291.

[111] MINNI E, WERFEL F. Oxygen interaction with Mo(100) studied by XPS, AES and EELS[J]. Surface and Interface Analysis, 1988, 12(7): 385-390.

[112] LUNDGREN E, JOHANSSON U, NYHOLM R, et al. Surface core-level shift of the Mo(110) surface[J]. Physical Review B, 1993, 48(8): 5525-5529.

[113] ENGELKAMP B, WORTELEN H, MIRHOSSEINI H, et al. Spin-polarized surface electronic structure of Ta(110): Similarities and differences to W(110)[J]. Physical Review B, 2015, 92(8): 085401.

[114] VAN DER VEEN J F, HIMPSEL F J, EASTMAN D E. Chemisorption-induced 4f-core-electron binding-energy shifts for surface atoms of W(111), W(100), and Ta(111)[J]. Physical Review B, 1982, 25(12): 7388-7397.

[115] BO M L, WANG Y, HUANG Y L, et al. Coordination-resolved local bond contraction and electron binding-energy entrapment of Si atomic clusters and solid skins[J]. Journal of Applied Physics, 2014, 115(14): 144309.

[116] WU L H, BO M L, GUO Y L, et al. Skin bond electron relaxation dynamics of germanium manipulated by interactions with H_2, O_2, H_2O, H_2O_2, HF, and Au[J]. ChemPhysChem, 2016, 17(2): 310-316.

[117] NIE Y G, PAN J S, ZHENG W T, et al. Atomic scale purification of Re surface kink states with and without oxygen chemisorption[J]. The Journal of Physical Chemistry C, 2011, 115(15): 7450-7455.

[118] WANG Y, NIE Y G, PAN J S, et al. Orientation-resolved $3d_{5/2}$ binding energy shift of Rh and Pd surfaces: Anisotropy of the skin-depth lattice strain and quantum trapping[J]. Physical Chemistry Chemical Physics, 2010, 12(9): 2177-2182.

[119] WANG Y, NIE Y G, PAN J S, et al. Layer and orientation resolved bond relaxation and quantum entrapment of charge and energy at Be surfaces[J]. Physical Chemistry Chemical Physics, 2010, 12(39): 12753-12759.

[120] ZHAO M, ZHENG W T, LI J C, et al. Atomistic origin, temperature dependence, and responsibilities of surface energetics: An extended broken-bond rule[J]. Physical Review B, 2007, 75(8): 085427.

[121] DELLEY B. An all-electron numerical method for solving the local density functional for polyatomic molecules[J]. The Journal of Chemical Physics, 1990, 92(1): 508-517.

[122] BIANCHI M, CASSESE D, CAVALLIN A, et al. Surface core level shifts of clean and oxygen covered Ir(111)[J]. New Journal of Physics, 2009, 11

(6): 063002.

[123] HETTERICH W, HÖFNER C, HEILAND W. An ion scattering study of the surface structure and thermal vibrations on Ir(110)[J]. Surface Science, 1991, 251/252: 731-736.

[124] LIU H, ZHU W H, DING X W, et al. Abnormal deviation of temperature-resistivity correlation for nanostructured delafossite $CuCrO_2$ due to local reconfiguration [J]. The Journal of Physical Chemistry C, 2020, 124(52): 28555-28561.

[125] 孙长庆, 杨学弦, 黄勇力. 电子声子计量谱学[M]. 北京: 科学出版社, 2021.

[126] BO M L, WANG Y, HUANG Y L, et al. Coordination-resolved local bond relaxation and electron binding-energy shift of Pb solid skins and atomic clusters[J]. Journal of Materials Chemistry C, 2014, 2(30): 6090-6096.

[127] ZHOU J Q, BO M L, LI L, et al. Bond-energy-electron relaxation of Be_N nanoclusters and BeX alloys [J]. Advanced Theory and Simulations, 2018, 1 (8): 1800035.

[128] FEIBELMAN P J. Relaxation of hcp(0001) surfaces: A chemical view[J]. Physical Review B, 1996, 53(20): 13740-13746.

[129] HALICIOGLU T. Calculation of surface energies for low index planes of diamond [J]. Surface Science Letters, 1991, 259(1/2): L714-L718.

[130] 孙长庆, 黄勇力, 王艳. 化学键的弛豫[M]. 北京: 高等教育出版社, 2017.

[131] HUANG W J, SUN R, TAO J, et al. Coordination-dependent surface atomic contraction in nanocrystals revealed by coherent diffraction[J]. Nature Materials, 2008, 7(4): 308-313.

[132] BO M L, WANG Y, HUANG Y L, et al. Atomistic spectrometrics of local bond-electron-energy pertaining to Na and K clusters[J]. Applied Surface Science, 2015, 325: 33-38.

[133] BO M L, GUO Y L, YANG X X, et al. Electronic structure and binding energy relaxation of ScZr atomic alloying[J]. Chemical Physics Letters, 2016, 657: 177-183.

[134] SPERL A, KRÖGER J, BERNDT R, et al. Evolution of unoccupied resonance during the synthesis of a silver dimer on Ag(111)[J]. New Journal of Physics, 2009, 11(6): 063020.

[135] KONG D D, WANG G D, PAN Y H, et al. Growth, structure, and stability of Ag on CeO_2(111): Synchrotron radiation photoemission studies[J]. The Journal of Physical Chemistry C, 2011, 115(14): 6715-6725.

[136] LIU M, ZANNA S, ARDELEAN H, et al. A first quantitative XPS study of the surface films formed, by exposure to water, on Mg and on the Mg-Al intermetallics: Al_3Mg_2 and $Mg_{17}Al_{12}$[J]. Corrosion Science, 2009, 51(5): 1115-1127.

[137] AHMADI S, ZHANG X, GONG Y Y, et al. Skin-resolved local bond contraction, core electron entrapment, and valence charge polarization of Ag and Cu nanoclusters [J]. Physical Chemistry Chemical Physics, 2014, 16 (19): 8940-8948.

[138] ZHOU W, BO M L, WANG Y, et al. Local bond-electron-energy relaxation of Mo atomic clusters and solid skins [J]. RSC Advances, 2015, 5 (38): 29663-29668.

[139] DOYE J P K, HENDY S C. On the structure of small lead clusters[J]. The European Physical Journal D - Atomic, Molecular and Optical Physics, 2003, 22 (1): 99-107.

[140] DOYE J P K. Lead clusters: Different potentials, different structures[J]. Computational Materials Science, 2006, 35(3): 227-231.

[141] TCHAPLYGUINE M, ÖHRWALL G, ANDERSSON T, et al. Size-dependent evolution of electronic structure in neutral Pb clusters—As seen by synchrotron-based X-ray photoelectron spectroscopy[J]. Journal of Electron Spectroscopy and Related Phenomena, 2014, 195: 55-61.

[142] ZHANG T, BO M L, GUO Y L, et al. Coordination-resolved local bond strain and 3p energy entrapment of K atomic clusters and K(1 1 0) skin[J]. Applied Surface Science, 2015, 349: 665-672.

[143] GUO Y L, BO M L, WANG Y, et al. Atomistic bond relaxation, energy entrapment, and electron polarization of the Rb_N and Cs_N clusters ($N \leqslant 58$)[J]. Physical Chemistry Chemical Physics, 2015, 17(45): 30389-30397.

[144] WANG Y, PU Y J, MA Z S, et al. Interfacial adhesion energy of lithium-ion battery electrodes[J]. Extreme Mechanics Letters, 2016, 9: 226-236.

[145] VEGARD L, SCHJELDERUP H. Constitution of mixed crystals[J]. Phys Z, 1917, 18: 93-96.

[146] VEGARD L. The constitution of the mixed crystals and the filling of space of the atoms[J]. Zeitschrift Fur Physik, 1921, 5: 17-26.

[147] SELHAOUI N, KLEPPA O J. Standard enthalpies of formation of scandium alloys, Sc+Me (MeFe, Co, Ni, Ru, Rh, Pd, Ir, Pt), by high-temperature calorimetry[J]. Journal of Alloys and Compounds, 1993, 191(1): 145-149.

[148] FITZNER K, JUNG W G, KLEPPA O J. Thermochemistry of binary alloys of

transition metals: The Me-Sc, Me-Y, and Me-La (Me=Ag, Au) systems[J]. Metallurgical Transactions A, 1991, 22(5): 1103-1111.

[149] BO M L, GUO Y L, LIU Y H, et al. Electronic binding energy relaxation of Sc clusters by monatomic alloying: DFT-BOLS approximation[J]. RSC Advances, 2016, 6(10): 8511-8516.

[150] WANG D, ZHANG Z, ZHANG J, et al. Electronic and magnetic properties of zigzag-edged hexagonal graphene ring nanojunctions[J]. Carbon, 2015, 94: 996-1002.

[151] FÉLIX C, SIEBER C, HARBICH W, et al. Ag_8 fluorescence in Argon[J]. Physical Review Letters, 2001, 86(14): 2992-2995.

[152] PELLOW R, VALA M. The external heavy atom effect: Theory of spin-orbit coupling of alkali and noble metals in rare gas matrices[J]. The Journal of Chemical Physics, 1989, 90(10): 5612-5621.

[153] BURKE M L, KLEMPERER W. The one-atom cage effect: Continuum processes in I2-Ar below the *B*-state dissociation limit[J]. The Journal of Chemical Physics, 1993, 98(3): 1797-1809.

[154] ZHONG J Q, WANG M G, AKTER N, et al. Immobilization of single argon atoms in nano-cages of two-dimensional zeolite model systems[J]. Nature Communications, 2017, 8: 16118.

[155] ALI ANSARI S, KHAN M M, KALATHIL S, et al. Oxygen vacancy induced band gap narrowing of ZnO nanostructures by an electrochemically active biofilm[J]. Nanoscale, 2013, 5(19): 9238-9246.

[156] BO M L, GUO Y L, LIU Y H, et al. Enhanced quantum size effect in Li and Na clusters via rare gas doping[J]. International Journal of Quantum Chemistry, 2016, 116(24): 1829-1835.

[157] ZHAO X M, BO M L, HUANG Z K, et al. Heterojunction bond relaxation and electronic reconfiguration of WS_2- and MoS_2-based 2D materials using BOLS and DFT[J]. Applied Surface Science, 2018, 462: 508-516.

[158] SUN Y, WANG Y, PAN J S, et al. Elucidating the 4f binding energy of an isolated Pt atom and its bulk shift from the measured surface- and size-induced Pt 4f core level shift[J]. The Journal of Physical Chemistry C, 2009, 113(33): 14696-14701.

[159] ZHU W H, HUANG Z K, BO M L, et al. Surface, size and thermal effects in alkali metal with core-electron binding-energy shifts[J]. Chinese Journal of Chemical Physics, 2021, 34(5): 628-638.

[160] BO M L, LI L, GUO Y L, et al. Atomic configuration of hydrogenated and clean tantalum(111) surfaces: Bond relaxation, energy entrapment and electron polarization[J]. Applied Surface Science, 2018, 427: 1182-1188.

[161] MAIER F, RISTEIN J, LEY L. Electron affinity of plasma-hydrogenated and chemically oxidized diamond (100) surfaces[J]. Physical Review B, 2001, 64(16): 165411.

[162] GRAUPNER R, MAIER F, RISTEIN J, et al. High-resolution surface-sensitive C1s core-level spectra of clean and hydrogen-terminated diamond (100) and (111) surfaces[J]. Physical Review B, 1998, 57(19): 12397-12409.

[163] RIVILLON S, CHABAL Y J, AMY F, et al. Hydrogen passivation of germanium (100) surface using wet chemical preparation[J]. Applied Physics Letters, 2005, 87(25): 25301.

[164] POPESCU D G, HUSANU M A. Epitaxial growth of Au on Ge(001) surface: Photoelectron spectroscopy measurements and first-principles calculations[J]. Thin Solid Films, 2014, 552: 241-249.

[165] VISIKOVSKIY A, MATSUMOTO H, MITSUHARA K, et al. Electronic d-band properties of gold nanoclusters grown on amorphous carbon[J]. Physical Review B, 2011, 83(16): 165428.

[166] YU W, BO M L, HUANG Y L, et al. Coordination-resolved spectrometrics of local bonding and electronic dynamics of Au atomic clusters, solid skins, and oxidized foils[J]. ChemPhysChem, 2015, 16(10): 2159-2164.

[167] KLYUSHIN A Y, ROCHA T C R, HÄVECKER M, et al. A near ambient pressure XPS study of Au oxidation[J]. Physical Chemistry Chemical Physics, 2014, 16(17): 7881-7886.

[168] LI L A, LUO L L, CISTON J, et al. Surface-step-induced oscillatory oxide growth[J]. Physical Review Letters, 2014, 113(13): 136104.

[169] LI L, CAI N, SAIDI W A, et al. Role of oxygen in Cu(1 1 0) surface restructuring in the vicinity of step edges[J]. Chemical Physics Letters, 2014, 613: 64-69.

[170] SUN C Q. Oxidation electronics: Bond-band-barrier correlation and its applications[J]. Progress in Materials Science, 2003, 48(6): 521-685.

[171] SUN C Q. Relaxation of the chemical bond[M]. Heidelberg: Springer, 2014.

[172] SUN C Q. A model of bonding and band-forming for oxides and nitrides[J]. Applied Physics Letters, 1998, 72(14): 1706-1708.

[173] SUN C Q, BAI C L. Modelling of non-uniform electrical potential barriers for met-

al surfaces with chemisorbed oxygen[J]. Journal of Physics: Condensed Matter, 1997, 9(27): 5823-5836.

[174]SUN C Q. O-Cu (001) II: VLEED QUANTIFICATION OF THE FOUR-STAGE Cu_3O_2 BONDING KINETICS[J]. Surface Review and Letters, 2001, 8(6): 703-734.

[175]SUN C Q. O-Cu (001): I. Binding the signatures of LEED, STM and PES in a bond-forming way[J]. Surface Review and Letters, 2001, 8(03n04): 367-402.

[176] ROTERMUND H H, LAUTERBACH J, HAAS G. The formation of subsurface oxygen on Pt(100)[J]. Applied Physics A, 1993, 57(6): 507-511.

[177] LAUTERBACH J, ASAKURA K, ROTERMUND H H. Subsurface oxygen on Pt (100): Kinetics of the transition from chemisorbed to subsurface state and its reaction with CO, H_2 and O_2[J]. Surface Science, 1994, 313(1/2): 52-63.

[178] LAUTERBACH J, ROTERMUND H H. Spatio-temporal pattern formation during the catalytic CO-oxidation on Pt(100)[J]. Surface Science, 1994, 311(1/2): 231-246.

[179] GUO Y L, BO M L, WANG Y, et al. Tantalum surface oxidation: Bond relaxation, energy entrapment, and electron polarization[J]. Applied Surface Science, 2017, 396: 177-184.

[180] 张莹，黑鸿君，马永，等. 预置氢对 Ti(0001)表面氮原子吸附影响的第一性原理研究[J]. 太原理工大学学报，2017，48(3)：359-363.

[181] SHIH H D, JONA F, JEPSEN D W, et al. Atomic underlayer formation during the reaction of Ti{0001} with nitrogen[J]. Surface Science, 1976, 60(2): 445-465.

[182] SHIH H D, JONA F, JEPSEN D W, et al. Low-energy-electron-diffraction determination of the atomic arrangement in a monatomic underlayer of nitrogen on Ti (0001)[J]. Physical Review Letters, 1976, 36(14): 798-801.

[183] BREARLEY W, SURPLICE N A. Changes in the work function of titanium films owing to the chemisorption of N_2, O_2, CO and CO_2[J]. Surface Science, 1977, 64(1): 372-374.

[184] FUKUDA Y, ELAM W T, PARK R L. Nitrogen, oxygen, and carbon monoxide chemisorption on polycrystalline titanium surfaces[J]. Applications of Surface Science, 1978, 1(2): 278-287.

[185] FEIBELMAN P J, HIMPSEL F J. Spectroscopy of a surface of known geometry: Ti(0001)-N(1 × 1)[J]. Physical Review B, 1980, 21(4): 1394-1399.

[186] BIWER B M, BERNASEK S L. A photoelectron and energy-loss spectroscopy

study of Ti and its interaction with H_2, O_2, N_2 and NH_3[J]. Surface Science, 1986, 167(1): 207-230.

[187]M. V. KUZNETSOV, E. V. SHALAEVA. Competing adsorption of nitrogen and oxygen at the Ti(0001) Face : XPS examination[J]. The Physics of Metals and Metallography, 2004, 97(5): 485-94.

[188] LIU S Y, WANG F H, ZHOU Y S, et al. Ab initiostudy of oxygen adsorption on the Ti(0001) surface[J]. Journal of Physics: Condensed Matter, 2007, 19 (22): 226004.

[189] HANSON D M, STOCKBAUER R, MADEY T E. Photon-stimulated desorption and other spectroscopic studies of the interaction of oxygen with a titanium (001) surface[J]. Physical Review B, 1981, 24(10): 5513-5521.

[190] LI L, MENG F L, TIAN H W, et al. Oxygenation mediating the valence density-of-states and work function of Ti(0001) skin[J]. Physical Chemistry Chemical Physics, 2015, 17(15): 9867-9872.

[191] LI L, MENG F L, HU X Y, et al. Nitrogen mediated electronic structure of the Ti(0001) surface[J]. RSC Advances, 2016, 6(18): 14651-14657.

[192] EASTMAN D E. Photoemission energy level measurements of sorbed gases on titanium[J]. Solid State Communications, 1972, 10(10): 933-935.